民國園藝史料匯編 7

《民國園藝史料匯編》編委會 編

第2輯

江蘇人民出版社

第七册

造庭園藝

童玉民 編

商務印書館
民國十五年

造庭園藝

童玉民編

商務印書館發行

童玉民編

造庭園藝

商務印書館發行

自序

嘗究造園種類：別爲個人造園，公衆造園，國土裝景。如邸宅家屋別莊之庭園，皆屬個人造園；如公園，都市修飾，都市計劃，以及官廳議院教會戲館商肆監獄軍營鐵道工廠病院寺祠墓陵養老院孤兒院感化院圖書館博物館博覽會動物園植物園學校園試驗場海水浴場溫泉浴場狩獵場野獸園等之風致的佈置，俱爲公衆造園；若夫國土裝景，則就風景政策，地方計劃，國道計劃，國立公園，名勝古蹟之保存而云，範圍更廣，設施益偉矣！蓋造園事業，時至今日，逼於新文化新思潮，驟然臻其必要，或爲娛樂的，裝飾的，或爲實用的，政策的，莫不有待於優美之設計，精緻之施工，周密之管理，雖曰專家特殊之技術，亦爲國民當有之常識。不觀乎瑞士日本乎！號稱世界公園，賞心外賓，四季接踵，以此促進該國營業之興隆者，功難掩沒。我中華爲世界文明古邦，版圖遼闊，草物藏饒，五嶽嵯峨，三江縈迴，運河長城，尤稱壯觀，其餘勝境佳蹟，奇峯老樹，以及建築雕刻，美術所留者是；倘能利用是等天賦美質，發揚而光大之，則不惟鄉環福地，羣歌熙皞，將見國際地位提高，東西人士，咸來造訪，餐煙霞，攬景色，於以使交通實業，煥然發達，利厚生，成樂園，駕凌乎瑞士日本之上，豈不庥歟！斯著所載：專就個人造園，公衆造園立論；限於篇幅，未暇波及國土裝景，聊本平素之鑽磨，藉供大方之鑒識，倘於家庭社會，有涓埃之助，洵著者無上之光榮矣！是爲序。

餘姚童玉民謹識

中華民國十四年

編輯大意

(一)本書爲本館前出花卉園藝之姊妹篇，已讀彼者，不可不讀此！

(一)本書編纂宗旨：在供高級中等農林師範之教本，及家庭社會之參考，

(一)本書，一則宣傳造庭之常識，二則以爲實地設計及施工之榜範。

(一)本書計四大篇，篇分章，章分節，內容之選擇與排列，悉係編者獨創。

(一)本書記載，注重庭園，公園，而於學校園，實用園，都市計劃，亦網及，俾讀者領識其梗概。

(一)本書材料，概自東西洋著名書籍選譯，而於中國庭園，特立一章，用重國粹；只爲篇幅所限，未及詳加討究，引爲憾事！

(一)本書插圖，庭園，公園，風物，漆景，莫不具備，除中日寫眞外，兼採歐美之佳構，俾閱者展卷一過，彷彿實地接臨。

(一)庭園專册，中國尙未聞焉！玆篇原擬再加擴充，以增閱者趣味，奈編者奉浙江省令，將赴

歐美考察，行色匆匆，未暇執管，務希閱讀諸君子鑒諒爲幸！

造庭園藝目次

第二篇　庭園設計

第三篇　庭園施工

第四篇　庭園管理

附錄

中央公園（北京）

北海（北京）

天津公園（天津）

天津公園（天津）

巴黎公園(法國)

凡塞爾海王池(法國)

方場(倫敦)

植物園温室(倫敦)

凡塞爾公園(法國)

市立公園（美國新奧倫市）

森林公園（美國聖路易）

民立公園（美國西雅圖）

造庭園藝 (Landscape Gardening)

第一篇　庭園總論

第一章　庭園之意義

凡以娛樂，觀賞，裝飾，或兼以利用為目的，施以風致的設備之地域，名曰庭園（Garden），美者，庭園之生命也。至純粹之果樹園（Fruit-garden），蔬菜園（Vegetable-garden），藥草園，切花園，其宗旨在乎生產，不得謂為眞正之庭園，倘有配置於庭園內者，亦必兼帶娛樂性質，且不過占庭園地積之一部而已！

庭園意義，有狹有廣，狹義時，只就私園言，廣義時，得分三種陳之：

（一）私園（Private-garden）此為個人或團體所有之庭園，面積普通狹窄，然較公園廣大者，亦非烏有，如彼倫敦之叩園（Kew Garden），面積占一千六七百畝。私園再可分為邸園，別莊園，遊園地，寺院園，宮殿園，學校園。

(二)公園 (Public garden or park) 此為供公衆之遊樂為目的而建設之庭園，約分三種：

(1)限定廣大面積，佈置之裝飾之以供公衆之娛樂，運動，衞生，及都市之美觀為目的者，如普通所謂公園 (Park) 是也。(內含鄉立縣立市立省立國立公園等)

(2)都市之中，擇交通繁華之處，圈定若干空地略事設備者，例如十字路園 (方形者曰 Square)，圓形者曰 (Circus)，廣場 (Place)，小公園 (Promenade)。

(3)不嚴密限定地域，惟以使自由觀賞附近一帶風光為目的，例如遊園地 (Pleasure-garden)，遊覽地 (Park anlage) 及天然公園森林公園等，其地域一般廣漠。

(三)裝飾地 (Ornamented place) 行道樹，風致林，寺院菴廟與官立公立建築物周圍之庭園，花園，及墓地，溫泉場，海水浴場，運動場，病院，車站等之風致的設施。

作造庭園之事，簡稱作庭，造庭，或築庭，造園，即所謂造庭園藝，或風致園藝是也。英語 Landscape gardening 即有造庭園藝或風致園藝之意，英語 Landscape architecture 即有庭園建築之意；至 Landscape art 可譯作築庭術解，Garden architecture 可譯作築園術解矣。

第二章　庭園與人生

庭園之於人類，於精神方面，既與以裨益；於體育方面，亦有所貢獻。進而言之：在社會教育，國家前途，亦極有良好之影響，是庭園者乃文明國決不可缺少者也。茲別庭園之必要，庭園之目的二項，說明於後：

(一)庭園之必要

(1)個人方面　人類必設住宅，以爲安居之所，除家屋宜整備外，庭園築造，亦屬娛樂身心上必要之物。

(2)社會方面　人口漸密，居宅日繁，單特邸宅隙地，未得十分快慰，於是特設之園地，應運而生。

(3)國家方面　都市住民，對於健康，易多缺點，今爲挽救計，都會之中，須有風致的設施。其於農村，如涼亭，公園之設備，行道樹之種植等，均能加以注意，使農民愛護鄉土，減少趨往都會之傾向；於焉農村疲弊，食糧缺乏等問題，自可無憂！且夫都會地方，一有特別名勝，則招誘遠客，使其流連忘返，既得促助該處之發達，並可聯絡他鄉他邦之感情；是以國營造庭問題，亦一救時局之良劑也！

(二)庭園之目的　庭園設置之目的，由庭園之種類及地點而異，不能一律論焉！茲舉七條，以括其概。

(1)觀賞

(2)運動遊戲

(3)裝飾

(4)衛生

(5)經濟

(6)研究

第三章　庭園之種類

吾人欲研究庭園之內容，不可不先悉其種類，顧其分類之法，亦有多端。

(一)庭園由其美之性質上而分類之：

(1)形式的庭園 (Formal-garden)

(2)自然的庭園 (Natural-garden)

形式的庭園亦稱人工的，建築的，圖案的，規則的 (Regular-garden)，幾何學的庭園 (Geometrical-garden)，爲應用繪畫雕刻建築等人工美於庭園者也。

自然的庭園，亦稱縮景的，山水的，繪畫的，不規則的 (Irregular-garden)，風致的庭園 (Landscape-garden)，爲發揮自然美之庭園，如中國之假山庭園，日本之山水庭屬之。

(3)折衷式庭園，一名混合式庭園 (Garden of mixture)，爲前二者之中間的庭園。

(4)平面式庭園，設於平坦地域，埃及法國之庭園，多有此例；我國日本之平庭，亦屬焉。

(5)立體式庭園，其土地起伏不一，適於眺望，意大利英吉利之庭園，常有是例；我國日本之山水式庭，亦可附屬於斯。

(二)庭園由其利用方面而分類之：

(1)以觀賞爲主旨者　庭園，公園，遊園等。

(2)以體育爲主旨者　運動場，狩獵園，海水浴場等。

(3)以裝飾爲主旨者　公園廣場，行道樹，寺院境內，墓地，公館周圍等。

(4)以衛生爲主旨者　温泉場，別莊園，避暑地，避寒地等。

(5)以實用爲主旨者　果園，菜園，藥園，切花園，養樹園等。

(6)以學術研究爲主旨者　動物園，植物園，學校園，標本園，天然紀念物，史蹟地等。

(三)庭園由其材料而分類之：

(1)以植物爲主者　植物園，花園，薔薇園，牡丹園，芍藥園，菊園，躑躅園，菖蒲園，果園，菜園，藥園，覆蓋園，温室等。

(2)以石材等加工物爲主者　建築園，巖石園，泉水園等。

(3)以動物爲主者　動物園，養魚園等。

(4)各種混合者　利用景物，或以人工裝飾將前記三種，配置適當者。

(5)借取外部風景者　借景園。

(四)庭園由其位置而分類之：

(1)所在區劃　前庭，迴車庭，中庭，後庭，壺庭，露壇，低地園(Lower garden)，窗上園(Window garden)，屋頂園(Roof garden)等。

(2)所在地址　家屋園，別莊園(Villa garden)，市内公園，市外公園，森林公園，海濱園，湖濱園，河畔園，池水園(Pond garden)，露壇園(Terrace garden)，高山園(Alpine garden)等。

(3)所在國家　意大利式庭園，法蘭西式庭園，荷蘭式庭園，英國式庭園，德國式庭園，中國式庭園，日本式庭園等；除最後二式外，總名西洋式庭園。

第四章 造庭園藝學之內容

庭園之義，已於首章述之，今茲所謂造庭園藝學者，卽研究關於庭園上一切事項之科學也，亦曰造園學，或庭園學，景園學，如造庭方法，理論，管理，及材料，動植物之培養等問題，皆含括在內，範圍廣漠，可以想見，分業之要，卽寓於斯。故東西各國庭園之理論家，設計家，施工家，庭園材料裝作家，動物飼養家，植物栽培家，常見專長一項，獨樹一幟焉。

造庭園藝學中須研究之事項，如左：

(一)庭園之歷史

(二)庭園之設計

(三)庭園之施工

(四)庭園之管理

吾人對於造庭園藝學之態度，可得三項陳焉：第一爲研究，以獨自創作及發見眞理爲主眼，第二爲應用，以設計及復興爲宗旨，第三爲普及，卽通俗化，乃廣播智識經驗於一般人民之謂也。

造庭園藝學非純粹獨立之科學，與各種科學，依扶而行，故欲研究斯學，先須具有植物學，動物學，地質學，鑛物學，土壤學，肥料學，測量學，氣象學，花卉學，果樹學，病理學，昆蟲學，森林保護學，森林美學等之素養，及文學美術（繪畫雕刻）建築土木等之智識。

第五章 造庭園藝學之地位

園藝別爲生產園藝，風致園藝，如栽培果樹蔬菜花卉盆栽庭樹之業務，主以生產爲目的者，屬於生產園藝，亦稱實用園藝，營業的園藝，經濟的園藝。而將是等生產物，不問果蔬花樹，利用之以施行風致的設備者，則卽所謂風致園藝，亦名娛樂園藝。今玆所說之造庭園藝學，實占風致園藝學之大部也。

風致園藝，範圍甚廣，如築造庭園，及盆栽，盆景，活花等，均網羅焉。

第六章　庭園組成之要素

構造庭園之式樣，因組成庭園之要素而異，玆分天然要素人爲要素，而引申之：

第一節　天然要素

(一)地理　世界各國文化發達之歷史，每爲該國地理所左右。易言之：多支配於地理上之位置，如埃及文明，發達於尼羅河，吾國文明，起源於黃河揚子江流域，蓋一國地勢之特徵，影響於國民生活狀態者至巨，從而庭園之樣式，亦爲其所左右也。

(二)氣候　氣候中關係最切要者，爲緯度與地勢，緯度地勢之不同，植物之種類分布，亦因之而異，林學上所稱森林植物帶者是也。此植物帶，影響於庭園之樣式，有最顯著之特徵，如南歐光線強烈之地方，喜造綠蔭庭園，北歐反是，喜開放的，務導光線直射，以禦冬寒，前者之樹種，以常綠闊葉樹爲貴，後者之樹種，以落葉闊葉樹爲良。

凡一國之氣候，南北各異，南方溫暖多濕，北方寒冷乾燥，是亦緯度與地勢使然；庭園之樣式，當亦隨之而異也。

（三）材料　自然材料，有動物植物鑛物等之別，綜合三者，形成風致，就中以植物材料，關係最巨。而植物分布，又為地理與氣候所支配，南方濕潤，故比較的多蒼鬱之森林，北方反是，凡植物種類尠少之地方庭園多巖石式，埃及朝鮮，其適例也。

第二節　人為要素

前節所述，專就天然要素而言；若人為要素，影響於庭園之樣式者，試略舉如次：

（一）國民性　因趣向華美與趣向淡薄者之習慣性不同，庭園之樣式亦異，如歐洲尚濃豔華美，東瀛尚淡薄瀟洒，雖邇來感受歐化，不無變態，然大都猶存淡薄之遺風焉。吾國古代，亦崇尚天然風景，觀歷史所記，名賢先哲，騷人逸士，多喜僦居山林，享自然之樂趣。歐洲學者，對於自然式之庭園，咸祖述我國；又如日本愛吾國古代文化，至今猶崇尚天然雅趣，如門柱招牌，多以畸形古木為之，點綴庭園，多倣天然景象者，是其表證也。再進而言其丹青美術，如山水畫，發揮自然為本職者，吾國自太古時，已習尚之矣，史家稱吾國造園上之裝飾技術，自漢武帝征服西域時所輸入者；然吾國於堯舜之時，已有宮室園囿，則吾國庭園之歷史，當更在數千年前，實可誇稱於世界也。

（二）歷史　一國庭園之樣式，支配於永久庭園歷史之下，不易外化，如日本邇來歐化盛行，獨庭園尤存古風，吾國輸入歐美物質的文明，難以數計，亦唯庭園，依然舊制，蓋由於賞翫者遺傳力之偉大，有以抗禦之之故也。

（三）社會　社會之狀態，由庭園得以表現之，如歐洲各國，當全盛時期，庭園發達，亦可稱達於全盛之域；吾國庭園，則逐世運而衰落；論者謂欲啓發文明，宜先提倡庭園，殆非過言也！又一國之宗教習慣，對庭園亦有著大之影響焉，東洋之庭園，多支配於佛教，西洋則否。又從習慣上觀之，吾國與西洋之庭園，可稱由立體而發達，日本庭園，由坐體而進步也。

（四）政體　專制君主國，僅有皇室之園囿，國民無與焉！吾國古代君主爲求一己之逸樂，嘗搜集國內名花異木，雖私家庭園中所有之裝飾品，亦所不免，故專制政體時代之庭園，只發達於官的方面，且專事華奢，並無十分特獨之式樣，僅樓臺亭閣，畫棟雕樑，極其華奢壯麗而已。

（五）建築與其他藝術　建築與庭園，不能分離，成有機體之結合，互相發達者也。藝術亦然，雕刻石工之類，皆與庭園有密切之關係；可毋待言。

（六）科學與新思潮　近世科學發達，如農林學之進步，賦好影響於庭園學者，固不待言；其餘他種科學，若電氣工科物理化學等，俱有促進庭園發生新機之大勢力，此外，如時代思潮之變遷，若十九世紀後半期之自然主義，自發生以來，風靡全世，實遺庭園史上一大革命之偉蹟也。

綜上所述天然要素與人爲要素，影響於庭園之式樣至深且切，故建設庭園者，對此二要素，不可不注意焉！

第七章　歐洲庭園之略史

歐洲庭園，從歷史上觀察之，可區爲四類，略述如次：

（一）巴比倫式庭園　本式爲最古之庭園式，始自埃及時代，屬幾何學式庭園之一，其中最有名者，爲室中花園，距今三千九百年前，塞米拉米斯女皇（Semiramis）築於巴比倫（Babylon）至寧甫加徒寧揸爾帝時代，始告成功。建築材料以磚瓦大理石等充之，作成金字塔形，造有許多迴廊與階段，頂部栽植極美麗之花卉草木，遠望之，宛如懸於空中，故稱空中庭園，或倒懸庭園 (Hanging garden)。

(二)羅馬式庭園　其後經希臘至羅馬時代，造園術極形進步，應用建築術，雕刻術，及其他美術，繪畫等，建立宏麗莊嚴之宮殿於庭園內，復排列各種雕刻物與美術品等，皆依幾何學的位置井然，栽植花卉草木亦甚整齊可觀，於中古時代，意大利與其他歐洲各國，俱盛行之，至今猶見存於各地也；近世稱法國式庭園者，亦不外由羅馬式變形者耳！試視其內容：如噴水池，花壇，廣場，及其他用作添景之物，形狀俱採端正的，如正四角形，或正八角形，又或正圓形，正橢圓形者，皆極有規則。又如栽植於園內之樹木，整列如軍隊，毫不錯雜紛紜，園內復具有種種人爲的建設物，如溫室，盆植，美術的銅像，石像，育獸場，及其他建築物等，皆配置井然。法國式庭園中可稱爲模範者，即巴黎城外之凡賽爾 (Verseilles) 宮園是也。該園爲路易十四世時所建築，當時每日使用工人有三萬六千之多，使役馬匹之數，亦計六千頭，總建設費約五億萬法郎（一法郎當中國庫銀約三錢）至今每年維持費，尚需五千萬法郎云，據此而視，法國式庭園之奢侈，可想而知。質言之：

法國式庭園，對於羅馬式造園之美點，無不極度發揮之。其不同之點：羅馬式先盛行於意大利，因該國地勢風土之關係上，庭園多建設於丘陵地方，且園內之重要建築物，以造於丘陵上或園之後方者爲常；反是法國式庭園，因發達於平野，故多建設於平原地方，其主要建築物，則多造於庭園之入門處，此二者區別之要點也。又羅馬式庭園，發達於荷蘭之低處者，稱荷蘭式，荷蘭式庭園之特點：於園內穿多數溝渠，更於渠內栽植極有規則之燦爛花卉是也。此外尚有羅馬式之一種稱毛氈花壇者，距今三百五十餘年前，初倡於墺都維也納市，其特點：於芝庭內，栽植種種有色彩之草花，顯示各種圖案的模樣之類。要而言之：羅馬式（包含法國式荷蘭式毛氈式等）庭園，以取悅人之眼簾爲主目的，其結果偏於外形上燦爛華美之景象，對於內部之逍遙適意安逸便宜等，則置於第二位；至若風流雅趣詩歌繪畫之意像，絕無注意及之也。再言之：此等庭園，因偏於人爲的結果，乏自然雅趣；且需多大之建築費與維持費等，諸多缺點，究難滿足現世市民之慾望，故此等樣式，不見盛行於現世矣！

（三）英國式庭園　代羅馬式而興起者，爲英國式，本式爲自然式庭園之主體，當十七世紀時，英國已啓其端緒，及十八世紀至十九世紀之間，廣行於歐洲大陸。本式之特徵：不置重於人物的一切建設物，俱以自然風景爲主，試舉一例言之：如廣闊之芝庭地上，栽植星散之樹木者，是摹倣牧場風景；他如山川，池沼，水陸，道路等，皆以自然爲原則，不表現人爲之象，令遊人如在逍遙野外，引起無限自然興趣。

（四）近世式庭園　本式又名折衷式，係折衷羅馬英國兩式，最近歐美各國新建公園者，大抵採用此式。其特長處：對於自然地形，應用上述各式，適當安排之，此爲本式之主要眼目，如山川，池沼，奇巖，古木，皆仍其自然狀態，除道路，及其他建設物外，一切以不加人爲之形跡爲主；倘於局部已存有天然地形與其他建築物等，則爲保其調和，而以羅馬式中之法國式或毛氈花壇式等，適當按排之。

第二篇　庭園設計

第一章　庭園設計之素養

第一節　設計之要旨

庭園設計之良否，固與吾人趣味關係匪淺；然先不通其要義，膜視其原理，則決不能造成名園。

凡庭園之富於變化性，而有統一的景趣，特別的品位者，方堪稱爲名園，如花壇之中，常換種各種草花，令色調時時翻新者，其目的不外使庭中惹起色之變化，如是作庭，則庭方寓有活氣的風景也。

天然景物，變幻靡窮，朝朝暮暮，晴晴雨雨，春夏秋冬，各具特色，令人眺望之餘，興趣栩然而生，西湖之所以爲天下第一名勝者，亦因處處有變化，時時有變化之故，蘇長公所謂：『西湖天下勝，遊者無愚賢，淺深隨所得，誰能識其全，』是也；作庭何獨不然，亦以富於變化性爲要，然有變化而無統一，則景失於單調，亦不足取也。吾人造庭，不當以模倣自然，已爲滿足，須進而以人工補助自然風景之缺點，能描出第二自然，斯可貴矣。識者謂中國之西湖，日本之嚴島，均顯現自然的偉大靈感，故觀之遊之者，稱曰風景絕佳；然自然界有時雖給與偉大靈感，亦有隱而不表現者，吾人稱此曰風景不佳；將此自然界所隱之靈感，設法使表出之者，卽爲造庭術，非單單置石配木，流水堆土，卽謂造庭能事，已盡於斯。

若夫庭園之品位，亦不可輕視，最貴者；氣象體志築山遣水，須本主人之意，描出自然氣味與夫自然體格；否則，鄙俗浮華，豈得謂之名園！

古人云：『園圃之勝，不能相兼者六：務宏大者少幽邃，人力勝者少蒼古，多水泉者難眺望。』吾人於此，更不可不注意焉。

第二節　景物之配置（庭園之三要景）

築造庭園，必需三要景，有此三要景，方得成爲庭園，所謂三要景：卽主景，客景，背景是也。凡庭園不問其大小，不問其高低，皆可分作三要景；又無論橋也，山也，森林也，凡在庭園內者，俱不外此三要景之延長物，或膨脹物也。是故今欲新築一庭園，先須想定三要景，然後再參摹延長或膨脹之法，譬如着棋任棋盤上先着一個棋子，然後可自此漸漸變出陣勢也。

（一）主景

全景之中推主景最爲緊要，主景當較別景高而廣大，實占庭園中重大位置。主景有以大石，小丘，林木流水爲中心者，曰中心式；亦有以上述材料集合而成者曰集合式；然均宜注意趣味，切忌呆板。

（二）客景

客景位於主景之前後，或左右，其設立之目的：在乎補助主景，交互發揮美觀。其分量比主景爲少，但有時亦可占主景之三四倍五六倍之面積，不過在庭園中之位置，終比主景爲輕；否則，主客顚倒，不成景象矣。

客景材料與主景同，山林，石樹，流水，俱可充用，或集合此等材料而築成之，亦可。但客景有一所者；有散在於二三所者，所謂分散式卽此。分散式時，須採用不同之形式，高低分量，皆應各異；有時採用均等式，亦足以造成良好主景，並客景自身，亦非常得力，是在當事者，運用心機，發揮手腕耳。

(三)背景

背景在主景客景之背後，爲添風景於後部之景也，此景不全，仍不得謂之良庭。

背景普通採用陰幽式，如欲利用海濱田野爲背景者，可採用光明式。

背景分量普通須大，可利用丘石等天然物；或以假山房舍籬垣，樹木築之，亦佳。

背景不宜過高，免奪客景之美，又不宜過小，免失背景之用，方寸之間，貴乎斟酌，若失其調和，與趣味相衝突，則難免爲識者所笑。

(四)三要景之配布

不備三要景之庭，固亦得稱爲庭，然造庭上終以組合三景爲便，如此，則生手亦易得築造之，……巧拙乃爲另一問題……可知三要景之分類，實爲造庭上必要者也！

主景，占全庭之樞要，爲全庭之目標，客景背景之於主景，卻如衆星之拱北斗，均以主景爲位置上的中心物者也。今試以自然界之大景喻之：西湖之山，以北高峯南高峯爲主景，羣山繞立，雲光倒垂，集慶秦亭觀國舟航天竺龍井靈隱煙霞南屏棲霞寶石，則或爲背景，或爲客景，莫不仰其鼻息而成偉觀也。

主景之位置，關係極爲重要，倘主景不良，庭即爲之減色，故主景又稱王景，客景背景，又稱臣景。

主景宜設於庭園中之如何位置，不能一言以盡，乃因地相地勢，房屋與庭地之關係，及方向而異；不獨主景如斯，客景亦然。

不問庭地爲方形，爲長方形，築庭之前，可作九分的井字形論，如是由住宅之中廳觀之，可分中部，左部右部各部均占三區。九區之中，究以何者爲主景，先宜從中廳觀看，然後移步左右，展望上下，倘有樹木竹石丘陵房屋，堪作主景之主體者，即當以之造成主景；待主景告成，進而配布客景，以助主景之美，再考慮背景，俾成全庭大觀。

客景可以之作主景之分脈，或支點，或全全變化其趣，亦佳。此等問題想定後，可決定客景之分量，取材，位置等客景或在一二所，或在三四所，當應地而制其宜，而此一二所之客景，可在以主景為一角之不等邊三角形上配置之，於是設計便，築庭易，風致亦不至惡劣矣！

總之：無論地形如何，先宜將地域分作九區，應用三角法，以配置三要景，此實為築庭之原則；熟悉此原則，築庭上既無甚困難，且可免失敗之憂。古來著名之庭園，及往昔別莊寺院之庭，蓋無不以此為基準者也。

（五）前景與添景

庭園三要景，已如上述，時則將客景細別為前景，添景，而設計之，則更較周到。添景材料有樹木，橋，塔，棄石，花草，花盆，佛像，模型等，添景之有無，雖無重大關係，然有之每足以引人入勝，流連忘返，猶之花卉畫中添入鳥獸，山水畫中點加人物，能別開生面也。前景材料：如盤木，拋石，矮樹，灌木，花草，均宜，時則總種側柏，時則混植大小三四本之梧桐，野人雅趣，非無妙處可陳。

日本式小庭園之例：有以一二本巨松為主景；其左右二所，以棠，檀，槭，黃楊等樹，為前景；以一個自然石，二三本野菊，一株石竹，為添景，置於松之下蔭；另以扁柏之生籬為背景者；風情雖曰簡單，固亦完全之庭園也。

第三節　庭園之位置

建設公園，雖與房屋無關，而建設邸園，則其位置當由房屋而定，無論何者，以交通便利，地場廣寬，高燥而不低窪者尚焉！

接臨海岸，河流，湖畔，山陵，以築家造庭，最爲適合。造庭場所之土質，除重黏陶土，及輕鬆砂礫土外，並不計較。其方向須在房屋之東，或東南，或南，但只冀在夏季利用庭園，以供消暑者，不妨在北。

向北之庭，時屆冬令，朔風侵入室內，不利眺望；向南及向東南者，四季常堪觀賞，既溫暖，亦閑雅；向西之庭，則夕陽照射，冬季寒風頗強，亦非所宜！

第四節　庭園與房屋

築造庭園，以附隨家屋爲常例，惟公園及逍遙園，則每見獨立存在焉。庭園中既欲設建房屋，則房屋與庭園，務求調和，以使兩者之美，互相發揮。詳申之：家屋與庭園，庭園與四園之風光，四園之風光與家屋，均貴調和，卽由室內眺望庭園，或由庭園眺望房屋，皆宜求其佳妙，是以房屋爲西洋式，則庭園當採取西洋式矣！庭園爲中國式之山水庭，則房屋亦當採取中國式也！

庭園之式樣，常與時代相偕變化，推其故，因欲圖庭園與房屋之調和也，兩者關係之深，可以推想。

日本家屋，常以飛石，手水鉢，袖垣等物，與庭園聯結，用謀兩者之調和，且接近家屋處，所用飛石，係大的平石，漸遠，漸用小石。至在西洋，則家屋與庭園之間，乃由臺地，或境邊花壇，石階，色彩寄植等物，而連接焉。

配置樹木，亦不可不講究焉！房屋倘爲垂直線式，則擇樹冠圓形者，種之，青桐，櫧，樟，楡，七葉樹，爲其通例；房屋倘爲水平線式，則擇縱檜，扁柏，白楊等樹冠圓錐形者植之，此由樹木形態而計其調和之說也。又松林之前，配置綠色靠椅，殊乏美觀，易用白漆者，相得甚彰，此由色彩而計其調和之例也。

他若橋之式樣，水池之形態，噴水與巖石之配置，亭之式樣，假山之風情，皆須脗合乎庭園。自己庭園之周圍，倘有不調和的房屋，宜以牆壁，生垣，樹木之類，以遮斷之，隱蔽之；否則：應設法借景，以增加本園風致。又若工場之煙筒，溜水缸等，高挺空中，無法掩住者，可於適宜地點，佈設假山，藉絕吾人視線；且煙害亦得防止，法至善也。

第二章　庭園設計之初步

第一節　測量

庭園設計，先應測量地積，製爲圖案，以便配置一切。在面積廣大之別莊園，公園，及郊外遊園，測量之精粗，甚與施工有關，測量不精，則其設計，不過成一空想，不能循軌實行，且每致工事中止，設計變更，前功盡棄，枝節橫生，從事設計者，不可不於測量加之意焉！

測量之種類，約載於左：

（一）平面測量（Plane-Surveying）

（1）簡易測量（Approximate Surveying）

(2)連鎖測量（Chain Surveying）

(3)羅針儀測量（Compass Surveying）

(4)經緯儀測量（Transit Surveying）

(5)斯太提測量（Stadia Surveying）

(6)平板測量（Plane Table Surveying）

(7)六分儀測量（Sextant Surveying）

上述(1)(4)(6)三種，造庭上常常用之。

(二)高低測量（Altitude-Surveying）

(1)丫水平儀（Y. level）

(2)活動水平儀（Dampy level）

(3)手提水平儀（Hand level）

(4)測斜儀（Clinometer）

(5)準線水平儀（Plumb line level）

(6)透視水平儀（Visual water level）

(7)孤準器（Block level）

(8)水盛器

除(1)(2)二種外，測量上均常用之。

第二節　製圖

測量之結果，當逐一記入簿册，歸宅後，速行製圖，以免瑣事忘卻。其縮尺，當由實地面積之大小而定之，不能概言！

庭園設計上當調製之圖面，揭舉於後：

(一)現況圖

(1)平面測量圖

(2)高低測量圖

（二）大體設計圖

（1）平面圖

（2）斷面圖

（三）土工用圖

（1）平面圖

（2）斷面圖

（四）細部設計圖

（1）建築物平面圖及斷面圖

（2）植樹平面圖及斷面圖

（五）現況設計對照圖

圖面皆以正確精美爲貴，先用鉛筆起稿，繼則用墨，然後再着色彩。倘現況圖以黑線表示者，則計畫線可以赤線表示；或點線與實線對照亦佳。其在斷面圖時，掘土部分，可用赤色，積土部分，可用綠色，藉示區別。

樹木之色彩，可遵照左法；至房屋及他種工作物，可用符號。

針葉樹　　青

常綠闊葉樹　　濃綠

落葉闊葉樹　　淡綠或淡褐

灌木　　褐色或黄褐

第三章　中國庭園之設計

第一節　大體設計

（一）假山庭園

假山庭園，爲我國庭園之特色，能寫山水之風情於縮景之中，極爲可貴。最初以大規模築造者，爲蘇州之獅子林，此可稱爲模範，日本之築山庭，亦常倣傚之。

獅子林，湖石玲瓏，洞壑宛轉，可概別爲東西二部，各成一大環形。東部疊石，遊其中者，登降不遑，西部則盤旋曲折，有如迴紋，相傳爲倪雲林所築。中有獅子峯，含暉峯，吐月峯，立雪堂，臥雲堂，問梅室，指柏軒，玉鑑池，冰壺井，修竹谷，小飛虹，大石屋諸勝。山上有合抱大松五株，又名五松園；後爲黃殿撰軒居第，已久廢。惟疊石池沼，及松樹十餘株尙存。今歸貝氏所有。

假山在我國各地庭園中，常見之。由種種疊石之法，使洞壑岡巒，迴轉曲折，往往建立亭榭於其上，或下以供坐息，其附近每有池，使假山之美，得水相映益彰。

(二)平地庭園

平地庭園，築法亦隨人而異，由樹木巖石池沼之配置得法，可製出種種風景，或陰幽，或開豁，或曲折盤桓，爽直明朗，各有價値。

其佈置一般穿池築島，栽植花草花木，放養鳥獸；附設迴廊，茅亭，樓閣，懸掛匾聯，引起文學趣味，則使遊者益能引起美感焉。

第二節　部分設計

（一）樹木

我國庭園樹木，普通以花木爲主，如金桂，銀桂，牡丹，瑞香，海棠，茶梅，蠟梅，夾竹桃，茉莉，芙蓉，桃，梅，李，杏，紫薇，紫荊，紫藤，玉蘭，辛夷等。其他芍藥，菊，蘭，荷，等之花草，亦爲國人所珍賞。觀葉植物，如松，杉，扁柏，柳，柏，南天竹，銀杏，楓，樟，梧桐，女貞，槐，竹，皆屬普通。

梅，古來騷人逸士，尤多愛賞，以爲吟咏之材料，西湖之孤山，無錫之天心臺及梅園，卽以梅名者也。

樹木或單栽，或成叢，或擇灌木喬木，或擇陰木陽木，均宜隨地制宜。

（二）水池

池以人工掘者爲多，形狀有彎曲，有正方長方。池傍往往疊石作磡，設置欄杆，或並植花草，楊柳，倘將樹木倒斜，似臥水上，更饒趣味。池內養鶴，鴛鴦，金魚，鯉，黿，（無錫有黿池，蘇州西園之池亦養黿。）或種荷菱之類。佛門僧家，常以之爲放生之用，所謂放生池，到處寺院菴堂所屢見者也。

蘇州西園有放生池，東西架曲橋，以通池心之亭，亭之額曰月照潭心，聯云：『聖教名言，獨樂何如同樂。佛家宗旨，殺生不若放生。』

池之大者，春夏最適駕舟競駛，秋季則宜觀月。

水，或爲流泉下注，或爲飛瀑濺珠（如無錫惠山之珠簾泉），或爲澗，爲潭，爲灣，爲渠，均可搴裳洗足，庭園中實占重要位置。

（三）巖石

南方所用者，名太湖石無錫惠山巨石之名；有饒光石，涼棚石，天公足跡石，獅子石，可踞可臥。巖石疊成假山，或圍成花壇，或作峭壁懸崖，或作冰洞幽穴，或作蜿蜒級梯，橫臥石牀（無錫有聽松牀石，長約六尺，闊厚半之）；又以之作石臺，石門，石室，石窗，亦善。如紹興蘭亭之曲水流觴，則亦以巖石平鋪，盤曲迤邐，流泉於其間者也。蘭亭右軍祠有聯云：『風月足清游，水曲流觴思往事。春秋多佳日，崇山峻嶺仰前賢。』即記此。今錄舊籍所載石名於後，以供參考：

詔石，很石，廉石，壽山石，鬱林石，鞭陽石，勸詩石，望夫石，太極石，雙筍石，雙眼石，仙硯石，西陵石，縐雲石，洗乘石，支磯石，千人石，松風石，溜穿石，美人石，東坡仇池石，雨花臺石，頑石，秦始皇繫纜石，昆明池織女石。

（四）添景

添景有亭，有榭，有迴廊，釣臺，有臺屋，樓閣，牌坊，橋梁，欄，檻，塔，椅，櫈，桌，及種種古蹟。

第三節　庭園實例

我國古來士紳，好築別莊，附設庭園，取精舍，精廬，草堂，草舍，別莊，別墅，別業，別舍，山房，山莊，小築，書屋，或苑，館，軒，齋等名，鈎心鬭角，極佈設之能事，各樹特色，多屬可貴。如西湖之康莊得超趣，高莊得逸趣，唐莊得冷趣，楊莊得清趣，廉莊得幽趣，宋莊得濃趣，劉莊得麗趣，令人臨眺之餘，樂而忘歸。他若三潭印月，玉泉觀魚，西冷印社，公園，漪園，花港觀魚，梅林歸鶴，曲院風荷，韜光竹徑，竹素園，靈峯寺，則又西湖園景中之絕佳者也。

更就蘇州言：蟠然曲者，有留園，怡園，拙政園，滄浪亭，奇石蘚苔，落花流水，令人賡小園之賦，而徘徊不忍去。疎然雅者，有獅子林，西園，環秀山莊，遂園，曲徑通幽，春波漲綠，令人得靜觀之趣，而厭膏粱錦繡。

北京有西苑，位於紫禁城之西壁，創於金，飾於元明，至清時爲唯一遊幸之所：苑中有太液池，分北海中海南海三部。南海水色澄清，中多畫船，道傍多假山，山上有五神廟，自在觀，過印月門，爲雲繪樓。此外如清音閣，蕉雨軒，日知閣，春及軒，交蘆館，魚樂亭，流杯亭，八字柳，瀛臺，均爲南海中勝景。出瀛臺將往中海，先見清香亭，翊衞處，及豐澤園。中海有大圓鏡，純一齋，懷仁堂，移昌殿，延慶樓，紫光閣，蕉園，金鰲玉蝀橋，皆稱奇觀。至北海，中有白塔山，濠濮間，春雨林塘，畫舫齋，古柯，小玲瓏，先蠶壇，鏡淸齋，畫峯室，枕巒亭，九龍碑，五龍亭，靜心齋。

北京郊外名勝，亦富，曰萬牲園，今改農事試驗場。曰萬壽山，內有頤和園，昆明湖。曰玉泉山，內有靜明園，玉峯塔，裂帛湖，玉泉。曰西山，曰香山，內有靜宜園，昭廟，碧雲寺，臥佛寺，實勝寺。

上海舊有名園，共六。一，味蒓園，卽張園，在靜安寺路。二，愚園，在靜安寺路西愚園路二號。三，徐園，在康腦脫路。四，末園，在白渡橋北。五，吾園，在尙文路。六，日涉園，在大東門內。昔日均繁華一時，今則荒廢冷落，已成陳跡矣。上海又有半淞園，豫園，小萬柳堂，小蘭亭，也是園，九果園，沈家花園，瓜豆園，惠家花園，留園，晨虹園，學圃，遂吾廬，宋園，愛儷園，（卽哈同花園。）凡爾登花園，六三園，兆豐園，憩園，亭白花園，余邨園。或爲邦人所造，或爲外人私有，或富麗，或淸幽，或古樸，或奇異，均有特色，不遑詳述。

第四章　日本庭園之設計

第一節　大體設計

（一）築山庭

築山庭，爲日本庭中起源最早者，乃將深山幽谷之風情，表現於一地域者也。有山谷平野，有溪流池沼，可架橋浮舟。如東京小石川後樂園，廣島淺野侯縮景園，京都銀閣寺，爲築山庭中之逍遙園；如京都大德寺塔頭大仙院，及孤蓬菴之庭，爲築山庭中之眺望園。

築山庭中築池瀦水者，曰山水庭；有池無水，而以砂苔落葉等代之，宛如表現流水之風情者，曰枯山水。

築山庭之設計上，最宜注意描出自然山水於庭園之中，兼顧風情，所謂縮景觀念，決不可少！

一石一木，務使現出大自然之壯觀。配置景物之位置，當臨機斟酌，不能預定，致失滯呆。

（二）平庭

築山非易事也！乃以巖石代之，此平庭之由來也，不惟能表出原野之景，亦能由巖石樹木，配置得宜，而呈深山大海之觀。

平庭設計之時，當照前記景物之配置一節所述，先選重要處，作主景，以爲諸景分脈之源；或重幽邃，或重閑靜，隨人所好。

尙有所謂茶庭者，爲附連於茶室之平庭也，亦有露地庭，路次庭，及數寄屋庭之名，

第二節　部分設計

（一）樹木

樹木與石，爲日本庭園之主體，卽於石庭中亦不可缺少樹木。築山庭時，種植樹木，更能描出山谷風情。築山時，須築出陰面陽面，適植陰樹陽樹。

（二）水池

水之形式有流水溜水。如瀧（瀑布）及溪泉爲流水，池及沼澤爲溜水。無水可得時，可以白砂鮮苔落葉代之，以充水之風情。

瀧分直落式，傳落式。直落式中又分絲落，重落，布落，左右落，離落。

池形以屈曲不正形爲貴，所謂心字形是也。池中可設大小之島，島姿分山島，野島，杜島，磯島，雲形，霞形，洲濱形等。

（三）苑路

古來之日本庭園，多以從屋內眺望爲主眼，園中無所謂苑路，惟敷砂以與兩側區別而已。今日之日本庭園面積較昔日爲大，不惟供眺望，並求徘徊庭內，觀賞風景之美，於是苑路亦不可少矣！

築山庭時之苑路，曰踏分道，平庭時曰飛石道，茶庭時曰露地。

踏分道者在山間之狹路，橫置木材，或置平面巖石，作成階段，務模山間自然之路形。

（四）石組

日本對於庭石，古來極爲注意，關於石之立法及位置，其技術非常進步。庭石有種種名稱，謂之名石，今舉其主要之名石於左：

禮石（臥）　三尊石（立）　鏡石（立）　兩界石（立）
流石（臥）　蝦蟇石（臥）　連石（臥）　中障石（臥）
關石（立）　風雨石（臥）　忌石（臥）　敬愛石（立）
砌石（臥）　鴨居石（臥）　臣石（立）　水落石（臥）

石由形態上分橫石，斜石，徑石之三體；又有五行石，列舉如左：

（1）靈象石
（2）體胴石
（3）心體石
（4）寄脚石
（5）枝形石

各種飛石之鋪法

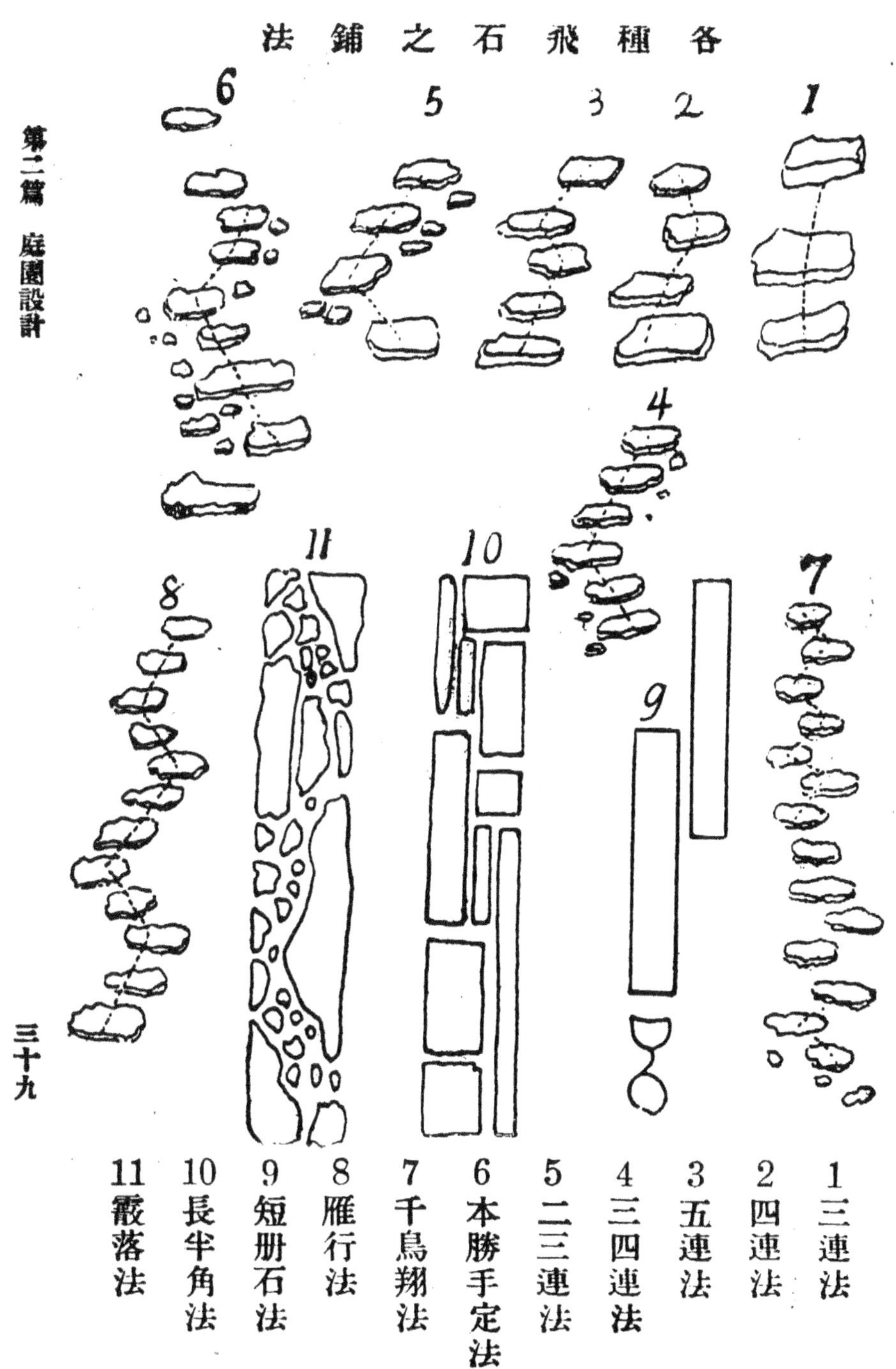

1 三連法
2 四連法
3 五連法
4 三四連法
5 二三連法
6 本勝手定法
7 千鳥翔法
8 雁行法
9 短册石法
10 長半角法
11 霰落法

飛石一名鋪石，步石，既可視作道路，亦爲庭園裝飾上所必需。飛石按置之法：分三連法，四連法，五連法，三四連法，二三連法，千鳥翔法，雁行法，本勝手定法（在三四連法之前後配置小石）。飛石材料，以不規則的圓形扁平之山石爲貴。時則用長方形之板石，或劈石，此時有短册石法，長半角法（以長方石方石組成短册形），霰落法（在長大石之間配置小石組成短册形）之別。

（五）添景

日本庭園之添景，有四阿（涼亭），亭，石燈籠，塔婆，釣臺，手水鉢，橋，井，垣，塀，門等等。

第五章　西洋庭園之設計

第一節　大體設計

（一）形式園

形式園，或稱整形園，形式的庭園，英名 Formal garden，自希臘羅馬時代以來，西洋諸國，通行最普。形式園之特徵：全園均以幾何學的結合而成，園之內部有多數圖形，左右對照，彼此類似，帶有韻律的聯絡。換言之：中間有一大中心，周圍配列各圖，各有小中心也。

全園中心，關係最爲重要，非有特別裝置，不足示其明媚，如池，噴水，雕像，彩盆，日規，紀念碑，或偉大草木，當隨地而適宜選用之。

今示一圖於下，以爲形式園之模範。圖中A爲全園中心，$B_1B_2B_3B_4$，爲各部中心，B_1B_2立於對照位置，形狀相似，B_3B_4亦然，而$B_1B_2B_3B_4$，均配置於A之周圍，視之卽可知爲統一的圖式也。

由此觀之：形式園之構造，悉以幾何學的線之結合而成，故又有幾何學的庭園(Geometrical garden)，正式庭園（Regular garden）之名。

形式園設計上最宜注意者：爲色之調和。蓋中國式日本式之庭園，以樂心爲主；西洋式庭園，則以樂眼爲主；故色之調和，稱爲西洋式庭園獨一之生命可也。

形式園

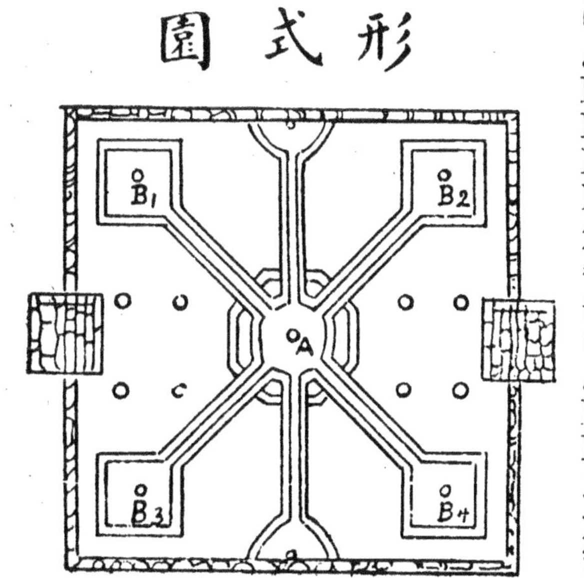

色有赤有青有黃有紫，其於吾人印象各各不同，因色之如何調和，或使觀者快悅，或使觀者陰鬱，兩者關係，固甚密切。玆將色與吾人感情之關係，揭舉於左：

赤　煩惱，活力，意慾，熱情。　橙　熱心。

青　寂寞，沉靜，冥想。　褐　健康，能力。

黃　理想。　黑　祕密，寂滅，悲憐。

綠　希望。　白　無念，無相，空想。

紫　渴仰。

青綠紫三色，色彩上謂之冷色，赤橙黃三色，謂之溫色，此因前者能與吾人以冷淡之感情，後者能與吾人以溫熱之感情也。

色之調和，在形式園設計時，固屬重要，而於一般造庭，亦均有關係，實一甚須考究極有趣味之問題也，俟後章花壇設計時，當詳爲討論之！

形式園，以有人工美爲主眼，園中裝置，如樹木，建築物，器具，景物，俱須帶美術工藝性質，玆舉各種器具景物之名於左，以便任意採擇。

雕像　噴水　溜池　涼亭　紀念碑　溫室

飾盆　涼棚　鳥舍　椅子　鋪石　食桌

石階　釣臺　塔　日規

形式園，以利用房屋周圍，或房屋中間之空地爲宜，用謀『建築美』之發揮。又此園自高處眺望之，其美益見奪目，故多設於客室窗下也。

(二)風致園

風致園亦稱風致庭園，英名 Landscape garden，如自然的庭園 (Natural garden)，畫的庭園 (Picturesque garden)，亦可包含在內。風致園本於十八世紀時，創自英國，變化無限，極爲天然，道路多屈曲，植物多羣栽，一以防單調之弊，一以謀調和之道，與前述形式園較，則另有興味也。

我國之假山庭園，日本之築山庭，亦可視作風致園之一種。又風致園與日本之山水庭，頗多類似之點，但日本之山水庭，能將自然界數十方里之景物，縮收於狹小面積之上，風致園，則不過模仿自然而已。

形式園，極端傾向於人工美，風致園，則目的在乎眺望自然景物，故其配置一石一木也，須注意自然之習性，務合於地形之變化。又園地不應全面平坦，須使略帶凸凹，以示自然的變化。至在房屋周圍植樹之時，宜顯現一部，隱蔽一部。又栽種植物，宜設視透線（Vista line）。築造道路，須呈大弧之曲線，以使眼界擴充。

池之形狀，溪流之屈曲，池岸之構造，以及苑路之結合，樹木之配置，皆須倣傚自然，俾造成所謂動的風景。

風致園之性質，既如上述，故如公園遊園等之供都會人士逍遙者，或如別莊園之供一部家族修養者，採用風致園式，應稱合宜。邇今歐美各國，流行此式，且時見大規模的風致園產生。日本自大正以後，盛行西洋建築，其庭園公園遊園，亦每參加風致園式於山水庭，此受新思潮之所致歟？

(三)混合式園

形式園，以人工的爲特徵，風致園，以自然爲特徵，但只設形式園，則單調而無趣，只設風致園，則岑寂而寡味；今兹欲述之混合式園則在一庭之内，或將兩式混雜，或將兩式接觸，能補各自之缺點，可謂得中庸之道者也。

混合式庭園，不外左述二種：

(1)在風致園内，添加形式園式。風致園内，配置毛氈花壇，帶形花壇，或種種景物，俾免風致園之岑寂。

(2)在形式園之傍，連接以風致園。法於建築物附近，設置形式園，以謀與建築物之調和，漸近建築物，稍稍採用風致園之様式，終則造作完全的風致園，如斯蜕變蛹化，方能引人入勝。

(四)特殊園

此處所謂特殊園者，係指以特別物爲主眼所造作之庭園而言，例如薔薇園，躑躅園，花菖蒲園，池水園，噴水園，巖石園，高山園，對於是等庭園，設計上一般須注意者，有左列二項焉：

(1)到處尊重造園上之主眼。

(2)到處注重時季上之觀念。

既名曰薔薇園矣，則薔薇園之生命，始終爲薔薇也；既稱謂花菖蒲園矣，則花菖蒲之美觀，當使其活躍也。他若運動場之設計，當以運動爲本位，而着想也。薔薇園之中，倘欲設置小川，安置樹林，築涼亭，種菖蒲，則宜爲薔薇之前景，添景，或後景，以爲發揮本園之一助，如爲賞覽薔薇而來之人，同時欲使觀櫻花，觀菖蒲，則反足損失薔薇自己之價値！

其次：時季觀念，亦屬重要。或爲春季供用，或爲夏季供用，又或爲秋冬供用，原由庭園之種類而異，今舉夏冬一例，以示梗概。夏季天氣炎熱，最宜留意納涼，藤棚，小川，柳枝，靠椅，皆不可少！冬季天氣冱寒，宜留意於避寒，防風，保溫。又萬卉百花，開放異時，今於一園之中，配植二種之花，二者倘不同時開花，則彼花之美，不能添此花之麗，仍是無益。如在牡丹園種紫陽花，牡丹五月卽開，紫陽花須待至六月，然將此紫陽花植於菖蒲田，則紫陽花在上，菖蒲在下，相映而愈妍矣！

特殊園之種類，如首篇第三章所載，爲數甚繁，今無暇一一詳說焉！單就巖石園，牆壁園，鋪石園，而略論之：

(甲)巖石園 (Rock garden)

西洋所謂巖石園，類似我國之假山庭園，具有自然庭園之形式，蓋多受東洋造庭之影響而發達者也。巖石園之中，每栽高山植物，或引配水流。

巖石園之占庭園全部者，絕無僅有！通例只占一部，如在地形變化甚大之場所，或道路之交叉點，終點，設置小面積之巖石園是也。巖石園設於運動場球場之西北，藉以防風，甚適。

建設巖石園之材料，以巖石最爲重要，小灌木草花次之。巖石如用硬度大而有光輝之種類，不如粗糙暗褐者；水成巖多孔質巖，亦宜。又在同一場所，不可混用性質迥殊之二種巖石，如花崗巖與石灰巖併用，極不自然。

巖石之間，填入培養土，且於巖面，點點穿鑿凹穴，植以蘚苔草花，則景物自呈美觀。植物避用喬木，以矮性灌木，一二年性及多年性草花，地衣，蘚苔之類，爲貴；又能蒐集耐冬性之高山植物，最妙。

建築巖石園之順序：先測量製圖，以造適當的地形，高丘低陵，善爲點綴；次則安排巖石，填入培養土，以種植物。又樹木花草，須一一配植，傍插木牌，記名，然後設築道路。

（乙）牆壁園（Wall garden）

利用狹窄地區，設置石垣石階，於石與石之間，放置培養土，配置花卉，務使四季開花不絕，此爲牆壁園，吾人於別莊園中常見者也。牆壁園之傍，附設水園，植睡蓮水草，而以巖石連絡牆壁，自更能添一層光景矣。

（丙）鋪石園（Paved garden）

鋪石園，爲花壇之一種，規模頗小，於園內道路及周圍，敷以鋪石，蓋將自然人工適宜調和而爲花壇之進步者也。今將

鋪石園

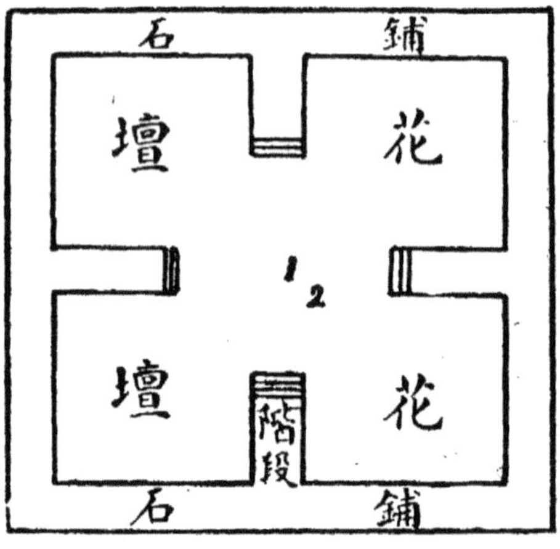

1 日規
2 草皮

普通鋪石園之一例，圖示於右：

圖之中心，置以裝飾物，如雕像，日規，飾瓶，均佳；園以芝草或花壇，較別部稍高。四處路口，設置石階。道路均以鋪石築成道路兩側，設備低的石壁，使與花牀區別，且既可防花草之倒伏於外，又便種纏繞植物，誠一舉而數得也。至四區花壇，均滿栽種種花草，務使千變萬化。

第二節　部分設計

(一)樹木

植樹，占庭園中重要位置，較之巖石苑園，水流池水，關係更爲密切！凡植樹之位置及配置，由形式園與風致園而異，亦由眺望的與逍遙的而不同。大概於形式園時，多採對稱的及等距離的方式；於風致園時，多採不規則的及羣叢的方式；於眺望的庭園時，則注要於一地點之景；於逍遙園時，則以各部分之美觀爲主眼也。

設置庭園之際，見該地有現存樹木，可以利用，當利用之；至設計上認爲不當者，是亦不必顧惜，總以發揮造庭之美爲要！

風致園之植樹

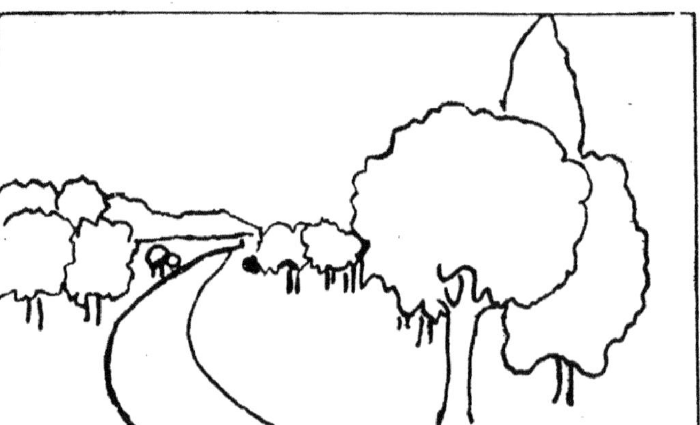

形式園之植樹

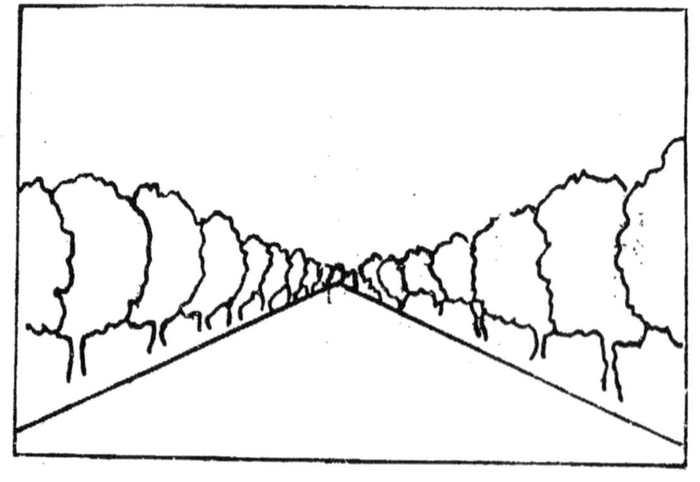

茲再分二項，而略述植樹之事於後：

（甲）形式園之植樹

適於庭園樹之要件在形態（Form）及色彩（Color）二端，此盡人所知也！今將植於形式園中之樹木當具有之要件，列舉如左：

（a）色彩鮮明

（b）枝葉常綠

（c）樹形整齊

（d）樹幹垂直

（e）枝葉密生

欲期樹形之整齊，以造成美觀的樹姿，非以人工的剪枝不爲功！其形狀普通別爲球形，半球形，橢圓形，圓錐形，當因樹木之種類而善爲採用焉。但樹木放任於自然，亦能成其固有性之稍正形狀，參閱第四篇第一章！

今就樹木栽植之方式，分論於後：

(1)行道式　此有一列二列及二列以上之別，由眺望之遠近甚有透視圖畫的美觀，種植時，當依據下列規條！

(a)各樹距離當同一！

(b)各樹使成一直線！

(c)在園路之交叉點，距離當折半！

(d)在園路之交叉角上，不應植樹！

(e)樹形大小不一者，不可混植！

(f)色彩不一者，不可混植！

行道樹，卽行路樹（Avenue trees），亦稱街道樹（Street trees），日名並木。

適於行道樹之種類，約舉如左：

皂莢　合歡木　梨　櫨　桂　欅　厚朴

梧桐　菩提樹　桃　椤　榑　櫧　櫰槐

赤楊　羅漢柏　梅　柳　楓　柏　赤松

金松　羅漢松　李　櫻　杉　樅　黑松

扁柏　七葉樹　杏　櫸　樟　女貞　銀杏

山茶　篠懸木　柿　槭　柯　棕櫚　美國鵝掌楸

茶梅　廣葉杉　榧　榆　楝　胡桃　躑躅

（2）生垣式　採用此式植樹，其鄰樹之樹冠，互相接觸，亦稍有交叉，在庭園周圍，及花壇緣傍，最爲合宜。

適於生垣之樹種，列舉如左：

杉　木瓜　竹柏　珊瑚樹　木槿

檜　紫杉　女貞　羅漢松　麻葉繡球

柚　扁柏　杜仲　落葉松　水蠟樹

樫　躑躅　茶梅　羅漢柏

梅　花柏　枸橘　姥芽櫧

柃　黄楊　鼠李　蚊母樹

柏　櫧　側柏　犬黄楊

木瓜　扁柏　草黄楊　杜仲

滿天星（六月雪）　矮性柏　矮性梔子　豆瓣梔子

至於作花壇緣傍之樹種，約舉如左：此須特別剪低，俾謀十分分蘖。

（3）隧道式　栽植生垣二列，枝條只使向單方伸出，上部交叉密接，宛呈棚形者，卽爲隧道式，薔薇，蔦蘿，及他種纏繞植物，均可充用。

（4）獨栽式　此式在形式園之中心，或花壇各部之要點，株株另種，務用喬木之樹冠闊大者爲宜，樹下妥置靠椅，以供休息。至用灌木時，須擇樹形正齊，幹葉美麗者。

（5）點栽式　此式類似前者，在形式園之要所，各株點點栽植，或則集數本而爲一株，如小灌木及剪低草木類，均可以對稱的而配置之。採用之樹種，約計如左：

檜柏　側柏　扁柏　絲杉

爬性檜柏　立性檜柏　假葉樹　多行松

(6)寄植式　此式不惟可用於形式園，即在建築物與建築物中間之狹隘空地，及道路之兩側，紀念碑之前部，通廊之兩側，均可應用；又於建築與庭園連結之臺地之斜面亦常見焉。其法：寄植多數小灌木，剪齊各樹梢頭，使成一平面，混植斑葉植物，及葉子美麗之小灌木數種，或數十種於其間，眺望之成爲毛氈的或嵌工的模樣，故亦有色彩的栽植之別名。

茲將適於寄植用樹種之名，開列於後：

杜仲　躑躅　柃　南天竺　躑躅

楊桐　馬醉木　白櫧　犬黃楊　檜柏

黃楊　槭　赤櫧　羅漢柏　草珊瑚

櫸　楓　姥芽櫧　滿天星　茶梅(山茶)

山茶(椿)　桃葉珊瑚　車輪梅(海濱厚皮香)　蝴蝶樹　女貞

側柏　羅漢柏　厚皮香　麻葉繡球　扇骨木

繡線菊

（乙）風致園之植樹

風致園之植樹間隔貴乎自然，不宜劃一，致失呆滯，故以羣植爲佳，又無須剪定整姿。羣植之法，爲便利計，分述於後：

（一）純林式　細分獨栽式，點栽式，二本植式，羣植式等，遠眺之風致甚優，但此種純林式，罹蟲害及他種天災之害較大。

（二）混交林式　將二種以上之樹種，混植一處者，曰混交林式。但樹性形態色彩全異時，大足損減風致，如竹林與楓，松與櫻，杉與躑躅等相配，終歸失敗而已！

櫧之中，混植櫸樹，或楓樹，櫟樹之中，混植榴栗；又如櫧柯與杉柞混植，亦頗樂觀。概言之：落葉樹之下，植常綠樹，高大樹之下，植低小樹，則景致自佳矣。

若夫濃綠叢前，添植濃紅之花，淡綠叢前，配種淡紅之花，則亦未見其不可。

混交林式，頗帶經濟的，一朝遇病蟲來侵，無猖獗之虞，譬如栽樫於松柏之間，松柏易受煙害，而樫則否；椋欅之於杉也，事理亦同。但幾多各異之樹種，混合栽植，殊帶人工的觀感，而少理想的風雅，以故庭園上不甚採用，只限於周圍之栽植而已。

(三)立木式　前述二式，樹之下部，木草萋萋，殊礙林內視透之線，然於立木式時，則呈疏林之景也。用於立木式之樹木，務以高大爲貴，採伐下枝，俾顯然表現幹之美觀，凡庭之前園，路側，及人目常觸之地點，用此式植樹，置椅櫈以利用其樹陰，最稱適宜！

松，杉，柯，樟，榎，楡，銀杏，桂，櫟，櫻，椋等樹幹挺偉之喬木，均可用之。

灌木及草花　風致園中，以灌木及草花而充下木，下草，最宜。又植於森林與園路之間，使兩者善爲連絡，亦佳。

前庭及道路之近傍，栽植喬木之時，甚足遮斷眺望，減失風致，故不可不配種灌木草花，以調和之。

芝草　芝草一物，美化地面之力極大，不問何種庭園，何種公園，非配有芝庭，則風景究難滿足。建築與庭園，欲結爲一體，又非芝庭不爲功！

（二）水池

水之賦與庭園活氣之力，最爲偉大，渺茫之池水，圍繞葱鬱樹林，則其樹蔭映浮水面，而示無窮之變化，眞足賞矣！且彼靜止之池水，則如音樂之絲絃，能與吾人以美感也。若夫忽爲飛泉，忽爲瀑布，忽爲淺沼，忽爲深淵，水之形態，變化無窮，劃入庭園，是更能增加勝趣焉。

西洋式庭園中，水之形態，略與中日式庭園相同，但噴水，溜池，爲其特別之處。統而言之：園內水之形態，不外左述五種而已！

（1）噴水　（2）池沼　（3）溪流　（4）泉　（5）瀑布

不問流水靜水，其目的得分二項陳焉：

（一）美觀上之目的

（1）使庭園之品格向上。

(2)使觀者惹起廣長之感想。
(3)使庭園完備美之諸要件。
(二)實用上之目的
(1)衛生。
(2)防除火災。
(3)魚鳥類之養殖貯藏。
(4)水車原動力。
(5)灌水用供源。
(6)培養水草。

噴水　噴水早於希臘羅馬時代有之，乃形式園內之主景也。水體清潔透澈，故西洋寺院中，多設噴水，以爲神之供物，在昔羅馬時，常於水道，設備噴水裝置，以供飲料之用；亦有立處女聖人動物及神之像，以爲裝飾。今日東西各國之噴水，習俗相沿，因風傚法，動物及他種刻像，隨在所見，因之更足添壯觀，添美景矣。

噴水來源，引自高處，由鐵管導至噴水口，噴出之水，落於水盤，或溜池之中。溜池形狀，任人變化，亦爲庭園中一種裝飾物，且能左右庭園之風景也。其面積小者：水深二三尺，水面映照周圍所有刻像，飾瓶，花盆之影，亦呈奇觀。其邊緣又須施以裝飾的工作，宜稍斜，以防冰結時之破傷，上部宜平鋪大理石或花崗巖。

噴水口只有一個時，固宜位乎中央，倘有數個，則須左右對稱，其中央噴水口，須特別注意，當用銅，大理石等雕像，或女神，猛獸，魚，鳥等型。

在平地欲設噴水，有利用電氣動力之新法。

池沼　在形式園之中，池沼常與噴水共設，卽噴出之水，落入池中是也，因之池之形狀大小，亦由噴水而不同。概言之：池之直徑須較噴水之高稍大，使風吹時，飛沫不及池外平地。

池如甚大，可劃分多數區域，使水面高低不一，並植水生植物。

風致園中設池，其形務近於自然。池之水源及出口，又須明顯緩流，亦以使各方流出爲貴。池之周圍，可以巖石，或芝草積成之。小池之底，則用水門汀，混凝土等膠成，其大者，以黏土或礫塊築之。

池之大者：可作划舫（Boating）駛帆（Sailing）之遊。

溪流與飛泉　風致園中常有之。在形式園時，有時有築小溝（Canal）者，小溝之中，可浮舫，可垂釣。

溪流以自然爲貴，其設計也，亦宜取範於自然河川。在巖石園時，則配置巖石，種植高山植物，以爲模倣山溪之形狀。

近來各國公園，常視溪流爲一種遊戲場，淺而廣大，以供濯足及游泳之用。

（三）苑路

設於園內之路，名曰園路，或苑路，其與普通道路之異點，約舉如左：

（1）苑園上通過貨物之重量，較普通道路爲輕。

（2）苑園重視風致，道路則以便利實用爲主眼。

（3）園路之路面，及排水設備，須較普通道路帶美的性質。

園路爲園中最重要之設備，有此路，則園之各部，可告完成。園路過少，則交通不便，不能發揮各部之美觀，有使遊人踏走芝地，及樹傍之患；過多，則園區之數增加，殊失幽雅之景趣，亦非所宜！

苑路設計時，須注意者：曰四季觀念。夏季以陰濕爲宜，冬季以避風迎日是貴，此固不待論矣！苑路原爲遊客之鄉導，設計佳妙者，雖生客猶得自由盤桓，無迷路之虞；且苑路自身，亦當有美的形態，如路面之傾斜，構造，及方向，屈曲等等，均須善爲考慮，以助風景美之向上。

苑路設計，因形式園與風致園而異其趣，玆分論之：

（甲）形式園之苑路

形式園中之苑路，多爲直線，或圓弧，其面積較風致園者爲大，不惟謀通行上之便利，並得連結園之各部，使全園成一圖形。苑路不得過狹，以免各部意匠，不顯不明，但過廣，則各部分離，不克連絡，亦非所宜。大約苑路，當別爲主道與副道二者，主道稍寬，設於園之中央或主要部，副道稍狹，通於園之周圍，或各部。苑路之交叉，以呈直角，或近於直角爲宜。

此種苑路，較他種道路可低，兩緣飾以石芝或灌木。傾斜度以使水能流下足矣，不必過大！

石像，雕像，噴水，紀念碑及涼亭之前，苑路須特別留寬以免羣衆雜沓。概言之：形式園中，苑路之主道，預備通車者，寬以一丈二尺至二丈四尺爲度；否則以六尺至一丈二尺足矣。其在副道，寬留四尺至九尺可也。路面均宜鋪實礫塊，或白砂，藉免遺留車輪之轍跡！

（乙）風致園之苑路

風致園中之道路，不可採直線的，以圓滑的曲線道路尚焉！不過面積廣大之森林公園，或花園入口及短距離之道路，亦有直線的道路。園路之交叉，呈直角者少，多用六十度之銳角；（圖A）惟自主道分歧小路時，有用直角者。（圖B）今將苑路設計上當注意之條件，列舉如左：

（一）在一處不當使四條道路相會合；四五條道路相會之時，須設圓形廣場。（圖C）

（二）二道交叉時，須使二道中心線交合於一點，（圖D）不可使成二點。（圖E）

（三）銳角愈小，愈不雅看，且容易破損。（圖F）

（四）苑路之交叉點過大時，須在中間設三角洲，上植灌木，芝草。（圖G）

(以六十度交合之苑路)

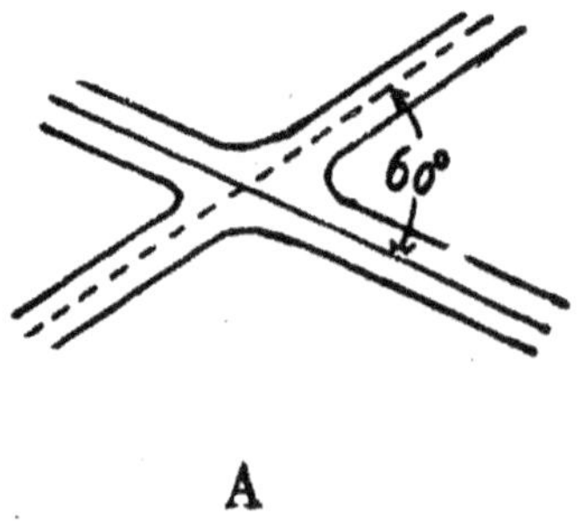

A

(廣場)

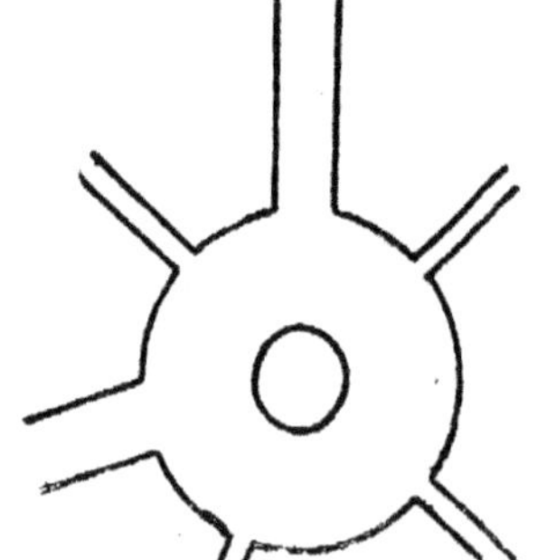

C

(以九十度交合之苑路)

B

(交合於一點之苑路)

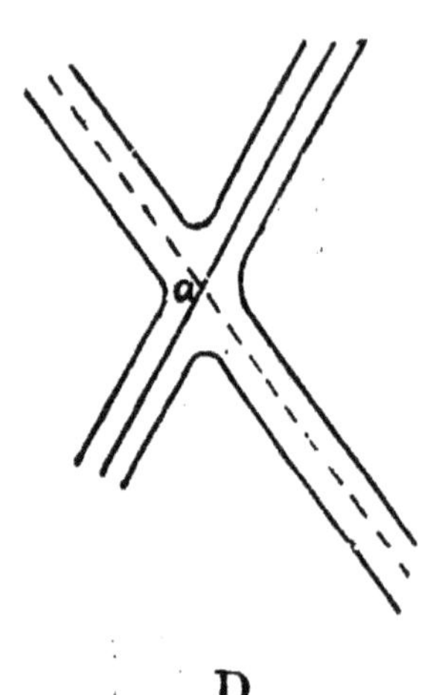

D

(交合於二點之苑路)

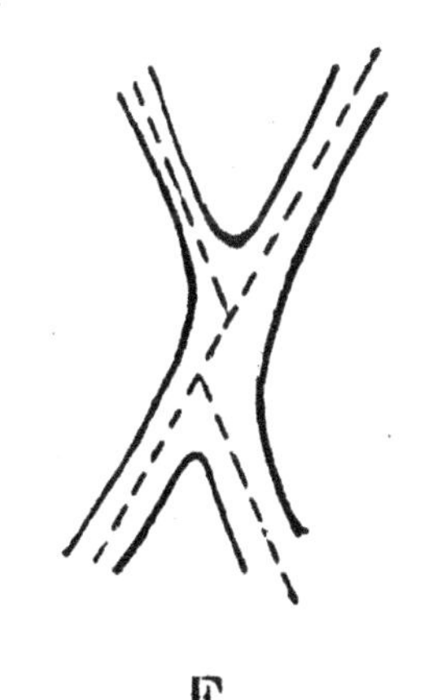

E

(苑路中之三角洲)

G

(以小角相交之苑路)

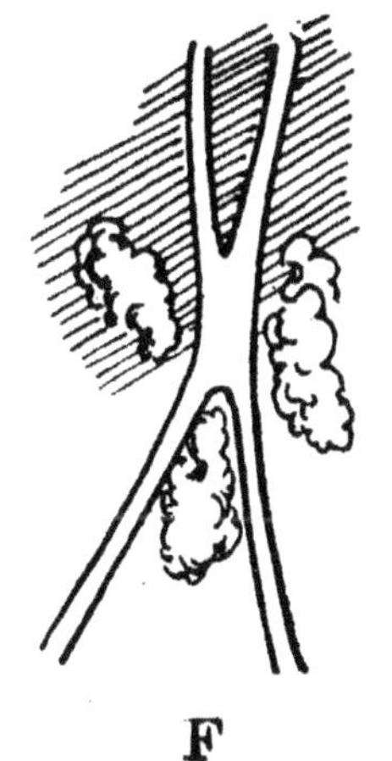

F

(五)苑路之交叉，須削去其角，使成圓滑曲線。

(六)在短距離，倘設波狀道路，既不便交通，並足損風致；但狹道則不妨。

(七)小丘上之道路，以向圓形迴繞爲宜。

(八)通於紀念碑，休息所等處之道路，以廣寬爲要。

（九）園路面之勾配，不可過1/10以上，故於1/15以上之傾斜路，須特設石階，或砌以木板。

（十）園路之寬，通行馬車汽車時，須在一丈二尺以上；否則以四尺六尺九尺爲常。

（十一）園路之寬，須始終一貫，中途忽廣忽窄，殊失美觀。

（十二）苑路不可接近建築物，以隔離一丈二尺以上爲宜。

（十三）在苑路之入口，及終點，須設種種裝飾的建築物，如休息所，紀念碑，石像，煤氣燈均宜。

（十四）道旁須附帶排水裝置。

（十五）道路以中央高起爲原則，決不可中低側高。

風致園之園路，亦可別爲主道副道，設計之際須注意其聯絡。園之周圍，當較中央部多行配置。

（丙）入口及迴車路

凡庭園公園及邸宅之入口，最易惹人注目，設計之時，宜格外注意，以引起來訪者之美感，於是，門等裝飾的建築物，爲不可少矣！

門 (Gate) 有種種，普通用石材，或鐵材，最好上置飾盆，或雕像，中日之門，多具屋頂，西洋之門無之。門之設計上須注意者：爲門與建築物之調和，及門與周圍之調和。鄉鄙之門，當施技巧，富含野趣；都市之門，則當精奇而多施技工也。

自門至廊下之間，其距離長時，可用曲線，短時，可用直線，其間又可設置迴車路，俾廊下正門，不被直接瞻望。迴車路中，可設圓形或多角形之地域，植樹木，配巖石，以增廊下前部之風致，是謂迴車庭 (Carriage court)。

迴車庭中常栽種左記常綠樹，用落葉樹者甚少，樹下配植草花類及小灌木，以增美觀。

扁柏	茶梅	棠檀	絲花柏
赤松	黃楊	珊瑚樹	印度杉
黑松	樟樹	羅漢松	交讓木
鐵樹	山茶	多行松	泰山木

棕櫚　桂樹　月桂樹　八角金盤

杜仲　躑躅　矮花柏

西洋式房屋之入口，多設階級；其兩旁可設露壇，以資點綴；或者，造成生垣，配植花卉花木，以增添門外之風致。如是門外之風致的地域，可稱曰外園，以與門內之正式庭園，即內園相區別。

(四)花壇 (Flower bed)

花壇設計上，最宜注意者，爲左述三項：

(一)色之調和

(二)形態與構造

(三)花卉須多多預備

色之調和，一難事也！例如將赤，紅，桃，白，樺色之天竺葵，混種一處，反足惹起惡感，此因不調和之故；倘以同色者集種一區，異色者另種一區，以講配置之道，自呈美觀矣。

色之調和，既臻優美矣；倘花壇形態不與環境調和，或者其構造不全，則仍感缺陷。又四季不絕開花，亦屬要點；否則隔數月不見美花，或露出空地，何貴之有！

（甲）色之調和

世界萬物，莫不有色，有色斯物，物有區別，易爲吾人認識。色之性質，分爲明暗濃淡及色彩，色之明暗，卽英語所謂 Value，色之濃淡，卽英語所謂 Intensity，色彩卽 Bue 是也。

色彩之中，亦黃青，名曰原色，爲各色之根源，如青黃配合而成綠，故綠爲混合色，將此三原色，以種種濃厚，與種種明暗，互以二種以上配合之，可達三萬色之多，宇宙大觀，卽盡於此！

今就一色而言：亦可分爲濃淡明暗，此等花色，混合一處，則色彩調和上，殊覺可觀，是曰單色調；至萬綠叢中一點紅，乃爲強烈二色明確顯露者，是曰補色調，亦曰反對色調。反對色調，應用於庭園之中，甚能引起人目之注意。

尚有近似色調者，係將相似色彩，以一定順序，逐次配列，此種調和，能與人以溫和氣分，亦可愛。

吾人當築造花壇，配置花卉之時，宜以上述三色調，作基礎觀念，再加意匠，方成名手。至各種色彩，能與吾人以如何感應？已於形式園之設計項中，有所陳述，今不再及。

色可分温色冷色二者，如赤，橙，黃，屬於温色，青，綠，紫，屬於冷色。今試於繪畫上單著冷色，則愈寂寞而帶陰氣，單著温色，則愈熱烈而覺騷然，均非所宜！故温色與冷色之調和，甚屬緊要。此在花壇庭園設計上，亦然，例如赤花天竺葵，因抽生於綠色葉羣之上，頗呈美觀。又如芝庭之中，設以花叢花壇，百花四時爛熳，則芝草之美，更覺發揮矣。

黑白二色，關係亦大，白能與人以無念無想之感，於他種色彩間，皆能調和，例如白砂，青松，雪山，碧空，爲自然界之妙景，甚適瞻望。吾人於築造花壇，亦可在其空處，或小道上，平鋪石砂，以謀調和。

黑色宜與温色相配，不宜與冷色相配，免增陰鬱之氣！

(乙)花壇之種類

花壇由其形態性質，分爲二種，如左：

(一)花叢花壇

(1)境邊花壇

(2)寄植花壇

(3)天幕花壇

(4)鋪石花壇

(二)模樣花壇

(1)毛氈花壇

(2)帶形花壇

花壇之中植以多數花卉，使成一羣或一帶者，謂之花叢花壇；以積土或芝草，畫爲種種模樣，列植小灌木矮性草花者，謂之模樣花壇。前者以發揮立體的美爲主眼，後者則以發揮平面的美爲主眼也。

(一)境邊花壇(Border) 此爲建築物周圍，或庭園境界之牆壁，或生垣之基部，臺地之斜面所設之花壇。其形狀，其幅員，均因此等建設物之大小高低而定，普通者幅二尺，至六尺，長任意，內種宿根性草花，灌木，配以若干之一二年草花，以供時季的瞻賞。至面積極小者，則可纏繞常春藤，紫葳（凌霄花）薔薇，素馨，牽牛，藤，西蕃蓮等蔓性植物於建築物也。

種植之法：前方配列矮小植物，後方則擇其高大者，此外如色彩時季之調和，亦屬要事。倘欲防冬季寂寞，則可添種山茶花，杜仲，南天竺，馬醉木等。

（二）寄植花壇　此爲獨立的在園內設置之花壇，形狀可由設計者任意斟酌之。所植花卉，普通用高者，應時節而自由換植之種類，以一二年性花草爲主，不宜雜混，只擇一種或數種可也。種時，高大者置於中央，向兩方漸低，至周圍植以匍匐地面之低種，使全體呈尖塔狀，是曰尖塔狀花形花壇。

花色以近似色調爲宜，時則採用反對色調。

寄植花壇之在芝庭中，或散設園路近旁者，名曰龜甲花壇，或花形花壇。

（三）天幕花壇（Tent bed）　中央部樹立一丈高之柱，周圍在等距離處，立五尺高之柱數本，從周圍之柱之頂，向中央部之柱之頂，以鐵鏈或繩連結，使呈天幕狀。傍植蔓性花草，俾纏絡

花形花壇一（龜甲花壇）

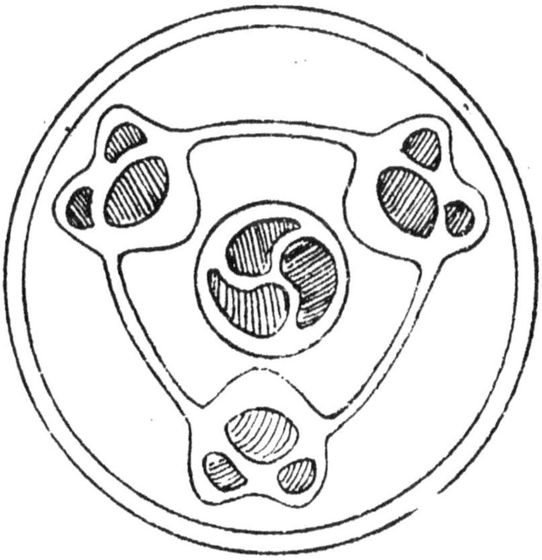

花形花壇二

而上，中央設置一壇，植高性植物，周圍低設數壇，種以低性植物。

（四）鋪石花壇（Paved bed）　其範圍大者，曰鋪石花園，說明見前述特殊園項下。

（五）毛氈花壇（Carpet bed）　多設於芝庭及廣場之中，壇內密植矮性花草，並擇其同時開花者，眺望之，宛如毛氈，故有此名。由其色彩之配合，得製出種種模樣及幾何學的圖案。

其種植部的形狀，有方形，長方形，圓形，橢圓形，星形，花形之別，時則將種種形狀，混合之，時則在其中心點或局部，點植矮性灌木。

此種花壇，以發揮平面的色調爲主旨，花卉忌用高性，且以細葉纖枝爲適。

(六)帶形花壇(Ribbon)　此種花壇，多設於庭園之道傍，房屋之邊緣，池之周圍，或境邊花壇之前面。壇形狹長，而以花草製出條線，或蛇形線之模樣。花卉種類與毛氈花壇同，亦以矮性並花葉美麗者爲佳，數種混植，不如各種分植，俾得表現顯明之模樣。或者處處種以細葉性灌木，或高性草花，使呈強調美觀；或者其壇形過長時，配置花盆等物，破其單調，亦宜。

模樣花壇中有所謂迷園(Maze)者，往昔庭園常有此式。法以矮小灌木，描成模樣，而留迷道，半供裝飾，半供遊戲，亦花壇中特開生面者也。

花壇因開花季節而分類之，如左：

(一)春花壇　(二)夏花壇　(三)秋花壇　(四)冬花壇

迷園

(丙)花壇用草花

栽於花壇之草花，須注意其色彩及開花之時節。今列示各季用適宜花名於後：

(一)春季開花者

(1)矮性者

水仙，松雪草，石菖蒲，金盞花，雛菊，金蓮花，香堇，遊蝶花，櫻草，勿忘草，木犀草，美女櫻，鈴蘭，福壽草，風信子，鬱金香花泊夫蘭，小蒼蘭，葡萄風信草，白頭翁（Anemone）毛茛屬（Ranuncula），草櫻，紫羅蘭，花荷包，牡丹花，酢漿草，石竹，篝火花（Cyclamen）。

(2)高性者

絲瞿麥，捕蟲瞿麥，飛燕草，水仙翁，花菱草，瓜葉菊（Cineraria），雛罌粟，紫露草，鬱金香，麝香連理草，星草，夾竹桃，草夾竹桃，秋海棠，香石竹，撞羽牽牛（Petunia）。

(二)夏季開花者

(1)矮性者

松葉菊，半支蓮，美女櫻，日月草，白粉花，千壽菊，牽牛，衣克西阿（Ixia），紫蕚，鐵里託買（Tritoma），石刁柏，樓斗菜，香水草（Heriotropes），輪鋒菊，花亞麻，阿克梅內斯(Achimenes)，天竺葵，蔦蘿，海秋棠，半邊蓮屬（Lobelia），託來尼亞（Torenia），晝顏，夕顏。

(2)高性者

美人蕉，大理花，雛罌粟，百日草，向日葵，金鷄菊，矢車菊，波斯菊，麥稈菊，白粉花，鋸草，金魚草，釣鐘草，蜀葵，辦慶草，草夾竹桃，花煙草，鳳仙花，大毛蓼，水蝶花，萬壽菊，百合，萱草，唐菖蒲，天竺葵，釣浮草（Fuchsia），實芰荅里斯（Digitalis），蔦蘿，擅羽牽牛。

(三)秋季開花者

(1)矮性者

玉簾，千日紅，美女櫻，金蓮花，秋海棠，彩葉草（Coleus）。

(2)高性者

天人菊，秋牡丹，鷄冠，葉鷄冠，桔梗，黃蜀葵，觀月草，扶桑，大波斯菊，美人蕉，鼠尾草屬(Salvia)，拉奴太那（Lantana），秋菊。

(四)冬季開花者

水仙，耐冬性草夾竹桃，寒菊，草黃楊，寒木瓜，花泊夫藍(番紅花)，阿路美里耶(Armeria)，松雪草。

(五)露壇 (Terrace)

露壇,亦稱臺地,凡家屋周圍,地勢頗高,可施以種種設備,作成臺地,以便俯眺園內。臺地於西洋庭園中常見之,既能發揮房屋之美,且有益衞生。

露壇以寬者爲貴,倘傾斜度大,則於周緣配置欄杆及灌木性生垣,以減少危險觀念。露壇表面敷砂,或鋪芝草,中設石道。靠近房屋處,設置帶形花壇,或種灌木。露壇周圍二三尺處,種植芝草及草花。

露壇之中,寄植灌木,而平剪之;或點植石楠者,謂之傾斜園 (Sloping garden)。露壇之廣大,甚斜者,須分爲二三級,以減其傾斜度。

(六)温室 (Green house)

建設温室,或以之爲庭園中點景之一,或以之培養熱帶植物,及其他不耐冬性花卉,其構造與普通住宅,不能同樣論也。

(甲)温室之種類

(一)冷室(Cool house) 室旁單裝玻璃窗以吸收太陽熱,不以人工供給温度,充冬間保護耐冬性及半耐冬性花卉之用。

(二)保育室(Conservatory) 在温室中開花者,移入此室,以充觀賞之用。此室或與住宅連接,或與温室連接,均可。

(三)暖室或熱室(Stove house or hot house) 此室以人工供給温度,充培養熱帶產花卉之用。

(乙)温室之形狀

温室由其形態概別爲二:

(一)平屋頂温室(Span roof house)可再分爲三種

(1)鞍形屋頂温室(Even span roof house)

(2)單面屋頂温室(Half span or lean to house)

(3)四分之三屋頂温室(Three quarter span house)

(二)圓屋頂溫室

鞍形溫室者其兩方屋頂，以同一傾斜，同一長度放出之，凡室內廣寬之溫室，當採用是式。普通寬一丈二尺至二丈，壁高三尺，屋頂傾斜爲三十度至三十五度。樑之方向，南北衕焉！

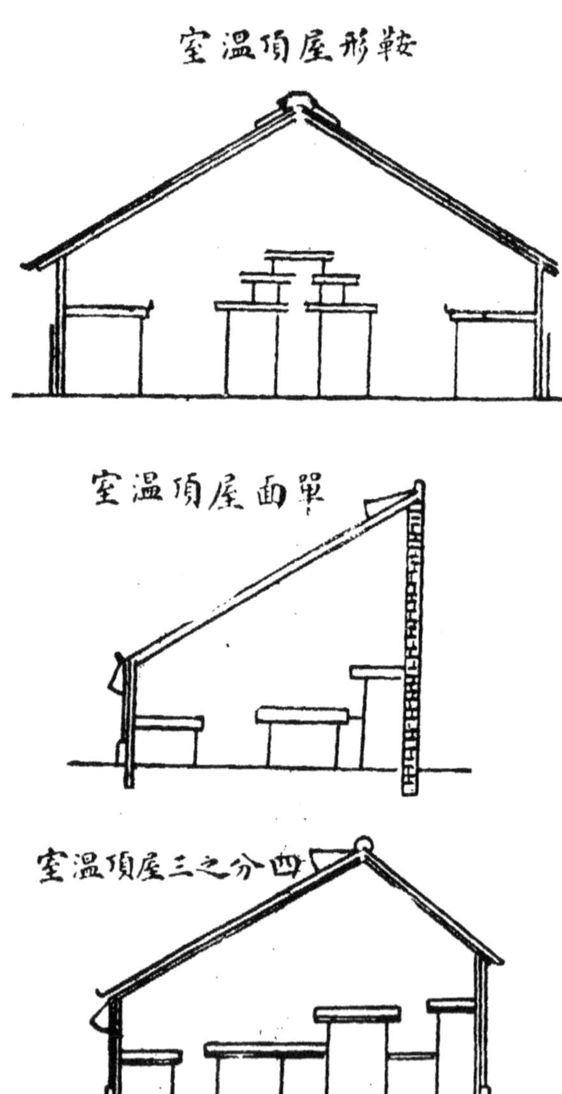

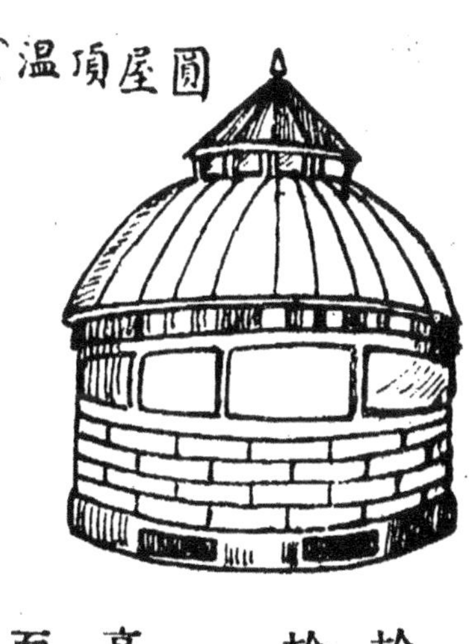
圓屋頂温室

此種温室之特徵，因屋頂之傾斜緩慢，能使各植物，容易置於玻璃下距離相等之處，且光線受自四方，則植物生長，自無偏於一方之虞。但熱度之發散迅速，玻璃之破損又多，爲其缺點！

單面屋頂温室，其屋頂只有前者之半，而傾斜於一方。後壁高約八九尺，前壁約二三尺，屋頂傾斜，普通四十度至六十度，小面積之温室，多採用是式。樑之方向，多爲東西。此種温室，建築費廉，熱之發散不甚，頗適於保持高温；惟光線受自一方，非將花盆時常週轉，則植物有彎曲於一方之勢。

四分之三屋頂温室，爲補救上述二種之缺點而改良者，屋頂放出於兩方，此長彼短，約成三與一之比，故名四分之三温室。樑之方向，多爲東西。前壁三尺，後壁六七尺。屋頂傾斜，有兩方同一者，各異者，普通北側爲三十度至六十度，南側爲二十五度至三十五度。

圓屋頂温室，其屋頂呈圓帽形，外觀美麗，甚適充公園庭園內之添景，或竟作裝飾的房屋用，亦可！又如培育甘蕉秒欏等熱帶植物時，此室為不可少；惟玻璃最易破損，不適於營利的栽培。

（丙）溫室之配置

溫室之方向及配置，關係極為重大，其要點：在乎利用陽光；陽光以近於直角照射於玻璃面時，被吸收光熱之力最大。由此而研究之：鞍形溫室，概須在南北地位；單面屋頂溫室及四分之三屋頂溫室，概須在東西地位。

倘於一處欲配置二所以上之溫室，則間隔不宜過近，免成遮蔭；其有連結之必要者，須以直角接合，中間，開設門戶。今

溫室之配置

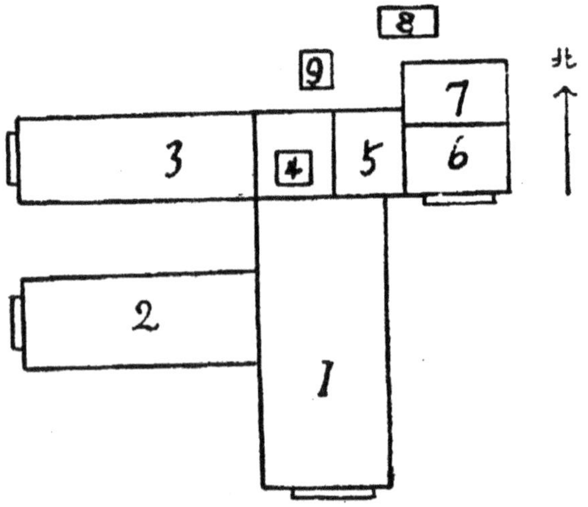

北

8
9
7
3
4
5
6
2
1

1 鞍形屋頂溫室
2 四分之三屋頂溫室
3 同上
4 蒸釜室
5 作業室
6 事務室
7 花工室
8 農具室
9 石炭室

圖示温室，及事務室，作業室，園丁室，蒸釜室之配置於右。

(丁)温室之構造

建築温室，需特殊之技能及智識，温室構造中，最須注意之事項，有如左述：

(一)完全防止外氣侵入。

(二)完全接受陽光。

(三)室內温度，不使放散。

(四)能自由調節室內之温度，及溼度。

(五)能自由交換室內之空氣。

(六)能自由調節陽光。

欲滿足上陳條件，有待於特別的設備，今試略論各部之構造：

壁　壁之構造，宜厚宜固，普通厚八寸至一尺，材料用木板，甎瓦，石，人造石，混凝土 (concrete)。內部填充砂或鋸屑藁屑，一以防外氣侵入，一以妨室溫發散。壁高普通爲二三尺。

屋頂　屋頂敷蓋玻璃，以細的木材，或鐵材作格。木爲熱之不良導體，價廉而易腐；鐵爲熱之良導體，價昂而堪永久，故以兩者併用爲宜。木材爲防腐計，須以柽櫸等質，上塗白漆，或他種防腐劑；鐵爲防鏽計，亦須塗揸白漆。玻璃以平滑者，厚薄同一者，不著色者爲貴；一塊玻璃，以長約一尺七寸，寬約一尺六寸者爲便。

屋頂蓋物，可用蘆簾。樑上設小滑車，通以棕櫚繩，便卷放；或代以油紙，麻布，綿布。

戶及窗　戶宜設於狹處，向外方開張。戶之上部用玻璃，下部用板。戶之邊緣及窗戶之邊緣，塞嵌軟布，防空氣出入。窗設於室之兩側，全用玻璃，採用活動式，以便開閉。

盆架　此架多以木板製，板上置礫砂炭屑甚佳；架之高低寬狹，及階級多少，宜隨地斟酌之。室內通路，約留二三尺寬。

溫室之供促成用者，須設牀壇，置培養土。

給溫裝置　冬季非以人工供給溫度，每致室溫過低，有妨植物生育，給溫之裝置，共計四種：

（一）煙管裝置。

(二)湯管裝置。

(三)蒸氣管裝置。

(四)暖爐火盆。

(七)添景

凡設置於園內，以添園內風致之建設物，總稱添景；西洋式庭園之添景，如涼亭，雕像，涼棚，日規，飾盆，坐椅，牆壁，及橋梁，噴水，温室，塔樓閣，燈臺，欄杆等是也。茲論數種於此，餘則參照別章別節。

(甲)涼亭

涼亭，英語 Summer house，或 Pavilion，一方供實用，一方供裝飾。形狀構造，種種不一，務須不損四圍風光，且自亭中坐望，須收全景於一眺之中，故其位置，以在丘陵之頂上或花壇之一隅，與中央爲貴。

涼亭，概以甎瓦或石製成，如欲求其富於野趣，則取木料。屋頂敷木板，或石版，亦有用樹皮，藁稈者。形狀，除圓形外，有四角，六角，八角。其規模偉大，內設許多座席者，特稱 Pavilion。西洋式亭，多由涼棚（Pergola）或牆壁而聯結周圍植樹者亦常見。與涼亭類似者，有鳥小屋，鳩小屋，猿小屋，水禽舍等亦爲園中良好添景。

（乙）雕像

雕像自希臘羅馬時代應用於庭園；其初也，不過作紀念像以紀念有功績於家國社會之偉人而已！自美術漸次發達，種種作品，前出後繼，如神佛之像，動物之像，亦見配置於庭園，以供觀瞻。雕像多以大理石，花崗巖，石膏，青銅，鉛，銅等製之，木製者亦有。雕像多獨立設置；時則設於家屋門戶，牆壁，階級，臺地等之欄杆，或柱上。池及噴水，亦應用之。

配置雕像，宜注意與周圍調和，故其位置，其高大，務擇適當。周圍植以常綠樹，俾人工美與自然美合調。

（丙）涼棚（Pergola）

西洋之涼棚，亦稱綠廊，蔭棚，一如我國之籐棚，葡萄棚，以遮避炎日，休憩其下爲目的。其位置，或在園內道路上，或在家屋涼亭之四周，無一定！涼棚既可供實用，亦可作裝飾的添景。

涼棚之簡單者：隔六尺並立樹柱二行，上部縱橫架以竹木小柱，縛繩，或敲釘，傍種纏絡性植物，俾蔓延棚上。其精雅者：則用大理石，花崗巖，甎瓦，混泥土等作方柱，或圓柱，成一迴廊；或以鐵骨木材，編成隧道(Tunnel)狀尤佳。涼棚用植物，舉示如左：

薔薇，紫藤，白藤，常春藤，南五味子，葡萄，牽牛，夕顏，麝香連理草，時計草，通草，紫葳，忍冬。

涼棚之下，敷以飛石，鋪石，或砂粒，藉便行走，或則配置坐椅，以供休息。

(丁)日規(Sundial)

日規日名日時計，爲形式園裝飾上所不可缺者，西洋造庭家，每賞用之，可設於園之中心或交叉點。玆別二種而說明之：

(一)應用植物者　普通栽薔薇，棣棠等灌木性植物，或松柏等常綠性植物，於壇之中央以作日蔭；周圍種草黃楊，滿天星等矮性灌木，或矮性草花，畫成表現十二時間之數字；此爲大型之日規，廣大庭園中多用之。

(二)設於石臺上者　石臺高三四尺，上置平盤，刻以時間，平盤以青銅或石版製成；形狀，或四角形，或六角形，或圓形；此爲小型之日規也。

日規不惟爲園內之良好添景，且晝間觀此，可知時刻，故亦爲實用的。

(戊)飾瓶 (Vase)

飾瓶可單獨置於道路交叉點，終點；或並列於欄杆門柱之上，階梯靠椅之兩側，亦宜。其形多爲古式之水壺，酒壺，香爐，酒杯，瓶，罇等形。材料採用石，陶器，鉛，青銅；周圍施加雕刻，以供裝飾之用。

飾瓶中最爲西人所賞用者，曰花瓶 (Flower vase)，瓶面施雕刻，瓶中滿植草花，以賞四季之植物美。植於花瓶中草花，性質宜強健，色彩宜濃厚，並宜有四季不變之綠葉。今舉列於後：

(一)花卉類　天竺葵，麝香連理草，鳳梨，龍舌蘭，仙人掌及 Adiantum (屬水龍骨科)。

(二)灌木類　黃楊，躑躅，扁柏，石楠，柑橘。

尚有花箱 (Flower box)，以木製之，或四角形，或多角形，內栽灌木或草花，置於庭園入口，室內窗側，均宜。今將適用之植物，約舉於後：

棕櫚，大王松，竹，棕櫚竹，椰子，高野羅漢松，石楠，橙，桃葉珊瑚，月桂樹，扁柏。

（己）坐椅（Bench）

凡庭園公園中之坐椅，莫不置於露天，故既須求其美觀，又須求其堅牢。私園中之坐椅，不妨簡單，以能自由移動爲便；如在公園，則須將其椅脚，固定土地，以免雜亂及整理之勞。坐椅之佳者爲靠椅，其極簡便者，則惟二柱一板。坐椅除木製者外，亦有用鐵骨，石材者。

坐椅之位置在涼亭涼棚内者，其前須設置桌几，俾便飲茶吃煙；如在野外，則宜選擇眺望佳良，或幽靜之處。

（庚）牆壁

牆壁與生垣同，圍繞庭園，分明境界，且又有美化園内外風致之利。其材料有石，瓶，人造石，鐵木等。高以四五尺至一丈爲普通，構造種種不一。

第六章　實用主義之庭園

第一節　果樹園

(一)果樹之種類　果樹種類，不遑枚舉，今分四類述之：

(1)核果類　桃，李，杏，梅，櫻桃，油桃，扁桃(巴旦杏)，郁李(爵李)。

(2)仁果類　梨，蘋果，枇杷，柿，柑橘，安石榴。

(3)漿果類　葡萄，無花果。

(4)乾果類(殼果類)　栗，胡桃(核桃)。

(二)果樹之樹齡　果樹之樹齡由氣候土質及管理方法而異，今示供給果實之平均年期於左：

蘋果	一五——六〇年
梨	二〇——八〇年
桃	八——一五年
李	二〇——三〇年
杏	八——一五年

櫻桃　一五——五〇年

無花果　五〇——一五年

葡萄　五〇——一〇〇年

甜橙　四〇——八〇年

(三)果樹之美觀　栽培果樹，普通以自家食用，或販賣用爲主要目的，然果樹亦有可供觀賞之點，是在選擇其種類，修整其樹形耳。

果樹之美觀，可分二端言之：一曰色之美，如花果與葉；二曰形之美，如幹與葉簇，樹冠是也。

(1)花色　果樹之花色，雖不及他種花木之穠艶，而亦有特殊的美。試由色彩而分類之：

白花　梅，李，梨，杏，柑橘。

紅花　安石榴。

淡紅花　桃，苹果，櫻桃。

淡黃花　枇杷。

淡綠花　栗，柿，葡萄。

(2)果色　果樹之果色，植物之中，首屈一指；近今由改良之結果，同一果樹，亦有種種異色，今示其概况焉：

紅色　苹果，安石榴，李，柑橘。

淡紅色　桃。

橙黃色　柑橘，柿，枇杷。

黃色　櫻桃。

綠黃色　苹果，梨，葡萄，榅桲，李。

紫色　葡萄，無花果。

褐色　栗，梨。

(3)葉色　葉之色彩，可分四種：

鮮綠　果樹之新芽，呈鮮綠色，落葉果樹，尤然。

濃綠　夏季之葉，概呈此色，如柑橘，枇杷等常綠果樹，尤然。

黃　如安石榴等落葉果樹，一入秋季，卽變此色。

紅　柿葉於落葉時，變紅色。

上述花葉果實之色，綜合觀之，更覺其美，如安石榴之紅花，開於鮮綠色葉之間，枇杷柑橘之橙黃色果實結於濃綠色葉之間，甚獲色彩對比之妙！

(4)幹形　梅之枝幹，挺雄屈直，葡萄之枝幹，柔軟彎曲，柿栗之枝幹，亭亭玉立，時當落葉期，更足觀也！

(5)葉簇　葉之大小，濃淡，陰影，光澤，及其著生之形狀，綜合觀之，是曰葉簇，亦呈美觀。此於枇杷，柑橘，柿，安石榴，無花果時，可得認知；且無花果枇杷之葉甚大，以充強調材料最適。

(6)樹冠　果樹之樹型，分爲自然形人爲形，如柑橘，枇杷，柿，栗，梅，無花果，安石榴等，放任自然，亦有相當的樹型，其樹冠略呈半球形，富於自由柔和的曲線美。

適於人爲形者，倘不加以整枝修剪，則樹勢不能均等，結果難期良好，如桃，梨，苹果，李杏，葡萄屬之其樹冠統一整齊，亦爲可貴，一般有直線美。茲將人爲形樹型之種類，例表於後：以供採擇。

(a)直上式　直立單幹形，U字形，複U字形，長盃形。

(b)斜上式　斜出單幹形，V字形，接聯V字形，斜出平行線形，圓錐形，圓柱形，盃形。

(c)水平式　單方水平形，雙方水平形，兩段平行線形，棚形。

(d)斜降式　如葡萄之弓狀整枝形，兩段斜降整枝形。

(e)混合式　圓扇形，方扇形。

此外果樹之花香，亦屬可貴，如梅，桃，巴旦杏，柑橘，等之花，其香因風送入室中，能與人以快感也。

第二節　蔬菜園

(一)蔬菜之種類　蔬菜種類至多，其分類方法，亦由學者而異。今揭示自然分類法：

(1)根菜類　蘿蔔，蕪菁，胡蘿蔔，甘諸，牛蒡，山葵。

(2)莖菜類

(a)球莖　慈姑，芋艿。

(b)塊莖　馬鈴薯。

(c)根莖　蓮，薑。

(d)鱗莖　葱頭，葱，薤，韮百合。

(e)嫩莖　石刁柏，筍，土當歸。

(3)葉菜類

(a)生食　萵苣，芹。

(b)煮食　甘藍，白菜，菠薐菜。

(c)香辛料　野蜀葵，辣椒，紫蘇。

(4)花菜類　花椰菜，立木花椰菜，朝鮮薊，食菊。

(5)果菜類

(a)蓏果　胡瓜，南瓜，西瓜，越瓜，甜瓜，冬瓜，苦瓜，扁蒲。

(b)茄果　茄，蕃茄，辣椒。

(c)莢果　豌豆，蠶豆落花生，菜豆。

(6)雜類　草莓，玉蜀黍，蕈類。

(二)蔬菜之美觀　蔬菜爲人類日常之必需品，並多有醫藥的價值，庭有餘地，不可不栽培焉！且其補助吾人之美觀也亦多。其美觀可分色之美，及形之美。

(1)花色

白花　花椰菜，立木花椰菜，山葵，菜豆，豌豆，辣椒，蕗，山百合，蓮，草莓，扁蒲。

黄色　食菊，落花生，蕃茄，瓜類，菜類。

紅色　蓮，豌豆。

帶黄紅色　鬼百合。

紫色　蠶豆豌豆茄子。

（2）果色

綠色　甜瓜，西瓜，胡瓜，扁蒲，蓮，絲瓜，南瓜，冬瓜，豌豆，鵲豆，玉蜀黍。

紫色　茄。

紅色　草莓，蕃茄，辣椒。

黃色　蕃茄，辣椒，甜瓜。

白色　茄，甜瓜。

（3）葉色

青綠色　甘藍，西瓜，朝鮮薊，葱，蓮芋。

淡綠　白菜類，野蜀葵，體菜，京菜。

濃綠　菠薐菜，蘿蔔，菜類。

紫　甜菜，紫蘇，蕪菁，及紫色種甘藷。

黄 落葉時，多變黄色，豆類尤然。

(4)葉簇 葉簇之美者，例如蓮，芋，牛蒡，甘藍，菜類，結球白菜，石刁柏。其葉之肥大者，可充花壇中之強調材料。

(5)全形 蔬菜之全形，可分三種：

(a)草本性 葉菜類，根菜類，草莓等，呈半球形，有整齊的美。

(b)蔓性 蓏果類，莢果類等，呈不定形，有曲折的美。

(c)木本性 嫩莖類，花菜類，茄果類，等呈圓錐形，或半球形，有整齊的美。

惟上述蔬菜之色彩與形之美觀，非爲部分的，合而觀之，方能引人入勝；其與地面色彩之對比，更覺清新可愛。

第三節 花卉園

(一)花卉之種類 花卉爲庭園中最佳之裝飾材料，其栽培之歷史甚古，種類之多，不遑枚舉！茲示通俗的實用的方法，以便檢閱。

（1）春花（三四五月）

（a）球根類

風信草，鬱金香，春星花，（英名 Spring star flower 屬名 Triteleia 百合科）Anemone，水仙，小蒼蘭，毛莨屬（Ranunculus）。

（b）多年性類

福壽草，芍藥，牡丹，菖蒲，庭石菖，天竺葵，勿忘草，香水草，櫻草，荷包牡丹，花菱草，宿根秋海棠，石竹，麝香瞿麥，阿魯美里阿（Armeria）。

（c）一二年性類

千鳥草，罌粟，捕蟲瞿麥，水仙翁，翠菊，矢車菊，法蘭西菊，金盞花，瓜葉菊，猴猻花（Mimulus）草夾竹桃，三色堇，麝香連理草，立藤（葉扇豆），紫羅蘭花，屈曲花（Iberis），內木非衣賴（Nemophila），半邊蓮屬（Lobelia）。

（d）一年性類

草櫻。

(2)夏花六七八月

(a)球根類

百合，海芋(Tritonea)，華胄蘭，鐵里託買(Tritoma)，阿克梅內斯(Achimenes)，夏水仙，美人蕉，花酢漿草，香水草，大理菊，苦洛克西尼阿(Gloxinia)。

(b)多年性類

花菖蒲，蝴蝶花，溪蓀，射干，檜扇菖蒲，夏菊，紫菀，錦葵，金魚草，夾竹桃，桔梗，絲桔梗，辨慶草，實芰答里斯，虎尾草，美女櫻。

(c)一二年性類

天人菊，波斯菊，麥桿菊，金蓮花。

(d)一年性類

日日草，段菊，百日草，孔雀草，千日草，鳳仙花，白粉草，半支蓮，鷄冠，牽牛。

（3）秋花（九十十一月）

（a）球根類

花泊夫蘭，月下香，大理菊，美人蕉，苦洛克西尼阿。

（b）多年性類

烏頭，健康花（鼠尾草屬 Salvia），秋菊，寒菊，美女櫻，錦葵，絲桔梗，辨慶草，金魚草。

（c）一二年性類

草夾竹桃。金蓮花。

（d）一年性類

段菊（亂菊），百日草，大波斯菊，向日葵，孔雀草，千日草，白粉草，鷄冠。

（4）冬花（十二月一月二月）

（a）球根類

雪花草（Galanthus），水仙花，泊夫蘭，牧場泊夫蘭。

(b)多年性類

寒菊。

(二)花卉之美觀　花卉採取之，可作室內裝飾及供物；又可作花輪花束，以用於慶祭典禮；或作花籠，敷花襟插花；此花卉之實用也。以故栽之庭中，除贈人自用外，以之販賣鮮花，或盆栽，則更合經濟的意味矣。

花卉之供人觀賞者，厥推色彩，色彩之調和，前於花壇項中業經述及，茲由花卉色彩，分類列舉之。

(1)冷色

(a)濃青色、

矢車菊，飛燕草，瓜葉菊，桔梗，牽牛。

(b)淡青色

，Anemone　花菖蒲，燕子花，勿忘草，耬斗菜，遊蝶花。

(c)淡紫色

蝴蝶花花菖蒲，紫菀，秋菊，水仙翁，麥稈菊，草夾竹桃，紫蕚，薔薇，阿魯美里阿（Armeria）。

(d)紫色

風信草，白頭翁，花泊夫蘭，花菖蒲，燕子花，鳶尾草，溪蓀，庭石菖，絲桔梗，辨慶草，實芰答里斯，美女櫻，翠菊，矢車菊，止血草，麝香連理草，罌粟，瓜葉菊，千日草，牽牛。薔薇，苦洛克西尼阿，阿克梅內斯，耬斗菜，香水草，健康花，虎尾草，釣鐘草，內木非衣賴，立藤，半邊蓮屬，射干。

(e)堇色

堇，風信草，千鳥草，薔薇，花菖蒲，溪蓀。

(2)溫色

(a)淡黃色

山百合，小蒼蘭，金盞花，香紫羅蘭，鷄冠，薔薇。

(b)黃色

鬱金香，重瓣百合，海芋，排皮阿奈（Babiana）美人蕉，苦洛克西尼阿，鐵里託買，水仙，大理菊，球根秋海棠，射干，福壽草，菊花，菱草，金魚草，美女石竹，美女櫻，法蘭西菊，金盞花，波斯菊，麥稈菊，黃菖蒲，金蓮花，向日葵，百日草，半支蓮，鷄冠，孔雀草，薔薇。

(c)橙色

大理花，排皮阿奈，金盞花，耬斗菜，天人菊，半支蓮，鷄冠，薔薇。

(d)淡紅色

鬱金香，白頭翁，球根秋海棠，唐菖蒲，芍藥，牡丹，薔薇，秋菊，美女櫻，荷包牡丹，櫻草，勿忘草，翠菊，大波斯菊，撞羽牽牛，屈曲花，段菊，半邊蓮屬百日草，千日草。

(e)紅色

風信草，鬱金香，唐菖蒲，毛莨屬，排皮阿奈，海芋，美人蕉，花泊夫蘭，華胄蘭，花酢漿草，大理菊，篝火花，球根秋海棠，苦洛克西尼阿，阿克梅內斯，花菖蒲，射干，耧斗菜，福壽草，芍藥，牡丹，薔薇，秋菊，天竺葵，香水草，花菱草，實芰答里斯(Digitalis 一名自由鐘)金魚草，石竹，美人瞿麥，阿魯美里阿。草夾竹桃，翠菊，矢車菊，法蘭西菊，天人菊，麥稈菊，瞿麥，撞羽牽牛，紫羅蘭花，半邊蓮屬止血草，遊蝶花，麝香連理草，瓜葉菊，百日草，草櫻，日日草，鳳仙花，白粉草，半支蓮，牽牛。

(f)濃紅色

鬱金香，大理菊，牡丹，薔薇，菊，美人蕉，美女瞿麥，健康花，麝香連理草，虞美人草，鳳仙花。

(3)冷色溫色均可屬者

(a)白色

蝴蝶花，花菖蒲，燕子花，溪蓀，鳶尾，風信子，鐵里託尼阿，白頭翁，山百合，鐵礟石合，唐菖蒲，海芋，水仙花，華冑蘭，花泊夫蘭，花酢漿草，大理花，篝火花，球根秋海棠，苦洛克西尼阿，福壽草，耧斗菜，芍藥，牡丹，薔薇，菊，天竺葵，櫻草，堇，絲桔梗花，菱草，辨慶草，實芰答里斯，金魚草，石竹，勿忘草，美女櫻，草夾竹桃，虎尾草，翠菊，矢車菊，法蘭西菊、瞿麥，水仙翁，撞羽牽牛，止血草，遊蝶花，麝香連理草，立藤，屈曲花，罌粟，虞美人草，瓜葉菊，紫羅蘭花，段菊，半邊蓮，屬大波斯菊，鳳仙花，白粉花，半支蓮，千日草，牽牛。

以上所述，爲花色單獨之美觀，而花色與綠葉青莖綜觀之，則更見其調和。

(4)全形　花卉全形，亦屬可取，古來東西各國，多以花卉用作繪畫及圖案之題材，此因形狀色彩，均合吾人審美觀念也。

花卉之大小高低，由種類而異，其高者，種於花盆，境邊花壇，芝庭中，甚宜；其低者，可植於毛氈花壇，帶形花壇。茲舉高性中性低性之例於左：

(a)高性者　大波斯菊，鳳仙花，向日葵，紫菀，大理花，美人蕉，白粉花。

(b)中性者　水仙，福壽草，風信草，鬱金香，白頭翁，草夾竹桃，金魚草，石竹，萵苣，翠菊，瞿麥，雛罌粟。

(c)低性者　雛菊，阿魯美里阿，半支蓮，勿忘草，堇，金盞花，玉簾。

又如纒繞性之蔓形態特殊，引誘於牆垣門柱，甚宜。

花之香氣亦與美觀上有間接關係，芳香馥郁，殊能增添吾人快感。花卉中有高雅之香者，例如梅，桂，蘭百合，向日葵，野薔薇，木香，木犀草，鈴蘭，夫來其阿（Freseia），麝香連理草，月下香，白苜蓿（White clover），香紫羅蘭花，香水草，麝香瞿麥，香堇。有濃厚之香者，例如木蘭，泰山木，梔子花，夜香木，玉蘭，大都均爲白花種類也。

第七章 學校園(School Garden)

第一節 起源

學校園，大都設於幼稚園，小學校，中學校，師範學校，女學校，藉以扶助普通教育之功效。考學校園，濫觴於奧國，奧國於一八六九年發佈小學校令，命全國各村落小學，設立學校園，以爲農業實驗之用；翌年更發改正令，明定小學校博物教授，須與氣節土宜相應，不得憑空臆講，須與學校園互相聯絡，由是學校園遂風靡奧國。嗣後法國，瑞西，白耳義，瑞典，挪威，俄國，日本，相繼倣傚，各著成蹟，今則亦波及我國矣。

第二節　利益

學校園在學校中，何以爲不可少？對於教員學生，社會，有何效益？此不可不加以研究者也！今試條舉之：

（一）供給博物教材。

（二）便於實物觀察。

（三）實地試驗理科，及農業科，園藝科。

（四）陶冶其性情，發達其意志。

（五）養成獨立精神。

（六）養成勤勉習慣。

（七）觀察個性，以爲訓練之資料。

（八）鍛鍊筋骨，增進健康。

(九)養成學生審美的觀念，及實業之意趣。

(十)增加學校美的風景。

(十一)輸入佳良農林種苗，以便分配於學生家族。

(十二)凡蔬菜果物之栽培新法，得由學校園指示其家族。

第三節　設計

(一)地位　凡新設小學校，或改建遷移時，先當計劃校舍，運動場，及學校園之位置。學校園之地位選擇上當注意者，爲左記六條：

(1)位置當與校舍接近。

(2)土地不得過於傾斜，或崎嶇不平。

(3)土質務求純肥。

(4)空氣流通，陽光映射。

(5)當有水源以供灌溉之用。

(6)近於通衢大道，以利外人瞻望。

(二)區劃

(1)風致園　配置亭榭，池橋，假山，植物，以造成第二自然。

(2)花園　設於校舍附近，以補添其美觀，花草，芝草，灌木，喬木，均宜配植。

(3)教材園　凡地理，理科，國文上所記載之動植鑛物，配置園內，插立名牌，以作教材；能將分類植物園獨立佈置，更善。

(4)運動場　場之一隅，設樹蔭地及涼棚，以便運動後休憩。

(5)實用園　如果園，菜園，竹園，藥草圃，作物圃，牧草圃，均可斟酌設置。

(6)養畜場　倘有餘地餘力，則從事於養雞，養蜂，養蠶，養鴿，及飼育昆蟲。

第八章　公園

第一節　需要理由

世界上活動之原動力爲人類，而人類活動之要素，則爲精神與體力。欲養成強健之體力，與活潑之精神，非僅恃攝取滋養品便可得之，必須藉清新之空氣，與優美之山水，調和之，休養之，庶可期臻於健全之域。製造此清新空氣與表現此優美之景色，非公園莫屬！尤以森林公園爲最，故公園者，實可稱爲培養活動世界原動力之要素也，然此僅就其影響於市民之精神生活上而言。至風景之利用，名勝古蹟之發揚，直接關係於國計民生者，至重且大；間接則引起國民之愛鄉愛國心，洵都市行政上一重要政策也。

近今歐美日本，公園到處設立，其設立費用，或以國費充之，或以公費充之。都市之大者，設數十，小者設一二吾人視其公園設備之程度如何，可以推知其國文明程度之高下也。

第二節　建設要件

公園別爲二種：一曰國家都市鄉村之公園，二曰供外地人士來遊之公園；前者屬國家，都會，或省，縣，市，鎮，鄉村所有，爲當地人民洗濯肺臟，清潔精神之機關，後者主供他地人士來遊觀光之所，蓋其性質互異而不可混淆也。茲將前例公園設計上須具備須留意之條件，略說於左：

(一)地場貴靜肅　官吏，教師，學生，常用頭腦，非以運動飲食之類，卽可安慰其疲勞；有山水，有叢林，深深隱隱，可供雅人盤桓，乃可貴矣！

(二)空氣貴新鮮　空氣之新鮮，不問老幼男女，貴賤貧富，俱所要求，此於鑛山之鑛夫，工場之工人，商店之店員，尤感必要。飲酒食美，本爲彼等慣事，敎以洗濯心肺，或非所願。然於公園中設置行道樹，藤棚，芝庭，使其流連徘徊，不知不覺間，吸取新鮮空氣，則加惠羣衆之道，思過半矣！

(三)休息的設備　地場既靜肅矣！空氣既新鮮矣！倘無休息設備，則遊覽人士，每感疲倦，或竟走馬看花，來而卽返，其心肺仍不得被洗濯也。於是靠椅，涼亭，石櫈，茶樓，爲必要矣。

(四)運動的裝置　小學中學之學生，及其他青年，多視運動爲極樂，因是其元氣得振作焉，其精神得舒暢焉，以故公園之中，應置運動器具，用供戲玩，庶幾青年男女看戲及入遊藝場等惡習慣，可得而摒除矣。

(五)娛樂的器物　對於婦女孩兒，非有悅樂耳目的器物，以供視聽，則未免掃興乏趣，故花壇，動物園，音樂室等，亦爲公園中不可少者。

(十六)科學的佈置　凡公園中之動物，植物，礦物，均懸牌於傍，記明名稱，科屬，產地，用途；最好設立通俗博物館，通俗圖書館。

公園之中，具備上述六件，固屬盡善盡美。但因經費及地積上關係，每難如願以償，此時或重第一二條，或重第三四條，第五六條，當由都市之人口，住民之階級，職業之區別，及人情風土而善爲酌奪之，不宜完全模倣他處公園，如在同一都市中，擬設二所公園，則可採用分擔的設計法，一以此爲主，一以彼爲主。

若夫供給四方人士遊覽之公園，除前述六條須具備外，更須注意左列三條：

（一）名所舊蹟之保存　公園之中，有名所舊蹟，方帶地方特別的色彩，而有邀引四方人士來遊之價値。名所舊蹟，謂之是種公園之生命可也；故在是種公園，不得因築馬路造車路之故而致遺蹟破壞。

（二）大道小路之連絡　名所舊蹟，既在園內矣，倘無一貫之大道小道以連絡，則遊客須招雇鄉導，未免先存懼心，故除設置大道外，在大道與小道之交叉點，須立石碑，或木牌，記明距離及時間。

(三)遠大廣闊之眺望　遊覽名所舊蹟，每至心身怠倦，故於公園之內，須有休息之所，並求可以登臨遠眺。

公園效用，既如上陳，故於市區改正，或新立都市計劃時，先宜選定其位置，而善爲設計施工焉。

第三節　森林公園

近世文明利器中促進庭園最有偉力者，莫若交通機關，如火車輪舟電車之類，皆能縮短距離，改善鄉僻文化。自汽車發明以來，各國咸一躍而要求野外之森林公園，前次遺存市內之狹小公園，至此已不適滿足市民之慾望，僅足以供學童之遊戲場而已！森林公園之大者：如法國放典布羅(距巴黎四十八里，汽車一時可達。)之森林公園，面積達五百餘方里之廣；又如德國拍爾斯唐（Palsdom）離宮附近之森林公園，與該國白台（Baden）邦溫泉場之公園，林面積俱及二百餘方里，較之日本東京之日比谷公園二百九十畝，(五百四十畝爲一方里)芝公園九百八畝，上野公園五百六十畝，淺草公園三百五十畝者，相去不啻霄壤矣！若乘汽車環遊此等公園，不需十數分鐘，便可立遍殆盡，若是者，又安能滿足現世都會人士之慾望耶！故近時文明各國，咸擇近郊之山林，利用自然之山水風景，施以公園的設備，所謂森林公園者即此。

茲追索其發達原因之最密切者五項，舉而伸述之：

(一)市民之生活狀態，隨文明而漸漸複雜；蓋日處於塵埃混濁之鄉，人人俱有陷於神經衰弱之虞，故咸思覓得安閑靜謐，風光明媚之地方，藉以修養其活動過劇之腦海，動定思靜，人之常情，區區之市內公園，又安能慰彼勤勞之士庶耶！

(二)因交通機關之發達，謀地方上之發展，利用各處天然風景，以經濟爲目的，誘導遊者，以資財源。近如日本，遠如瑞西，皆利用其天然固有之山水風景，合全國成一大公園之觀，尤以瑞西爲最，試將瑞西之梗概敍述之，以供讀者之參考。瑞西乃歐洲中部之一小國，東界墺，北界德，南界意，西界法，純然爲陸地國，山岳占全面積三分之二，到處高峯峻嶺，斷崖絕壁，瀑布之著名者，亦不少；低處則多湖沼，山川之秀麗，風景之優美，爲世界所僅見。其氣候強寒，高山絕頂，積雪永年不解，深陵幽谷，氷河經歲勿溶，尤足以助長該國山川之壯觀。全國總面積中除百分之二十爲不生產地外，其餘三十五爲牧地，二十一爲森林，十八爲果樹栽植地；至耕種地及園地，僅占百分之十六而已！全國商工業，不甚發達，僅恃天然風景，吸收遊客，以資利源。對於遊客旅行機關之整備，誠堪推爲世界第一，全國旅館及宿舍，有千八百九十六所，總計資本有五億五千四百四十八萬法郎。全國鐵道延長，據千九百五年調查，有四千五百六十九粁，（一粁當中國約一里七分四）就中鋼索鐵道，爲該國之著名產物。日本邇來亦摹倣瑞西，政府與人民之有志者，俱熱心鼓吹，謀種種改良，各地設立保勝會，保存名勝古蹟，以圖將來發展之策。吾國奇勝古蹟，名山大川，遍地皆是，天與之厚，何嘗讓於瑞西日本；惜國民智識淺陋，不知寶貴愛惜之道，乃日事摧殘，豈不大可惜哉！

（三）都市內人口稠密，地價昂貴，東西如出一轍，雖富庶之邦，究難投巨資，購買廣大地面，以建設公園。然一般市民，要求大面積公園之程度，則隨歲月而增長，惟限於經濟之束縛，乃不得不謀地價低廉之鄉僻野外，以滿足彼輩之慾望，旣有文明交通之利器，有不日新而月異者耶！

（四）市內公園樹木，因受生理上之障害，不能完全發育；蓋通常市內有無數工場，煙筒林立，栽植於公園內之樹木，多爲煤煙所侵害而枯死。據近世學者研究：工場使用燃料之石炭中，含有硫黃量達百分之一時，燃燒後發生之煙中，約含有二千分之一之亞硫酸氣（SO_3H_2）。此種濃厚之亞硫酸氣，不僅有害植物，卽人類觸之，亦易中毒。但人類能自由移動，得以避之，若中毒時，尙有醫師爲之調治，故不覺其顯著；植物則不然，挺然竚立於大氣之中，無移動逃避之能力，接觸瓦斯後，易中毒枯死，故對於濃厚瓦斯，至少須混以百倍以上之清新空氣。換言之：非稀薄至二千萬分一以上，不能除去其有害作用云。故市內公園，專從植物發育上視察，亦難望其達到完全之目的也。

（五）原因於思想界之變遷。邇來自然主義，平民主義等思想，磅礴社會，感染各種風氣最敏之市民，承此潮流，咸思避脫都市生活，趨往山野，以享自然之逸樂。法國大思想家盧騷氏云：『凡物自然成者皆美，人工成者皆濁，』森林公園，以利用自然美爲原則，都會人士趨之若鶩，夫豈無因耶！

由是觀之：森林公園之起因，實孕育於時勢，應現世市民之要求而出現，換言之：卽隨時勢而發生也。又據專門家研究：山野空氣，甚爲清潔，含有黴菌極少，前據密格爾（Miguel）氏實驗空氣一立方米中存在之黴菌數，於巴黎達蒙沙里（Demontsouris）公園內有四百九十個，巴黎之新都市有四千五百個，舊市街有二萬六千個云，由是都市內空氣與都市外空氣相比較，清濁之懸殊，明若觀火矣！且山林空氣中，含有臭養氣（Ozone）物質，力能殺傳染病菌，一般患肺病者，呼吸之最奏奇效云。歐美人頗信是說，每於深山幽谷鬱翠之森林中建有保養院，凡身體虛弱及有肺病者，多入院而靜養焉。要之，森林公園，爲近世文明各國公園發達史上進步之一階梯。

第四節　公園設計

設施公園之際，應採用何種樣式？方能適合於現世市民之慾望，是爲公園計設上最重最要之業務，不能依據單純之理論以判決之，須審察社會現狀，風俗習慣，一般國民性之趨向，與該地方之經濟狀態，及地形，地質，地位，材料，種類，及其他種種關係，斟酌取捨，或宜法國式，宜英國式，或宜折衷式，原難一言以盡，茲僅舉設計時應行注意各項，略加解釋，以供參考。

（一）調查　調查之事項頗多，如地表狀況，風土氣候，人情風俗，地質，地位，地形，材料，樹種，植物帶，及地方歷史與官廳之關係等。其他排列事項，亦屬重要部分之一，如遠景背景面景及借景之有無等，皆需詳細調查。

（二）測量　測量之目的：爲標準疆域與地形，及計算工程之基礎。對於建設公園之地段，先宜行周圍測量，豎立界標，計算總面積；次於各部分畫成地形圖，並設同高線等，以便供設計之用。

（三）道路橋梁　山水風景之於道路，如藏美玉庫之於管鑰，苟無管鑰以啓之，雖美何示，故道路爲建公園最重要之物，宜設大小迴遊線，因道幅之廣狹分別等級，區爲主副線，互相連絡之；但公園內之道路，以走蛇形爲原則，不必倣普通之取直線進行也。又道幅亦無須始終一致，利用自然之地勢，或廣或狹，以不礙進行爲度。架設橋梁，亦然，集河流之狀態曲屈爲之，水深處設拱橋，水淺處置散石，尤足顯自然妙趣；凡此皆應於地勢自然之狀况，不必拘泥於規則的設施也。

（四）樹木花卉　樹木花卉，爲裝飾公園之主要物，如吾人之於衣服然，選擇材料，及縫裁方法，其適宜與否，直接大有關係於吾人之莊嚴儀容者也。栽植於公園內之樹木花卉，及其位置，亦然，苟得其當，遊行其中者，將於彳亍緩步之間，爲彼超塵絕俗之景象所奪，起無限興趣，儼如遊世外桃源，一切紅塵穢跡，俱隨景象而消滅，享受完全天眞樂趣；反是者，如入荆棘之鄉，塵芥之世，徒增長煩惱苦悶，雖謂之地獄公園，亦無不可矣！

（五）各局部之施設　如噴水器，養魚池，動物園，果樹園，廣場，運動場，圖書館，音樂堂，引路牌，遊戲場，競馬場，展望臺，博物館，紀念碑，銅像，石塔，茅亭，瀑布，假山，洗面所，廁所，便椅，休憩所，自來水，電燈，電話等，各應自然之形勢，適宜配置之，務發揮其天然景象，期無傷雅趣為要。又公園附近，擇適宜處開設商店旅館，令發售公園各部之風景畫，指導地圖，及該地方固有之名產物等，賦種種便宜於旅家，既可以慰彼幽情，又可以發展地方上之產業，開闢利源，莫善於斯。倘接近公園，有名勝古蹟高山大川者，俱宜與本公園連絡，加以諸種設備，使遊家有賓至如歸之樂，始不負建設公園之本旨也。他如設立管理監視機關，亦屬不可忽之事。最後計算工程，需經費若干，材料若干，編成預算案，循規則而行之可也。

第五節　公園實例

（一）北京中央公園　中央公園，為社稷壇舊址，在天安門內。入門有戰勝紀念碑，以紀念吾國參與歐洲大戰。東行為行健會會所，及來今雨軒。軒之東為董事會，更北在山石間有小亭，再北繞大殿後，有格言亭。北界爲禁城河道，西北有板橋，一路通古物陳列所，一路卽公園後門。折而南有跑冰場上林春餐館，咖啡館，長美軒，春明館，相聯若長廊。又南爲同生照相館，逾橋而南爲土山，沿河而東有花房及豢養飛禽處，再南則爲水榭，此爲園之西南部。更東北行，越習禮亭，入園之內圍牆門，則左右爲芍藥圃，中央有高壇。壇之北有正殿，舊爲圖書室，壇之西爲衞生陳列所，西南隅爲球房。此內部形勢之大略也。園中配置水石樹木，皆七八百年物，不下數百株。夏季荷花盛開，水風送香，樹陰蔽日，長美軒一帶，品茗尤多。

（二）北京海王村公園　此爲琉璃廠之廠甸故址，民國六年，始改公園。園門向南，左右各一。入門爲假山，山後有噴水池。其北部有樓，樓北爲花洞。東南西均爲商肆，以書畫金石古玩照相琴室茶社飯店居多，舊歷新年，陳設雜貨玩物。遊客如雲，長夏薄暮，亦有來作小憩者。

（三）北京城南公園　此爲先農壇舊址，在正陽門外。門外爲跑馬場，入門皆古柏，再進爲內垣門，門北向，凡三門，內紅欄，隨徑曲折，叢柏尤青翠，雜置椅几，逢春夏冬，最宜品茗。路之左，有神倉，今爲內務部壇廟管理處；路之右，有犧牲所，今爲古物保存所及警察屯駐處。犧牲所之南，爲具服殿，南向五楹前，有月臺，今爲公園事務所辦公處。其南爲觀耕臺，四圍甃黃綠玻璃，上建八角玻璃亭。亭西多果木，再西爲運動場，場之南多曠地，所種俱蔬菜，後又就其曠地，闢爲城南遊藝園，門臨香廠，遊人頗多。

（四）杭州西湖公園　地據孤山正中，本爲行宮舊址，蓋當乾隆十六年，高宗南巡至浙，曾建行宮於此，兵燹後，僅重建文瀾閣，餘盡荒蕪，今就其隙處，改築公園。故龐樹柏詠公園詩曰：『香鈿暖翠未飄零，花路爭傳玉輦經，舊日雄風在何許，夕陽紅上御碑亭。』公園因山而築，亭欄屈曲，花木參差，於此登眺，全湖在望，蘇隄如帶，六橋如鑲玉。中有浙軍凱旋紀念碑，照相館，園右有浙江圖書館，民國元年建，分保存觀覽二大部。杭州又有湖濱公園，在公衆運動場附近，有石欄芝庭，石櫈靠椅，及花木。尙有鐵路公園，在清泰門側，中設松棚，松亭，竹廊，竹亭，九曲橋，三灣橋。

（五）無錫公園　園在無錫城中公園路，清光緒三十一年，就洞虛宮之荒基開闢，名錫金公花園，民國成立，又拓其基而改今名。全園黃沙爲路，綠草爲場，入門有巨石巍峙，最高者爲繡衣峯。右爲假山，山旁之池，曰白水蕩，蕩北爲萬新花園。其側有廠軒一間，顏曰：西社。社前有池，通白水蕩，池畔有軒三楹，曰池上草堂，係庚申年新建也。園門之左，爲守園人宅，再左爲大同醫院。園之中心，有多壽樓，樓後有池，上刻隨水成池四字。西面草場花架中，有八角亭，六角亭，四角亭，茅亭，布置其間。大同醫院之左；有土墩一墩，有大樹狀若華蓋，覆於其上；又有茅屋一所，名其地曰歸雲塢，每當夏日，遊人乘涼啜茗恆集於此，凡國慶紀念，光復紀念，各校師生，皆至此慶祝焉。

（六）上海華人公園　在裏擺渡橋堍，臨蘇州河。花木頗繁，中央有臺，臺之周圍有茅亭四，供遊人休憩。狗及脚踏車，不准攜帶入內。

（七）上海紀念公園　在閘北軍工路，路爲前淞滬護軍使盧永祥部下所築，故拓公園，以留紀念。亭臺橋梁皆備，有梅林，果樹，四面廳，及春江別墅，皆售西餐。

（八）上海黃浦公園　在外擺渡橋堍，就黃浦江漲灘建築，其東直對陸家嘴，爲輪船出入浦江必經之地，風景絕佳。園中奇花異卉，燦爛奪目；有六角之音樂亭，以供奏樂，有噴水池，有紀功塔。華人非穿西裝或日本裝者，不得入內。

（九）上海新靶子場公園　在北四川路新靶子場，占地極廣。輭草如茵，繁花似錦，樹木亦濃碧可愛。有球場，滑冰場，西人多戲遊其間，禁止華人入內。

(十)上海法國公園　在辣斐德路北，雜蒔花木，風景殊佳。有球場，滑冰場，爲法人運動之所。

(十一)上海匯山公園　在韜朋路，有西式亭臺及運動場，花樹亦繁茂，爲西人遊戲之所。

(十二)上海兒童公園　在蓬路，一名崑山花園。有茅亭四，及運動設備，西隅有小屋，夏季置電氣風扇，專備西童遊玩。

(十三)奉天公園　在小西邊門外，外繞短牆，中浚方池，凡四門，各有小亭一座，春夏之交，遊人頗多。東門有雪亭，西門有鹿圈。中行向南有小池，池上有亭曰澄沁，其北有攬轡亭，翼然峙立，據一園之勝。園中除花草外，樹木尙未成林。

(十四)通州公園　共五所，中公園係舊魁星樓改造，在水之中央，西有橋可通。東公園有大小秋千架，滑臺，桑林，竹林。西公園有茅亭。南公園有賣茶處。北公園有大彈子房，網球場，嚮箭場等；又有亭曰觀萬流，品茗於此，極爲幽雅。

此外各處之公園，揭舉如左：

天津公園　在河北大經路。又有凱旋公園，在英租界，大和公園在日本租界。

保定公園　在城外，中有劇場，動物園，蓮池，亭閣等，入門須納遊貲，又有蓮花池，在城內，本爲蓮池書院，爲元張將軍柔所造，現作公園，內有歷史博物館等房屋，破舊堪惜也。

營口公園　在東海關東。

大連灣　有電氣遊園，北公園，西公園，大廣場，常盤公園。

吉林公家花園　在商埠。又有日本花園，在頭道溝。

哈爾濱　俄國公園有二：一在道裏頭道外街，一在道裏秦家崗。

黑龍江公園　在土城南門外迤西倉房故址。

濟南公園　在三馬路中，有大廳，西餐館，船式屋，廣場，彈子房，咖啡館，玻璃亭，八角亭，土山，柏樹林，音樂臺，商品陳列館，遊覽需銅元六枚。

青島公園　第一公園，即櫻公園。第二公園，即若鶴公園。第三公園，即新町公園。第四公園，即靜岡町公園。第五公園，即千葉公園。

開封公園　在南門外，遊覽需百文。

南京公園　在豐潤門內。又有秀山公園，在復成橋，有李英威上將軍純銅像。拓地可二十畝，所有建築除英威關係中國式外，其餘皆爲法國式，氣像軒昂，陳列輝煌，花木亭榭，莫不幽雅入神。內有歷史博物館，逍遙遊，亦有遊覽價值。

常州第一公園　在商會後，爲延陵季子廟場內有圖書樓，落星石。商品陳列所。第二公園，在城西北隅，爲白龍庵舊址。

蘇州公園　在王廢基東舊營盤原址。

揚州公園　在南柳巷，爲舊城之址，茶社至多。

安慶菱湖公園　在菱湖門外。

寧波公園　在舊道署傍。

福州　有西湖公園，在西門外西湖，有荷亭，大夢山，宛在堂，林文忠讀書處。又有城南公園，在水部門內耿王村。

成都公園　在少城。

廣州第一公園　在惠愛中路舊撫署址。

貴陽公園　在西門內，即前臬署所改，內有夢草池，紫泉，蟒蛇井，博物院，六洞橋。

第九章　都市計劃(City Planning)

第一節　都市計劃與分區分工

都市計劃者，預想將來都市之發展，確立對應之方策，注意交通衞生，治安經濟，所以永久增進市民之福利者也。此計劃，不惟市內區域，當循遵之，即對於郊外地區，亦見施行焉。

都市區劃，爲謀紛亂而圖發展計，當取區域制。

(一)住宅區域

(二)商業區域

(三)工業區域

(四)混合區域

或再加防火區域，美觀區域，亦可。

都市區劃既經決定然後可從事於工程設施，今就技術方面分類於左：

(一)交通，道路，河川，水渠，港灣，……土木事業。

(二)住宅，商店，工場，公共建築，……建築事業。

(三)公園，遊園，墓地，廣場，行道樹，公園道路，……園藝事業。

(四)市場，小菜場，塵埃，糞尿，職業紹介，……社會事業。

東西文明各國，以法律制定都市計劃法，組織委員會，策其實行，意至善也。我國市政，已在萌芽，都市計劃，轉瞬間必爲市政之焦點者，亦勢所必然！

第二節　都市計劃與公園系統

都市中設立公園之際，與該區域之人情適應爲要，例如住宅區域，須設置閑雅的樹林，瀟洒的池，池中多備畫舫，其他設備務求高潔；至在工業區域，則置運動器具，以供勞工慰藉之用。

公園以如何大者方稱適合，此乃與都市之面積住宅之廣狹有關，不能一言以盡。大概都市面積之十分之一，須劃爲公園，對於人口一名，至少需十方步。

研究公園之分布狀態與多少，以立設施之計劃者，謂之公園系統（Park system）。公園系統，屬都市計劃之一部，與都市之衛生風紀最有關係，實一須愼重考慮之問題也！今舉三種方式於後：

（一）散在式公園系統　此種系統，爲不規則的，歐洲諸國之舊都市，多採用之。因公園不足之故，尙設大小廣場及十字路園，以資補充，英國倫敦，亦用此式，是乃街路系統不能根本改造時之姑息的方法也！

（二）連絡式公園系統　此式以行道樹道路，將市中公園，巧爲聯絡，所謂 Boulevard system or park way system 是也，近今歐美各國，莫不歡迎之。此式本係五十年前，巴黎市長奧斯曼氏所發明。氏以巴黎舊城牆基，種植偉大行道樹；又以凱旋門爲中心，以放射形，設置大公園道路，使散在於各地之公園，與此偉大行道樹道聯貫，車道步道，判然有別，馬車汽車，皆可通行。此種偉大行道樹，綠蔭濃濃，適於放步納涼，又可作防火帶觀，不愧爲近世都市計劃之模範也。

(三)以運動場爲主體之公園系統　此爲設施於都市局部者，因都市漸臻稠密，則中流以下之家庭，櫛比齒連，不可不有運動式的公園，以資娛樂。此式發達於美國，波及於歐洲，其面積頗小，約爲二三英畝至十英畝。

此種公園之完全者，如游泳場，脫衣場，化粧室，集會室，圖書室，兒童遊戲室，屋內體操室，運動場，兒童遊戲場，屋外體操場，兒童園，均見具備云。

第三篇　庭園施工

第一章　庭園施工之順序

庭園位置既決定，庭園測量既完畢，設計圖亦已作製，則須進而着手工事，工事之實行，名曰施工，施工之方法，謂之施工法。造庭上施工之主要者，如土工，植樹，種芝，疊石，建築，完成此等施工，均照設計書設計圖而執行者，固無待論，然更宜注重風致美觀，俾遂完全理想。

施工時，貴乎確定順序及考慮時季；否則，忽而植木掘池，忽而据石建屋，忽而鋪芝草築假山，其間難免發生障礙，即已竣工之事，再有改毀之虞，是以造庭者，不可先易後難，須預定施工之順序及期間，記明施行之種類順序期限之表，名曰工程表。

庭園施工時，先設臨時圍壁，以防人畜進出，又設三四處入口於一方，或各方，以便搬入材料，嗣後之施工順序，如左所列：

（一）土工

(二)植樹

(三)種芝

(四)建築

(五)完成

今就土工言：首宜從事於周圍之叠土，及園內之開墾，與鋪平地面，然後築山掘池。掘池既畢，乃從事於防砂留土等護岸工事；築山已完，方着手於配置巖石，溪谷，瀑布流水。築山當從後方而漸及前方，終則從事於花壇，運動場，建築等之積土。

各種樹木，均有適宜栽期，難以照位置而順次植焉。大木可於土工前，率先搬入，以免日後破壞道路；大木植畢後，順次配種小木，終則添植下木下草。

種芝普通於植樹後始行之；但樹木稀少時，先宜鋪種芝草，待其活着，乃於欲植樹處，割剝圓形草皮而植樹。

建築當以橋梁牆垣爲先，涼亭休息所在後，而再配置種種添景。

所謂完成工事：如建築物及周圍之洒掃，道路之鋪砂粒，浚池，花壇內之種花草，樹木之管理，芝草之修剪，噴水瀑布之揚水，及園內全部之清掃是也。

今舉公園新設工事工程表之一例於後，以供參考。

公園新設工事工程表

名稱 ＼ 月日	民國七年度 四月	五月	六月	七月	八月	九月	十月	十一月	十二月	一月	二月	三月	民國八年度 四月	五月	六月	七月	八月	九月	十月	十一月	十二月	一月	二月	三月
(一)大體設計	━	━																						
(二)部分設計			━	━	━								━	━	━									
(三)施工準備			━	━	━	━																		
(四)土工																								
周圍疊土						━	━	━	━															

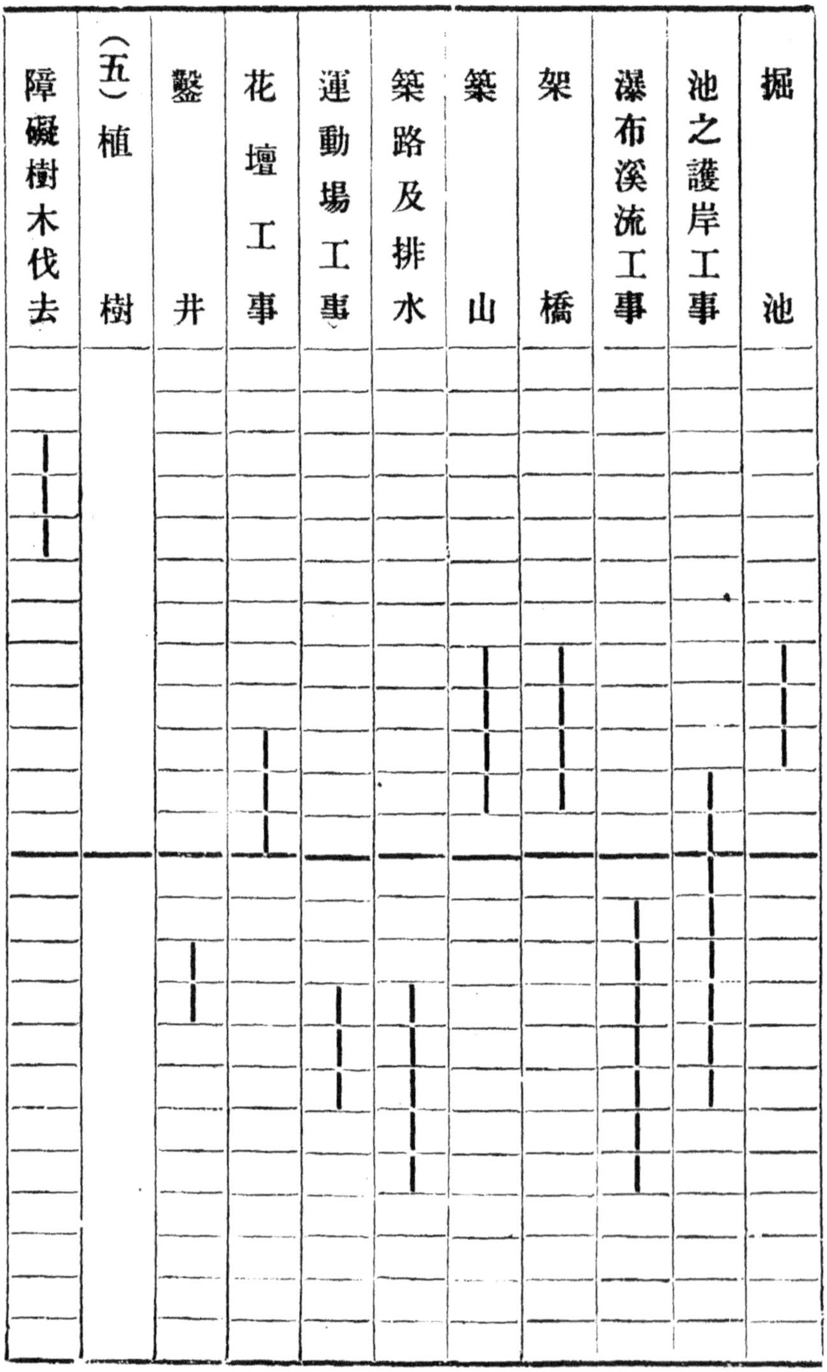

工事
掘池
池之護岸工事
瀑布溪流工事
架橋
築山
築路及排水
運動場工事
花壇工事
鑿井
(五)植樹
障礙樹木伐去

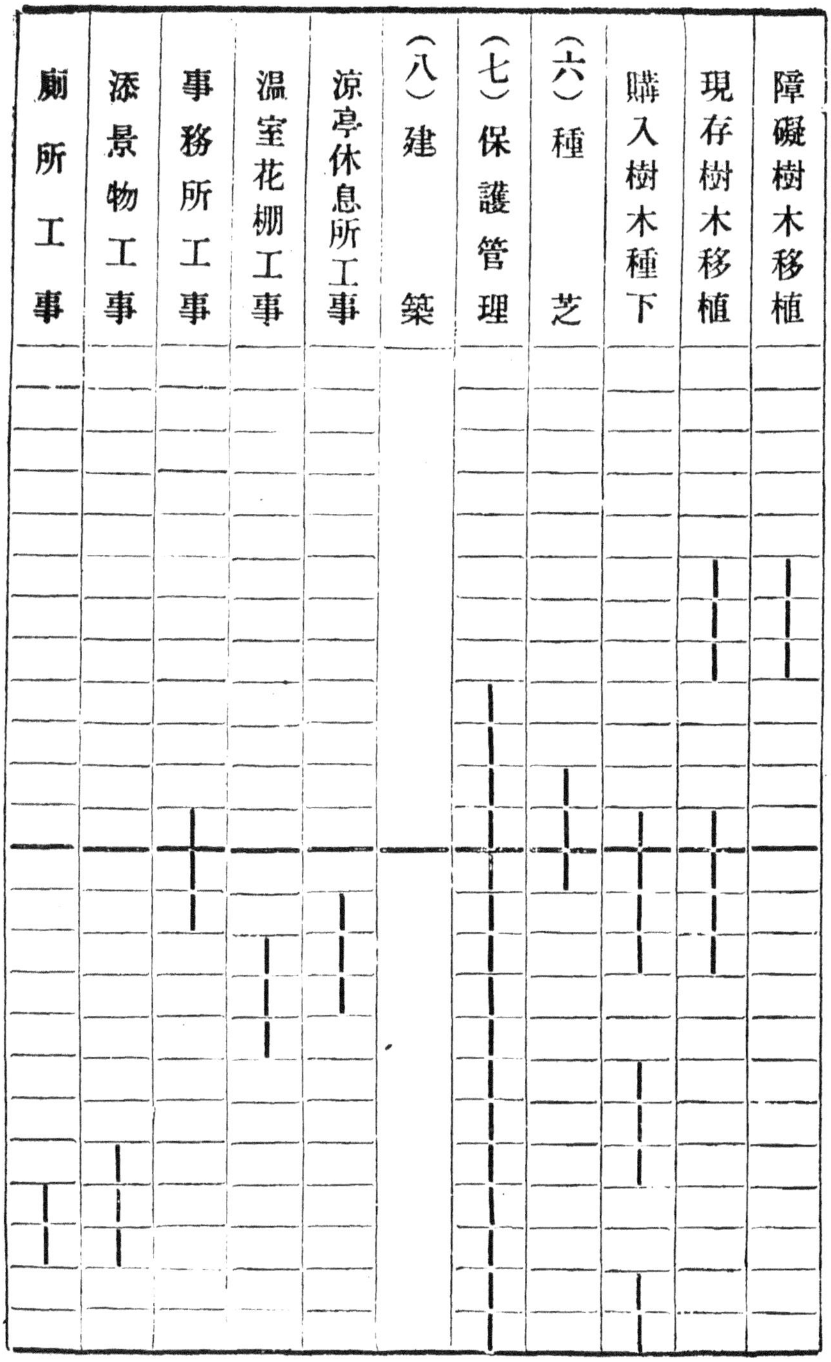

工事項目
障礙樹木移植
現存樹木移植
購入樹木種下
(六)種芝
(七)保護管理
(八)建築
涼亭休息所工事
溫室花棚工事
事務所工事
添景物工事
廁所工事

園丁舍工事	
(九)完成工事	
備考	本工事預定自民國七年四月起工，至民國八年三月竣工。

第二章　土工

不問何種土工，分爲兩段：(一)粗荒土工，(二)完成土工。譬如築山時，須先行掘土積土，以造成大體山形，然後改正山之起伏，配定巖石，以完成希望形狀。粗荒土工，庸人易得行之，至完成土工，多帶裝飾的工事，非於造庭素有智識，則弄巧反成拙矣。土工可分爲四種，如左：

(一)築山土工

(二)掘池土工

(三)苑路土工

(四)排水土工

第三章 植樹

造庭之過半事業，爲植樹，庭園中有樹，然後庭園乃有生命，玆述植樹上須注意之事項：

(一)移植之時期 自休眠期至春季發芽前，均宜移植，但避嚴寒時期。

(1)針葉樹 自二月下旬至四月下旬宜移植，十月下旬至十二月上旬亦可，但公孫樹，照(3)條。

(2)常綠闊葉樹 春季發芽前，(三月上旬至四月上旬)及晚春梅雨時節，均可。

(3)落葉闊葉樹 落葉後，卽自十月下旬至十二月上旬；及發芽前，卽自三月上旬至四月上旬，均可。

(4)竹類 筍將發動之際，可以移植，約在四月下旬至五月中旬。

凡植樹務擇陰天，植後降小雨最是妙機，午後較午前爲佳。

(二)植樹之工作　內含掘取，包裝，運搬，栽植，保護五種。

第四章　種芝

(一)芝草之種類　芝草種類，不勝枚舉，著名者爲高麗芝草。此草莖葉細小如針，成長後，豔美無比，惟性質軟弱，排水不良處及蔭地，難種植之；又有屢屢除草及修剪之勞。野芝到處有之，亦可利用之以鋪庭地，此芝莖葉粗剛，性適陰溼，在廣大公園中，種之甚適。歐美所謂 Lawn(芝庭)爲數種或數十種之禾本科植物種子，混合而蒔者也。

(二)芝草之培種　培種芝草，方法有三：

(1)播種法　西洋種耐冬性芝草，多採用此法，播種時期，首推三四月，早秋亦可；一步播種，量需二三兩。土質以砂質壤土尙焉。播種前，先將土地耕起耙勻，深施廐肥，或堆肥，以充基肥，如混用油粕魚肥過燐酸石灰更佳。播法：將種子分爲兩部，先以縱的撒播，後則以橫的撒播，然後覆土噴水，並搭涼棚。發芽後，時常灌水，以促生長，春秋各施補肥一次，除草修剪，更不可怠。

（2）播根法　撒布芝草地下莖，以待發芽者，曰播根法，此法甚爲經濟，先將地下莖，自芝庭掘取，細切爲三四寸，均匀撒布，覆土灌水，一如上述。其播下時期，以三四月爲最，六月十月次之。

（3）分株法　法於入梅時或初秋，將芝草皮，自種苗店購入，或自他處切取，每一小塊以長一尺半寬六寸厚半寸爲便。鋪法：先將土地耙平，上敷細土，塊塊以中空法，或隔二三寸距離而平鋪之，鎮壓灌水，以圖活着。嗣後澆施液肥，藉使蔓延，至秋季自然滿地如絨氈矣。日本所產中芝，高麗芝，多以此法繁殖。

第五章　建築

庭園公園內之普通建築物，如涼亭，亭子，茶室，門，牆垣，温室，橋梁，石像等是也。其複雜者，可參加自己意見，委託建築家設計施工；其簡單者，造庭家當躬行實踐，務與天然風景美相融合，爲要。

(一)涼亭　不問庭園之爲中國式,日本式,西洋式,莫不以涼亭爲一重要添景。簡易者:以木製成,且木柱仍附有外皮,一見粗糙,屋頂以簾草稻稿或杉皮檜皮蓋成,此種涼亭,甚能表示野趣。其複雜者:用石柱或磚造成,堅牢耐久。至西洋式涼亭之屋頂,常用石板。

建築涼亭之法:先以石磚等作基礎地盤,立柱其上,然後再架橫梁,製成屋頂。或則四方開放,或則設製短牆,原無定規。又有四角形,六角形,八角形,家屋形之別。其最簡易者:爲傘形之涼亭。至西洋式涼亭:大抵三方有牆,一方設出入口,兩側設窗,其出入口之方向,以向北或向東爲宜,前面須利於展望。又有所謂綠亭(Arbor)者,以圓柱製成,以纏繞性植物,延覆屋頂,下置靠椅,頗風雅。

(二)門　普通以木材製門柱,再添門門屋頂及門袖;近時有用竹材,石材,磚,鐵杆,混凝土者。但門有入口之表門,便門,庭園內部之庭門之別,各以適當之意匠與構造築之,方爲可貴。門之變品,有所謂綠門(Arch)者,亦以竹木等製成,可設於通路中,傍植纏繞性植物,以便蔓延門上。

(三)橋梁　橋有土橋,木橋,石橋三種。其形式總以與周圍風景調和爲要。木橋石橋之上,宜設欄杆,以防人馬落下。由其形狀而細別之:有帶雲橋,平板橋,八曲橋,釣橋,欄杆橋,巖石橋,木柵橋,圓木柱橋，芝草橋等。

（四）牆垣　牆垣爲庭園之外圍，堅固與風雅並重。以竹木石磚土製成者，曰牆塀，以樹木種成者，曰生籬，日本謂之生垣；其變品有鐵柵，則便於內外之眺望。日本式之圍垣：有建仁寺垣，四目垣，鐵砲垣；日本式之袖垣：有破窗月垣，圓窗垣，網代垣，鶯垣，茶筌垣，高麗垣，均稱風雅。

第六章　說明書及預算書

凡庭園內執行之工事，欲依託包工及工夫時，不可不以作工之種類及方法，告示之，以便遵循；如斯記載該工事之作工方法之文書，曰說明書。此於築造小庭園時，雖可以口述代之，然於官廳公家之大工事，非此不可；且包工即以此訂立契約，工事之結果，發見違背此契約，可追令其重新工作也。

說明書之式樣，以條記精密爲原則，兩方當各執一份。今將須記載之事項，揭舉於後：

（一）工事之地場

(一)工事之材料(大小長短品質等)

(一)工事之方法

(一)圖面及表册

(一)竣工之期日

(一)服從督工之指揮

(一)請求竣工之檢查

凡工事不問直營包出，均以預計費用爲要；預算表，即明細記載此工事之費用者也。書中當記之條項，有如左述：

工作之種類或名稱	大小或形狀	數量(人數物數物量)	單位(上項之單位)	單價	價額	摘要或備考

其他事項，可隨時變通之。此等預算書，先由包頭斟酌說明書後而調作之作成，提出於依託主人，依託主人與自己之預算相比較，認可後，即令包工開始工事。

第四篇　庭園管理

第一章　庭樹管理

(一)整枝法　欲發揮庭樹之美觀，除色彩美外，形姿美亦爲必要，不問賞花樹木或賞葉賞果樹木，倘放任於自然，則年年生育，難免不能調和，故管理者非施以人爲的修剪不可！

庭樹形姿，由樹種場所目的而不同。樹種有松櫸等之別，場所有庭園及行道之分，目的又有綠蔭用者籬笆用者。吾人修剪，一須注意樹木自然的風致，俾達自然以上之美觀，二須注意實用。其修剪之主要操作：如摘心，摘芽，摘葉，摘梢，剪枝，斷根，曲枝，誘引，縛結是也。

欲造成樹木之美觀的樹姿，當由樹種而斟酌之，下圖示各種樹木之整姿形狀者。

凡生籬，一年須行二次剪枝，一在四五月，一在八九月。

(二)施肥　庭園植物，須施壅若干肥料，以期完善生育；但某種植物，全不施肥，固亦無妨。施肥回數，於春秋或寒時行之。施肥方法，卽於樹木周圍，掘一圓溝可也。肥料種類，當由樹木而異，不

各種樹木之美觀的樹姿

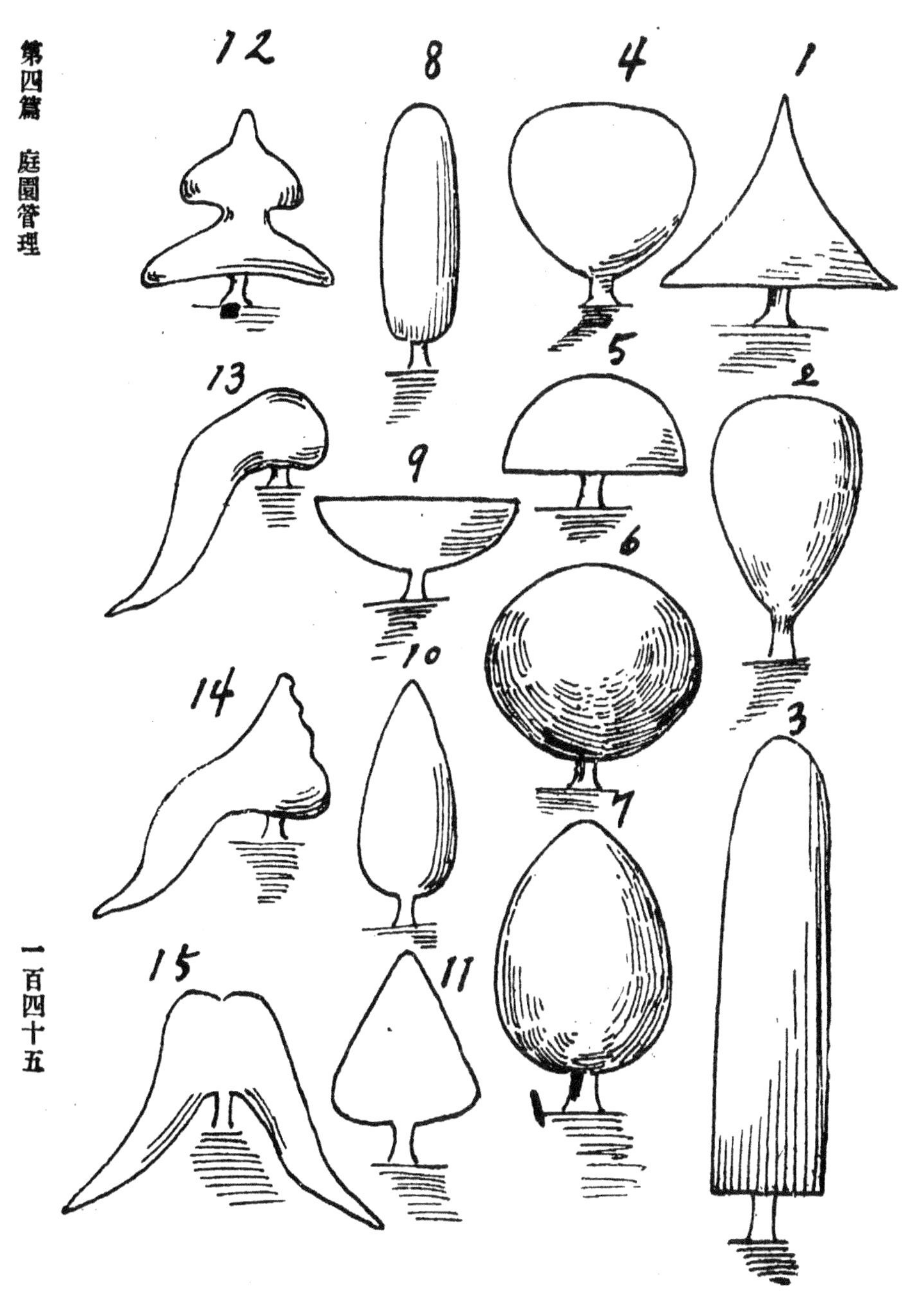

1 圓錐形……喜馬拉耶杉
2 撥　形……欅
3 圓筒形……白楊
4 拳　形……槲
5 半圓形……瑞香
6 圓球形……柑橘　黃楊
7 尖圓形……櫧
8 長橢圓形……刺柏
9 盃　形……滿天星（一名燈臺躑躅　石南科）
10 紡錘形……唐檜
11 金字塔形……檜　女貞
12 階段形……松　南天竹
13 爬　形……爬性檜柏
14 流水形……紫薇
15 倒掛形……垂柳

能概言，如欲求葉簇之美觀者，以草木灰等加里肥料爲宜；欲望花果之完備者，以糠肥，骨炭，骨灰，骨粉等燐肥爲適；欲期樹幹樹勢之發育旺盛，是非糞水堆肥，廄肥，綠肥，魚肥，血粉，角粉，豆餅，酒滓等淡素肥料不爲功。

（三）灌水　天候乾燥，土壤中溼氣不足，宜以人力灌水，用制天然，如市街地之樹木及移植後之樹木，卽有灌水之要。幼木較老木，淺根性者較深根性者，生長速者較生長遲者，更須供給水分。灌水時期，晨夕爲宜。

第二章 庭樹保護

（一）病蟲防除 庭樹稍有枯損衰弱，卽無完全價值，故病菌害蟲之預防驅除，事不宜怠，今示各種防除法如下：

（1）器械的防除法

（a）套袋 爲防蟻蜂之產卵，須套紙袋於果實。

（b）套帽 以鐵絲打成圓帽形或四角形，內張寒冷紗，套於新芽及幼苗之上，以資保護。

（c）掘溝 藉以防止害蟲之移動。

（d）套環 此環以馬口鐵板製，套於樹幹下部，藉防毛蟲尺蠖之上昇。

(e)塗汁　塗柏油(Coal tar)於長形之紙，卷縳於樹幹，害蟲嗅覺其臭氣，卽他逃矣。

(f)耕鋤　秋末冬初，淺耡地面，使害蟲曝露，或受風雪雨霜致斃，或爲鳥類啄食，或以人力漬殺之，亦可。

(g)注水　注水於樹木根部，使害蟲窒斃，稍混石油，效果更速。

(h)食物誘殺法。

(i)火燈誘殺法。

(j)受蟲器法。

(k)燒殺法。

(l)捕殺法。

(2)藥劑的防除法

(a)殺菌劑

石灰硫酸銅混合劑，砂糖加用石灰硫酸銅混合劑，曹達硫酸銅液，硫黃華，銅石鹼液。

(b)殺蟲劑

石油乳劑，除蟲菊加用石鹼合劑，煙草粉合劑，石灰硫黃合劑，除蟲菊加用木灰合劑。

(c)燻蒸劑

二硫化炭素，青酸加里。

(二)傷害防治　庭園樹木除天然危害外，其受人爲的及動物之傷害者亦不少，街道樹及公園樹木，更常見焉，爰述防治法：

(1)土地之硬化　庭樹每受人畜之踏，根旁固結，足妨根毛之擴張，及水分空氣之流通，須時時淺耡，或於樹旁迴置巖石，或設低柵，或以劈竹及板繞圍之，以防直接踏入及侵犯。

(2)地力之惡化　由廚房流出之水，含有鹽分；又如邸宅修理，溝渠改築時，所用之油漆等塗料，倘棄置於庭樹根際，均足受害。

(3)大氣之污濁　都市中及工場附近，空氣中多含煤煙塵埃，每致污穢枝葉，以閉塞其氣孔；於是生活機能爲之滯呆，雖其抵抗之力，由樹種而不同，務以喞筒噴壺，洗滌葉面爲要。

（4）風雪之損傷　颶風積雪，常挫傷枝梢，爲預防計，宜立支柱，以資扶持；對於灌木類，可以繩一括而縛之。其旣致挫傷者，當削除之，而以柏油之類，塗擦傷口。

（5）乾傷及凍傷　陰溼處樹木，移植於陽乾處；或除去樹木周圍之物時，有致外皮受日射之害者，如樹皮薄而平滑者，更易罹之。預防之道：以藁紙布等纏卷枝幹可也。其或暖地產者，移於寒地，向南地者，移於向北地，時屆冬令，易受凍傷。其預防法；倘爲大木，以草薦稻藁卷纏枝幹根部，並敷枯草稻藁之類；小木時，可於十一月至三月間，以草薦包裹樹體全部，或留出南面。

（6）空洞及曲凹　樹木栽植經久，則幹部有生空洞者，有生曲凹者，放任不顧，易致腐朽，或竟爲病蟲侵犯，大礙發育。此時可以小刀或鑿削去腐朽局部，塗以昇汞水，或石灰硫酸銅液，以爲消毒；或以柏油，漆等防腐，亦可；又或以水門汀，塡充空部，皆宜臨機變化焉！

第三章　芝草管理

（一）剪刈　草皮施以修剪，則能促進芝草之蔓延。大面積時，用刈芝機（Lawn mower）；小面積時，或土地高低不一時，用剪芝刀；其生長甚長者則用鐮刀可也。剪刈時期在四月至十月，隨時行之。

（二）除草　芝庭中之雜草須勤除，以免減失芝草美觀。法以尖竹箆，或刀，或鐮，乘早掘之；若待開花結實已失期矣！芝庭極大時，可撒布藥劑，最良者爲智利晶石之水溶液，以噴壺澆之。

（三）施肥　芝草之寒肥可施以魚肥，骨粉，油粕等遲效性肥料；春季發芽前，則宜施稀薄智利硝石，硫酸阿母尼亞，人糞尿等，速效性肥料。

第四章　道路管理

道路須於尚未破損之際，先行修理，如土道易爲雨水打擊，更宜時時平勻路面，維持原有之傾斜面。道路中見有雜草發生，當從速削除；或以食鹽水撒布路上，以絕雜草之根，法亦至善。此外鋪石道之鋪石，或側石有紊亂者，或排水溝有閉塞者，務須及時修繕。

附錄

(一)造園之意義

原夫植物利用之道有二：一曰實用的方面，一曰美的方面。而植物藉以滋長藉以支持者，厥惟土地，故關於此等作業，可名之曰土地經營術。今將土地經營術，分類於左：

一以美爲主要目的者——庭園、公園等造園

二美與實用相兼者——裝景

三以實用爲主要目的者——林業、土木、農業、園藝、水產、畜產

裝景
- 住宅（活籬，屋旁林。）
- 公共建築（植木）
- 名所舊蹟（風致林，並木，天然公園。）
- 都市（都市計劃，田園都市，公園都市，小公園，街道樹，廣場。）
- 寺院（寺院風致林，神苑。）
- 墓地
- 森林保養所
- 運動場
- 海水浴場
- 温泉場
- 狩獵場

土地經營術，或曰風景裝飾術（Landscape architecture），因時遞進，文化漸啓，種種設置，無不以『實用與美同時能滿足』爲目的。以之語於現代，時雖尙早，然吾人理想，自應爾爾，卽如農業林業等雖以實用爲主旨，而亦不可與美相離，故土地經營術之定義，得約言如左：

土地經營術者？『對於文明之一切要求，整理土地使達到最便利的最經濟的最美的地步之技術，』是也。

如斯以人工裝景，使與經濟衞生道德宗教等種種方面一致，實爲吾人理想之文明，亦爲吾人理想的文明生活，嘗聞有某地以此爲地方發展策，有某國以此爲富國策，其眼光可謂遠矣！

造園爲土地經營術中之一分科，福爾開（Falke）氏謂之『被藝術征服的自然。』造園之義，已盡於斯，顧如是抽象的空虛的定義，不能以之語於一般人士，今試詳細解釋於後，俾窺其眞的。

造園云者：『以植物，動物，巖石，泉水等自然物，與亭榭，雕刻，橋梁，道路等建設物爲材料，在一定位置，一定面積之上，創作理想化之風景，又或創作建築的構造之術；』是也。前述之公園庭園，括屬於此，惟裝景亦往往爲造園之一部，而有聯帶關係者也。

吾人利用土地之方法，如前表所列，千端萬緒，不能一言以蔽其概。如農林水產園藝土木採鑛等等，則爲最與土地有關係者，此類事業，使與造園較，則此類事業，以實用爲主旨，而造園以美爲主旨。是故造園與美，如脣齒輪軸之不可離，使與美相離，則不得謂之造園矣。

英語Gardening（園藝術），即爲『園之設計及施行之術』指果樹蔬菜等經濟的園藝而言；又有The Art of Gardening（造園術）一語乃指上述造園術而言，一八一七年，Mauson氏，於造園藝術（The Art and Craft of Garden-making）書中，則明以造園爲藝術之一種。

（二）造園之分類

造園之分類，由造園之目的，造園所有者，以及位置的關係，造園之材料等種種條項而異，今縷述之：

（1）造園由造園之目的而類分之，如左：

（a）以觀賞爲主目的者，如庭園，公園，天然風景等是。

(b)以運動，遊戲，保養，衛生，等體育爲主目的者，如狩獵園，運動場，公園，遊園，温泉場，海水浴場，等是。

(c)以裝飾爲主目的者，有都市裝景，及以橋梁廣場並木及裝飾寺院墓地學校官廳者，美化之名所舊蹟等，

(d)以實用爲主目的者，有防風林，牧場，果樹園，養魚池，茶園，桑園，及普通森林等。

(e)以學術爲主目的者，有動物園，學校園，標本園，天然紀念物等。

(2)造園由所有者而類分之，如左：

(a)一國主宰者所有之園，有庭園，果樹園，鳥獸魚貝飼養囿，蔬菜圃，藥材園，離宮等。

(b)宗教家所有之園，有佛閣之庭園，神苑寺院風致林，墓地，聖林等。

(c)公家所有之園，有公園，天然風景，廣場，學校官廳醫院軍營之庭園等。

(d)私人所有之園，有庭園，莊園，別園，草堂等。

(3)造園由位置的關係而類分之，如左：

(a)庭　庭有中庭，前庭，後庭，壺庭，窗庭等之別。

(b)園　園有前園，後園，屋上庭園，市內公園，市外公園，天然公園，森林公園，海濱園，湖畔園，高山園等之別。

(4)造園由造園之材料而類分之，如左：

菜園，藥草園，花園，果樹園，野獸園，建築園，巖石園，泉山園等。

(5)造園由其手法，形式等而類分之，如左：

(a)規則的，亦稱幾何學的，建築的，人工的，圖案的。

(b)不規則的，亦稱自然的繪畫的，山水式的，寫實的，印象的，觀相學的。

(c)上述二種之折衷式。

(6)造園由其構造而類分之，如左：

(a)平面式　埃及法國日本之庭園屬之。

(b)立體式　羅馬巴比倫波斯之園，及英國之自然式庭園，我國朝鮮之園囿，日本之山水式庭園與築山屬之。

(7)造園由表現內容之用語而類分之，如左：

莊嚴，雄偉，豔麗，優美，端正，峻峭，瀟灑，幽邃，閑秀，雅麗，悽壯，怪美。

(三)造園之特質

吾人普通所稱之『美』，其種類不外乎繪畫，雕刻，音樂，詩歌，舞蹈，演劇，惟是等之美，可稱之曰『藝術美』，謂美之全豹，已盡於斯焉，誤矣！蓋吾人試窮研美之範圍，則除藝術美以外，尚有人生美，自然美，今列表於左，以爲醒心豁目之計。

美
- (一)自然美
- (二)人生美（本爲自然美之一種）
- (三)人工美
- (四)藝術美（本爲人工美之一種）

(1)風景美

自然美
- 物
  - 動物的美
  - 植物的美
  - 礦物的美
- 象
  - 天象之美（日月星辰）
  - 氣象之美（雲霧風雨）
  - 地象之美（山河湖海林野）

人生美
- 人體美
  - 運動之美（聲的美精神的美表情的美姿勢的美）
  - 靜止之美
- 社會美（人類相集而生活，由此生活之現象而起之美，謂之社會美，如土俗人情習慣等）。
- 歷史美（由時間經過所起之人生美，曰歷史美）。

歷史美，社會美，有與自然風景接合而外現者，此時能添加風景美之內容不少，故風景美，亦得表示於左：

自然美
歷史美
社會美 } (2)風景美

造園爲『藝術化的風景，』爲『理想化的自然，』故造園美，含有自然美與藝術美二種，古人云：『藝術者，乃模倣天然者也，』故曰：『模倣無論如何靈巧，究不及實物也，』此以天然爲最高之理想，其實天然亦不無缺點，存於其間。當吾人涉足海濱，則將曰海中使有一島，則風景更美矣！又或放步郊野，則將曰使有一泫清流，則景象更佳矣！是故除模倣自然外，更宜選擇之，綜合之，使與吾人理想融合，俾臻完善，此卽藝術之眞意也。今如造園一術，亦不能只以模倣天然爲滿足，實非做到『理想化的第二自然』不可。換言之：外觀模倣自然，內容須有高遠之理想在焉。今造園以植物爲主材。輔以動物泉石等，而『植物美』『動物美』『物景美，』靡不含括其間，此外關於色，音，形之美。如建築，繪畫，雕刻，音樂，亦倂合焉。

建築之美，於色彩美每有缺點，繪畫之美，富於色彩美。惟繪畫爲描寫當時一刹那之景物者，旣無時間之狀又少淺深之觀，而造園則反之吾人試縱步其間，則隨步武之前進，而景移物換，因左右之顧盼，而様變境異，是與繪畫，逈異其趣。

要之：造園不惟綜合以上各種之美且造園之各種材料，與全體之風景美，有互相變化之特性。再加植物材料，以及泉水溪流魚鳥，無一瞬間之靜止，又因四季朝夕，而千變萬化，又有風雨雲霧等氣候之變幻，與日月星辰等天象之變化，觀其風物，披其景象，蓋實有無上之樂趣焉。

由斯以觀，造園能表現綜合的美，有『動的』之特色也。

顧造園亦非無缺點也！試進而討論之，其材料不能自由羅致，不能任意配布，又不能如繪畫雕刻之自由活潑。材料之中，如植物一種，可加人工之範圍，較爲狹窄，在温帶不便栽種寒熱兩帶之植物，在邱陵不克發見海濱平原之景色，究不若他種藝術之遠大無窮，可以自出心裁。

實行造園，與建築同様，必需永久之時間，暨夫鉅大之勞費，非如繪畫一門，爲人物，爲山水，可以隨筆變動且也，樹木草木，時而爭榮，時而零落，時而茂盛，時而枯瘦，巖石地面，亦因風霜雨雪易起變化，所謂造園與演劇同樣，亦爲『瞬間的藝術』也。今將藝術之內容表示於左：造園在藝術中之位置，觀此其可瞭然歟。

- 藝術
  - 視覺的（空間的）
    - 建築（運動感覺）
    - 雕刻（觸覺）
    - 繪畫（視覺）
  - 時間的
    - 音樂
    - 詩歌
  - 綜合的（時間與空間）
    - 演劇
    - 舞蹈
    - 造園

造園與演劇，均屬於綜合的藝術，兩者比而觀之，一以自然爲材料，一以人體爲材料；一含風景美，一含人生美。

（一）造園——以自然爲材料……風景美

（二）演劇——以人體爲材料……人生美

今考演劇之內容，有文學，舞踊，音樂，背景等，蓋爲數種藝術倂合以演人生者也，而造園則爲演自然者。換言之：演劇以之演人生之劇本，而造園則以風景畫代劇本，用植物巖石泉水等爲角色者也。

（四）造園之標準

實行造園之際，對於自然，當取如何態度？此實爲造園上先決問題，大別爲左述二種：

（一）自然式造園

植物巖石道路等一切材料，悉皆模習自然，又有風景的造園，山水式造園，繪畫式造園之名。

（二）人工式造園

植物道路池水牆垣等一切材料，皆有一定之規則，又有建築式造園，圖案的造園之名。法國式造園，多採是式，十七世紀所創造之佩路曬衣油露壇及十八世紀所創造之修愛雞克之堡域內苑爲其著例。

前者以造園爲主體，以中間所有之建築爲副體，材料之中，多爲自然物，至於建築雕刻等人工製造物則爲數甚稀。後者以建築爲中心，造園不過供其裝飾之用，材料之中，多噴水雕刻及種種人工建設物。

今示造園美中各要素，與自然式造園人工式造園之關係於後。

造園含有眞善美富健信之價值，惟由造園之種類，而其尊重之程度有差：譬如個人所有之庭園，重美重健：（健指生物的價值而言）老樹名木原生林等天然紀念物以及天然公園，重眞寺院風致林等重信重美；（信指宗教的價值而言），温泉場森林保養所，重美重富（富指經濟的價値而言），重健。

（表中實線示關係深，虛線示關係淺。）

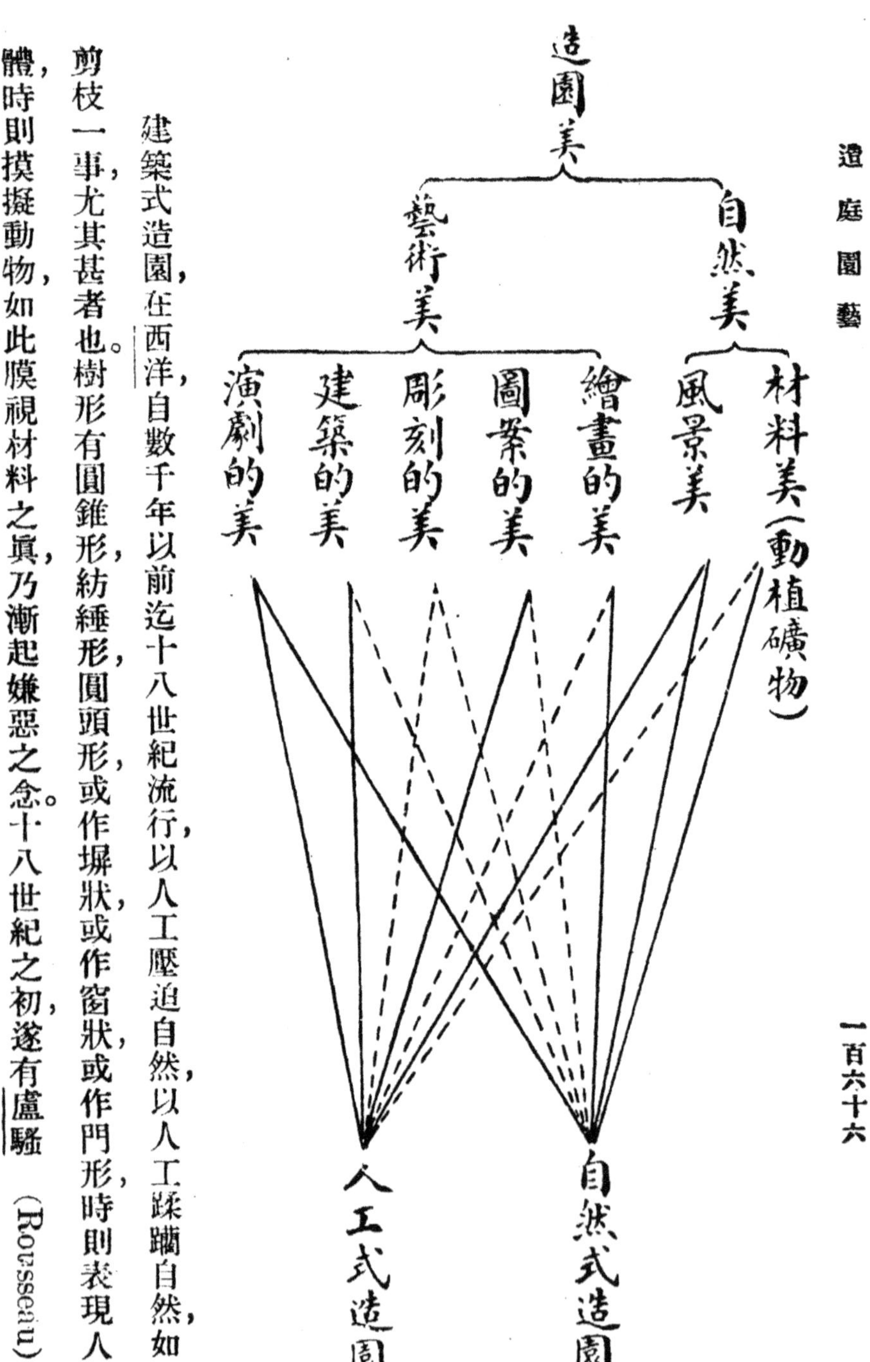

建築式造園，在西洋自數千年以前迄十八世紀流行，以人工壓迫自然，以人工蹂躪自然，如剪枝一事，尤其甚者也。樹形有圓錐形紡錘形圓頭形，或作塀狀，或作窗狀，或作門形，時則表現人體，時則摸擬動物，如此膜視材料之眞，乃漸起嫌惡之念。十八世紀之初，遂有盧騷(Rousseau)

氏，(1712－1778) 突唱復歸自然 (Return to Nature) 之說，漸漸風靡於大陸全體，此卽英國式造園，亦曰自然式造園。

嗣以自然式造園，與郊外之天然風景，並無異趣，徒耗多大金錢，不獲奇珍趣味，於是反對之聲，應運而起。有辰伯 (William Chamber) 氏徧遊吾國，研究我國園囿，於一七七二年，著東洋庭園論 (A Dissertation on Oriental Gardening) 一書，以鼓吹中國造園式於歐土。此式富於空想，富於高調，非與平凡之自然，可以同日而語，因之甚能補歐洲自然派之缺陷，與當時浪漫主義之思想界，又相共鳴，不久乃見風行全歐，而大受歡迎矣。

歐洲自十九世紀中葉，自然科學發達，而入物質的研究時代，於是從前架空的『浪漫主義』，如水火之不相容，而另唱『自然主義』。一時最得名者，爲德國，而造園上影響所及，舉凡庭園植物，均以生態學上之智識爲基礎，由各植物之觀相，判植物之生活狀態，及適應於此之地位，此卽發現植物之『眞』者也。今介紹蘭開氏之說，以見自然主義造園之一斑。

『植物每受陽光，溼氣，地温，氣温，土性等種種影響，某種植物，得有其中一個條件適當之地位，已能完全生長，以表現植物固有之觀相。反之，見植物之觀相，亦可判斷植物之生活狀態及其適當之地位，卽吾人對於造園，不可專求其『美』，須求其『眞』，發見支配自然之意志，由此意志之法則，以造成完善之自然。故吾人之理想的造園，直接間接由淘汰之法則，以完成天然。單就植物言之，吾人可由已知植物之觀相，而判定植物希望的地位，卽吾人可由海外廣選植物，移入內地，此卽藝術的向上也。』

惟蘭開氏之說，爲科學所束縛，於藝術上殊少價値，是爲缺點！要知科學萬能，自然主義之論，至今殆成過去，誠以科學非萬能也，世界凡百之事，單由物質文明，單由科學智識，尙難窺其眞相。是以時至今日，藝術無論矣，卽在一般思想界，亦直觀較客觀貴，靈敏的感情較科學的智識重，心靈較物質先，思索較觀察要，是卽新浪漫主義之說也，乃斟酌自然主義，物質主義，而出之主觀的造園也，謂之科學，宗教，藝術，互見接近也，亦無不可！

夫造園以自然爲對象，故描寫自然之取材，不必如自然主義之忠實於寫生也，寧採『省筆法，』或竟採用特異的材料，亦佳。惟作品須令自然躍動爲要，卽以少許之材料，狹隘之地域，令人得遊縹渺夢幻之境。以描出自然，方爲絕佳。

總之以從前浪漫的古式，加以近今自然主義而渾一之可也。

現在係何種時代？：曰混亂時代也，過渡時代也。於思想界無代表的思想可說，於造園界，亦無代表的造園可述；誠以現代者，乃努力前進，以釀成將來造園之時代也。

(五)造園之過去

(1)世界造園過去觀

統觀世界各國造園之沿革，其徑路大略相同，析陳如左：

(一)宗教的造園

最初所起之造園，均與宗教有深切關係，埃及寺院之庭，希臘之聖林，日本之神苑御苑，我國之靈囿靈臺，是其明證。又如老樹名木以及森林等天然紀念物，則各國無不仰之若神，此即原始的造園是也。

(二)王室的造園

其次爲王室的造園；則以實用爲主，如園藝森林養魚等園囿是也。王室的造園，爲該時代流行之中心，風氣所播，及於貴族，富豪，搢紳之家相繼效顰，此卽

(三)貴族的造園

(四)平民的造園

嗣後時代變遷，平民社會，倏焉奮起，與貴族社會相對抗，文藝藝術，於是遽生上下二大潮流，所謂草廬草堂，卽爲平民的造園之著例。迄乎近世，則

(五)公共的造園

又勃然興趣。

公園爲地方自治完成之產物，歐美諸國，伊古以來，盛行平民主義，故與公園類近之園，亦非烏有。其初也。王公之私園，因時擇日，特別公開，藉供衆人遊覽。或舉宴會，以盡歡樂，我國如上海之徐園張園愚園，蘇州之留園，本爲袞袞巨公獨置，今則已開其禁矣，懿歟休哉！造

園界之壯舉也。

爾後社會主義，漸唱漸盛，則舉天下之名勝奇景，必將相繼改爲公衆遊覽之地，此證諸往例，可以無疑，不煩嘖嘖討論也！張季直先生曰：『公園以尙美好潔爲宗旨，我國若不提倡公園，則凡百事業，皆不可爲』旨哉言乎！旨哉言乎！

（2）我國造園過去觀

我國造園歷史，零金碎玉，徵引爲難，非博覽羣籍，不能鉤深索隱，今隨筆錄之，塞責之咎，自知不免，如言完璧，敢俟來日！

周禮：『囿人中士四人，下士八人，府二人，胥八人，徒八十人，掌囿遊之獸，禁牧百獸，』可知周時宮中苑囿，有專官以飼養禽獸，周文王有七十里之囿，與民同樂，此即我國有公園之嚆矢。隋煬帝時築西苑，使役至百萬人之多，全國之名花異卉，加意搜集，而於冬季寥落之時，又且剪取雜綵，造花散放云。

唐時立虞部，以司苑囿山澤之事，又有司苑掌苑，關於造園之官吏，至是而帶分業性質矣。爾時長安有王維者，仕於玄宗，爲尚書右丞，嗣於肅宗時，辭官，隱於藍田縣之輞川，氏爲詩人，又能圖，東坡所稱詩中有畫，畫中有詩者是也。氏在輞川，相地設臺閣，作花園，配置椒園，漆園，竹里館，白石灘，南垞，欒字瀨，柳浪，臨湖亭，欹湖，宮槐陌，茱萸沜，木蘭栽，斤竹嶺，文杏館，輞口莊，孟城坳，華子岡等，架圓月橋於川上，放鶴於南垞，飼鹿於山溪，浮舫於湖沼，蓋彼之別墅，實將彼之圖趣實現於地面者也。又白樂天云：『僕去年秋，始遊廬山，到東西二林間，香爐峯下，見雲水泉石勝絕，愛不能捨，因置草堂，堂前喬松千數株，修竹千餘竿，青蘿爲牆垣，白石爲橋道，流水周於舍下，飛泉落於簷間，紅榴白蓮，羅生池砌，每一獨往，動彌旬日，平生所好，盡在其中，不惟忘歸，可以終老。』是卽白樂天之造園情形也。

宋時徽宗皇帝，亦以繪名，集種種藝術家於汴京，給祿而設階級，築壽山艮嶽，以聚全國之奇巖異木。至元時有倪雲林者，爲畫之能手，氣象峭直，好描寒林，極爲簡勁高致，蘇州之獅子林，相傳爲其所經營，實爲後世造園界之典型。此外見於古籍者，如洛陽名園，李白桃李園，淘淵明田園，石崇金谷園，眞州東園，桃花源，皆與造園有直接關係。又如醉翁亭，蘭亭，禮樂亭，喜雨亭，放鶴亭，黃鶴樓，滕王閣，阿房宮，峴山亭，黃州竹樓，淩虛臺，超然臺，黃州快哉亭，則與造園有間接關係也。近年文明日啓，園囿漸多，如杭州之西湖公園，上海之半淞園，則尤爲其鼎鼎者。總之：我國造園家，古來限於詩人學士及畫家，不如泰西造園家多爲建築家也。

(六)造園之將來

(1)造園事業未來觀

古來造園，大都限於庭園；今後造園，如市內公園，市外公園，天然公園，藝術以外，兼與科學有關，非有園藝林業土木等根本智識不可。先就公園述之：公園乃爲公衆所設之園，種類多多，名稱不一，有以裝飾都市而設者，有爲供都市住民之娛樂休息運動衛生而設者，又有爲謀都市繁茂而設者，又有爲住民之教育宗教而設者。另由公衆之種類而分之：乃有都市鄉村之公園，以及縣有省有國有之公園，都市公園之中，除普通公園外，有界限公園，小兒公園；又因其位置之各異，可分市內公園，市外公園，以及天然公園森林公園。

考夫公園之設也，源於一國首府，而波及於大小都市，終且都市與公園，有不可脫離之勢，泰西近鑒市內公園，常有種種障害，種種缺點，市外公園，因已見其萌芽，然統觀歐美最近造園界之趨勢，不惟市外公園，日形發達，且生各種之變態，例如公園都市田園都市天然公園森林保養所墓地史蹟天然紀念物之保存，進而至於國土修飾，莫不猛着先鞭，卽農林水產牧畜土木建築，亦有注意『美的』趨勢。美造時勢，時勢造美，放眼一觀，吾國誠瞠乎其後矣。

今將各種造園，鈎元提要，縷縷述之，冀備壤流之獻，聊供芻採之需。

(一)公園都市

市外公園，縱曰理想的造園，但無馬車汽車，轆轆奔馳，則遊與雖豪，仍嫌梗阻，於是修飾都市，不可輕視矣！『都市係公園耶』『公園係都市耶』都市與公園，不能區別，斯乃盡善盡美。

新設都市之際，吾人可立一都市計劃，以實踐吾人之理想，但非事實上所能。倘能在舊都市改革之時，隨機應用，則經濟上輕而易舉，今略爲說明公園都市於後：

先於都市之中，適宜配置大小公園，注意各小園相互之距離，及與都市全部之位置，公園與公園之間，以公園通道聯絡，終使全市成一公園系統。此外關於局部方面，如在街路，水流，橋梁之傍，咸栽植物，以使嘉蔭夾道，樛木蟠根，並於廣場空地以及道路交叉等處，作造小公園。若車站若學校若病院若寺院若官廳公所圖書館博物館，亦善爲修飾風景。夫然後都市全體化爲公園性質，國家與有光焉，在法國，此種公園，頗爲發達云。

（二）田園都市

田園都市，權輿於英人之間，最初，公司爲都市職工而設立宿舍者，爲其起因。如道路，溝渠，建築空地庭之植栽等均樹一定方針，以發揮都市之美。

田園都市本由一公司經營，更進而聚萃中流家庭，新設都市之時，或新行擴張都市之時，俱可應用，溫泉都市海水浴都市別莊都市均屬焉。田園都市世推英國最爲發達。

（三）天然公園

公園之中，棄絕人間，超踰世網者，其惟天然公園乎！世界天然公園之著名者曰：美國之來尼阿天然公園，自層巒疊嶂森林平原以至冰河火山瀑布，無不應有盡有。我國如西湖廬山，日本如富士日光箱根，朝鮮如金剛山，均爲設立天然公園之絕好地點。惟設立之處，不宜破壞天然，庶於品題山水，評論花月之際，仍得自然生趣也。古人云：『山中別是一乾坤，尋眞何必蓬萊島』，斯之謂歟。

美國造園，無歷史之經過可述，其發達也突兀，其奔放也快逸，正與其國民性暗相合拍，不觀乎紐約之摩天閣高達七百尺有餘。又有 Statue of Liberty 者，爲百四五十尺之銅像也。

(四)森林公園

森林公園，亦有多大價値。蓋春花之紅，秋葉之黃，能與吾人以刺戟性，春之新綠，夏之濃綠，帶平和穩健氣槪，最合人生。涼風起兮遊興忽作，穿芒鞋而登嶽，攜行廚以充飢，徘徊乎森林之中，放觀乎平原之外，其豪趣逸興爲何如耶！此外人所以每有登嶺入山之舉，而都市附近，常有森林公園之設也。

今舉森林公園之例，以觀其眞相：法國巴黎附近有僕阿讀葡龍公園，面積一萬五六千畝，實爲第一流之大公園也，而巴黎市民，尙不以此知止知足，近且於風探葡洛地方，設立二十七萬餘畝之森林公園。此處距巴黎市約五十哩，路寬約七十尺，路傍栽植樹木，通以汽車，一時間卽達。日本近年所設明治神宮，投款二千萬元，其外苑計八百畝，亦有森林公園性質。他若德國柏林附近之幾野公園，奧國維也納之官林，均爲森林公園。

（五）森林保養所

深山冷谷，鬱乎蒼蒼者，森林也。森林於衞生上美觀上，俱有莫大價值，可設森林旅館於森林之中，以供遊人投宿。朝旭東昇，夕鳥南飛，萬山青紅，羣木紫翠，助人淸興，正不淺也！彼市廛住民，日日飽嘗風塵，乘暇赴此，更可消悶祛煩，怡情適志，至於文人韻士，亦可托足聯咏，疾人病體，更可寄跡調養。

（六）墓地

歐美視墓地，與遊園等，故在歐美造園上，亦占重要位置。其墓地，或設自然式園地之中，或則井井排列；其通路有逕直者，有屈曲者，蒔種花木，以資點綴。並於各區劃之中，立以墓標，記以詩文，植以花卉，以故在偉人豪傑畫師詩家之墓地，甚能與參詣者以宗教的倫理的教育的良好影響。

我國如孔林如皇陵名人之墓，可以利用者，爲數不尠！是在改善變化，而公開之可也。況民間墓地，悽悽慘慘，觸目皆是，一方應指定地區，以免徒費土地，一方宜稍加修飾，藉供遊覽之用。

（七）史蹟名勝天然紀念物之保存

森林高山湖沼溪谷等天然勝景，以及史蹟之地，紀念物之地，到處不少，自當善爲保存，供作風化學術上之有益資料。邇來日本已有史蹟名勝天然紀念物保存會之設，我國立國四千餘年，事事物物，夙爲文化先趨，保存之要，實較他國更切也。

（八）國土裝飾

國土裝飾，對於開發庫寶，甚有關係。西洋如瑞西一國，富於天然勝景，似已舉風景立國策之實矣，此固因天然地勢使然，而該國國人注重之苦心，亦不可膜視也。今先就森林而言：將來經營林業，須抱林藝觀念，如水源涵養林，水害防備林，防潮林，鐵道防雪林等保安林，除實用的方面外，更須注意美的方面。森林以外，舉凡公共建築及私人住宅，更宜善爲裝飾，內以涵養趣味，外以保持品格。物物如此，地地如此，斯國家地位，可以向上，而符文明之實矣。

山川精英，洩爲至寶，乾坤瑞氣，結爲奇珍，我國如西湖廬山普陀山峨嵋山等，天然名勝之地，指不勝屈，當更施飾景之術，以爲開發地方之計。

（2）造園教育未來觀

凡通達藝術之道有二，曰天才，曰學習。學習者，卽造園教育也。由造園教育產出之人才，可稱造園家。

將來之造園，由其規模之大小，可分四種，如左：

（甲）國立公園及大遊覽地；

（乙）大都市及各省各縣之造園，例如省立公園縣立公園市立公園都市修飾公共建築修飾共同墓地等是。

（丙）鄉村之造園，例如鄉村立公園寺院墓地公共建築之修飾等。

（丁）庭園。

上述各種造園，於其設計施工管理，各需相當之造園家，大別如左：

造園之種類	技術之種類		
	設計	施工	管理
甲	特	大	專
乙	大	專	專中
丙	專	中	中
丁	大專中	中	種

特——第一流專門大家。

大——大學畢業之造園家。

專——專門畢業之造園家。

中——中等畢業之造園家。

種——專門的種樹工人。

造園學校中，當授之必要學科，歷舉如左：造園學上當講究之分科，觀此並可瞭然矣！

（一）造園本科

造園概論，造園史，造園材料，造園構造論，造園設計及問題，造園施工法，造園管理法。

（二）造園預科

自在畫及製圖法，圖案法，美學及美術史，氣象學，植物學，地質學，土壤學，肥料學，測量術。

（三）造園補助科

林學，園藝學，水產學，畜產學，土木建築。

現在世界列國，並無造園專門學校之設，只有在專攻林學園藝土木建築之學校，附授造園學而已！然將來文明進步，造園方面，不得不需專門家，於是逼於不得已，必將在農科大學農業專門學校中，特設造園科，以與農學科林學科等對峙。地之遠者勿論，只就日本說，已於東京帝大農學科中授造園學矣，已於千葉高等園藝學校中授庭園論矣。造園教育前途，敢謂有無量光明也。

（七）結論

觀察歐美諸國造園界之大勢；庭園公園，着着盛行，其公園有市內公園市外公園森林公園立公園，以爲「修飾國土」之根源。最近開—路氏之主張，則曰：「美國全土，當張一巡遊的大路網，使四十八州可以遍地遊覽而成一大公園系統；」日本田村剛林學博士之主張，則曰：「迴遊公園，爲造園界最進步最理想者，將鄰接之數都市及附近之數地方，糾合之，連絡之，俾成遊覽系統；」開—路氏之公園系統，田村氏之迴遊公園，實爲將來當有必有者，吾人可刮目以俟也。至於建築房屋，設造別莊，固無不擇山水明媚風光透徹之處，即如農林土木，亦靡弗注意「美的」，冀製出一貫之風致。進而學術衞生道德宗教方面，並須顧及風景之美，以大成理想的國土之風景。因之從前所採用之庭園，囿，苑等語，範圍未免狹窄，有用「風景裝飾」或「裝景」之要，此與「建築風景」或「築造風景」（Landscape architecture），「風景美化」或「風景修飾」（Landshaft Verschonerung），相當，其製作之技術，謂之「裝景術」，研究裝景之學問，謂之「裝景學」。吾熱望吾國裝景術裝景學，積極發達，不瞠乎歐美日本之後，用綴是篇，冀供觸機之選，投李報瓊，拋磚引玉，吾國人將如何以善其後，竊不禁引領望之矣！

LANDSCAPE GARDENING

By

TUNG YÜ MIN,

1st ed., Dec., 1926

Price: $0.60, postage extra

THE COMMERCIAL PRESS, LIMITED

SHANGHAI, CHINA

中華民國十五年十二月初版

（造庭園藝一冊）

（每冊定價大洋陸角）

（外埠酌加運費匯費）

編纂者 童玉民

發行者 商務印書館

印刷所 上海北河南路北首寶山路 商務印書館

總發行所 上海棋盤街中市 商務印書館

分售處 北京 天津 保定 奉天 吉林 龍江 濟南 太原 開封 西安 南京 杭州 蘭谿 安慶 蕪湖 南昌 九江 漢口 長沙 常德 衡州 成都 重慶 廈門 福州 廣州 潮州 香港 梧州 雲南 貴陽 張家口 新嘉坡 商務印書分館

六九五丁

都市與公園論

陳植 編

商務印書館

民國十九年

市政叢書

都市與公園論

商務印書館

都市與公園論

陳植編

自序

我國公園之名；始見於北史中，然夷考史乘，公園行政；陶唐之世，已設專吏，虞人卽司苑囿山澤者也。至文王之囿，方七十里，與民同之；實爲我國設置公園之嚆矢，距今蓋四千餘年矣。遞及後世；歷代帝王、公卿、文人、雅士，雖間嘗愛尚自然建置園林，然類皆個人獨樂，例不公開。迄遜清末造；慈禧后於北平西直門外，建置頤和園，壯麗無倫，門禁森嚴。而上海租界境內之外國公園，國人被拒，與犬同列。舉國人民，幾無一處可享公園之樂，不亦悲耶！民國肇建後，公衆娛樂設施；以潮流所趨，爲量益多，而我人渴望之公園，亦相繼設立。然欲求設計及經營之合理者，幾百不得一。至於公園計畫，更無論矣。民國十四年夏；余赴東北考察林業，途經各要埠，均各勾留多日。於該處所有公園；曾各詳爲視察，華洋顯別，優劣懸殊，深爲慨然。卽素以東亞大埠著稱之上海；除外人所設之法國、黃浦灘、滙山、靶子路諸公園外，國人之集資設置者，幾不獲一覯，嘗見春夏之交，遂雲集於蕞爾之半淞園中，以資留連。年來上海繁華益盛，市民道德，每況愈下；如再無公園等各種適當設置，則病理發展（如上海跳舞場賽狗南京夫子廟各茶社中之羣芳唱），實非市政前途之福也。至於南京去年光復後，即建爲市。且以首都所在，爲特別市中之尤特別者；現有之公園大小計共四處（第一公園、鼓樓公園、秦淮小公園、玄武湖公園。）律以二百八一英畝之說，相去太遠。面積個數，雖十倍之，相差仍鉅。南京公園行政；余於南京都市美增進之必要題中，曾痛論之。於前論脫稿後一閱月，燕北克復，全國底定，奠都南京之舉，於焉以固；而首都建設委員會，亦應運而生，遂益感都市與公園之必要。因本前義而更闡發之，且廣列各國先例，以成斯都市與公園論稿。匆匆成篇，疏漏極多，當世碩彥，幸垂察也。然以斯篇而於全國新設諸市之裝景，得有寸進，余實榮幸無旣矣。斯稿得同學丁君雨亭，不辭溽暑，多多贊助，深爲感荷。

陳　植識於新都　一七、九、一、

都市與公園論

目次

第三編　公園設計

第四編　公園經營

附表

都市與公園論

第一编　總論

第一章　公園之意義

公園爲造園學(landscape architecture)分科中公共造園(community landscape)之一；以內容種類之異致，故簡單定義之敍述綦難。蓋公園云者，乃人生共同生活上依實用及美觀目的，以設計土地，而供羣衆使用及享樂者也。今日各文明國之論公園問題者；大別爲下列四個基點，然後依照方針，分別進展，茲分述如次：

一　都市計畫之與公園

都市計畫（city planning），爲近代文明進程之產物；蓋世界文明日進，都市生活益趨複雜，遂不得不有合理之計畫以適應市民之需要，此都市計畫之所由興也。都市計畫中，不惟公園計畫占重要位置，卽街道系統，交通運輸系統，以及地域區劃等，幾莫不與公園有密切之關係。

1. 街道系統　都市之有街道，猶人體之有動脈也。是以都市計畫，有確立大小街道系統之必要。至於街道交义點之廣場，以及道路公園（boulevard）之植樹鋪草，俱爲切要之圖。

2. 交通及運輸系統　都市內外之交通運輸諸設施：卽鐵道、國道、水道兩側之植樹，以及其他審美之佈置是也。

3. 公園計畫　所以研究全市之公園網、公園系統、公園道、小公園、廣場及保存地之配置設施，以樹立一種計畫者也。

4. 地域區劃　市內區域概分爲住居、商業、工業、及混合四部；其地域之配置及土地之利用，均與公園計畫有密切之關係。

5. 都市修飾　都市之自然美，有待於綠地之點綴；蓋欲圖建築之美觀，及街道之壯麗，非輔以植物美，決不足以充分發揮也；就中且尤以一國之首都爲然。

二　休養問題之與公園

處文明都市競爭生活中，對於身心有休養安慰之必要；各種休養之設施，於是乎興。就中若運動場、俱樂部、及戲院、跳舞場等，爲人爲的；外餘爲森林公園綠地等自然物。故近代都市文化設施中；休養系統(recreational system)與公園系統有輔車相依之勢。

三　社會事業之與公園

兒童公園及公園之關於運動、遊戲、競技者，社會事業中之重要設施也。蓋公園之設施；足供社會事業及社會教育之利用者至鉅。植物園、動物園成效之尤著者也。世界諸著名大學中；除將造園學列爲專門講座外，有列爲都市計畫、及社會學、建築學、土木學、應用心理學等學程中一講義者，比我國自大學區試行後，有將各縣公園歸大學擴充教育處掌理之議，蓋亦依之，且各國市政府有將公園課列爲社會局之一分科者。

四　天然保存之與公園

世界各國對於史蹟、名勝、天然紀念物、及保護林等，靡不絕對保護；然爲民衆享樂及利用計，亦有漸採公開或半公開政策而爲公園的利用者。我國立國最久，史蹟尤夥，如能善爲開放，則足濟公園數量缺乏之弊也。

公園之種類甚夥，本書以限於範圍，論述主題，爲都市公園。且於都市公園，亦以囿於篇幅，僅及計畫及經營設計實例之概略。他若材料、施工、則擬俟諸異日另篇相見矣。

第二章　公園之分類

公園分類，以公園之發達與需要各國異致，且囿於習慣之支配，欲歸納爲共通的分類，至爲困難，茲參酌各國情形，作概括之分類如次：

一、依目的之分類：　運動場、運動公園、體育公園、動植物園、國立公園等。

二、依所有之分類：　國民公園、省立公園、縣立公園、鄉立公園、市立公園、社寺公園、皇室公園、私有公園等。

三、依位置之分類：　市內公園、郊外公園、途中公園、水上公園、廣場、道路公園等。

四、依內容與式稱之分類：　天然公園、森林公園、人爲公園、形式公園等。

五、依面積之分類：　大公園、中公園、小公園。

六、依利用之分類：　公開園、遊園、娛樂地。

七、依機能之分類：　都市公園、近鄰公園、運動公園、小公園等。

美國都市協會之通俗的分類：

1. National Park
2. State Park
3. Interstate Park
4. Regional Park
5. City Park
6. City Playground

日本內務省都市計畫局分類法：

一、兒童公園、
二、近鄰公園、
三、運動公園、
四、都市公園、
五、自然公園、
六、道路公園、

第三章 公園之效果

公園之種類旣多；公園之效果各別，茲舉其主要者述之如次：

第一 休養

市民之都市生活，視田園幾若羈牢獄中，此市政家之警告也。田園中接近自然；空氣新鮮，爲休養身心，慰藉精神計，斷非熙來攘往完全機械生活之都市所能望其項背。此近世學者，自然回復論，及天然生活法，提倡聲浪之所由興也。都市生活中休養法之自然而較高尚者，公園之設置尚矣。

第二　保健

國民保健及公衆衛生上，公園占重要位置；早爲政治學家及衛生學家所公認，邇又寖假而爲社會學之一分科矣。公園之面積配置及設施，足以左右市民之健康問題者至鉅，固不特都市審美之一端已也。據法國統計家李斯拉氏歐洲主要都市調查統計：肺結核死亡率最小之國，卽爲公園及自由空地 (open space) 設置之最發達者。英國田園都市 (garden city) 之報告：亦明示健康與公園之關係，蓋都市中工業發達，黑烟繚繞，對於市民衛生，爲害至烈。故英國倫敦市一五〇六年時，卽有石炭燃燒嚴重之取締；爾後復有石炭輸入之禁令，及公衆保健法案之通過。美國對此問題，鑛業當局更爲重視。此無烟煤燃燒法之研究，所由來也。

第三　運動

文化生活以健康爲第一要義。疇昔民衆運動，概附設於大中公園中，僅作小規模之運動競技場，及極少數之設備耳。東西各國公園，漸趨分化，柏林郊外，格羅華爾特大運動場（Rennbahn Grumewald Stadium），設備精美，佈置新奇，世界之理想競技場也。日本大阪之鳴尾與甲子園之大運動場，及成立未久之東京青山明治神宮外苑競技場，範圍宏大，均可容納數萬人。宜其運動記錄日進，執遠東牛耳矣。我國體育場之設置；似視公園較速，惟設備簡陋，塵沙撲面，烈日蒸人，殊不足以發揚運動也。國人體質素弱，以病夫聞於世；甚望體育家、教育家、造園家，共起奮鬬，以促完美運動公園之設立，而漸圖補救於萬一也。不然；遠東運動會，永無地以招待國賓，不亦大可恥哉。

第四　防災

公園對於天災，有保護市民之機能。故火災、洪水、暴風、地震、被害較頻之國，公園之數量面積，尤應激增。日本東京於十二年九月一日；以發生劇烈地震，繼以火災時；逃避公園而得保無恙者，據關東戒嚴司令部調查報告：約計十八萬一千人（見日本庭園雜誌第五卷第九號「帝都地震火災略記」)。不然死亡之數，當不僅此十餘萬也。故公園於不測時，實唯一之避難所也。帝都復興局成立後，有增設公園至全市面積五——一〇%之議。足徵彼邦朝野，對於公園之重視矣。

第五　教化

公園乃動植物學知識之寶庫，實物教育之教室也。學校林、及史蹟保存等之足以裨益國民教育者亦夥。美國芝加哥西部公園委員會，於區內學校，植物之教授及參考實驗用材，得無償給與。則對於學校教育之補助，又不遺餘力者矣。我國都市中以公園之數量面積不足供市民之利用；或竟闕焉無有。故市民除作不正當消遣外，娛樂之足以陶冶身心者極鮮。如不善爲之計，風化之頹敗，人格之墮落，深可慮也。

第六　國防

公園之大面積者，國防上要地也。蓋郊外公園面積之較大者，可供飛行機之著陸及軍隊屯駐之用。紐約市外廓，設砲線三重，以備空軍，平時固以休養用地利用者也。且樹木蔭翳，足資掩護者亦多。法京巴黎，歐戰時以近郊森林而得保無恙者，蓋有以也。至於國防造園(military landscape)，則關係益顯矣。

第七　經濟

瑞士以風景立國；公園遍宇內，以招致國賓，此公園之有關於國家經濟者也。爾外公園又可爲促進土地增價之要素；故公園設施後，以交通頻繁，商業進展，不惟增高鄰近之地價，且可促進租稅之遞增。至於公園地價，自益趨騰昂矣。

第八　美觀

都市美以建築美與自然美爲二大要素：自然美由公園及廣場形成者也。歐美諸名城；若巴黎華盛頓等以華美著稱者，蓋亦皆自然美之賜也。青島景色冠絕宇內，曩康南海先生以「碧海靑波，綠林紅瓦」八字概之，其都市美，誠不愧東亞巨擘也。南京爲　總理指定首都，且謂：「其位置乃在一美善之區域，其地有高山，有深水，有平原，此三種天工，鍾毓一處，在世界中之大都市，誠難覓如此佳境也。」幸國人對於南京都市美，謹遵「遺訓」善爲發揮光大之也。

第二編　公園計畫

第一章　公園計畫之意義

凡求事業之成功，須有完美之計畫，以便次第進行，以底於成。都市計畫決定後，爲謀市民生活安定計；決不可任意變更。公園計畫既爲都市計畫之一部，其擬定也須洞察社會傾向，及將來趨勢，愼爲計畫明矣。都市之公園計畫，分爲左列三步：

一、準備調查　準備調查云者：所以調查各種關係材料，以備擬製公園計畫時，分別緩急而爲取捨者也。若都市人口密度，及分布狀況。卽人口之靜的動的，及市民交通現狀之調查，及大都市區之地況、地種、土地利用、交通狀態、風向、風速等。均應詳細調查，蓋準備調查云者卽關於公園設置材料之蒐集、整理、圖示、統計之事業也。

二、基本計畫　基本計畫云者：所以根據準備調查，以從事於土地收得，及公園佈置之基本事業也。公園計畫中之最重要而又最困難者，當以斯爲著。

三、經營計畫　經營計畫可分二部：一、論公園之實際的收得方法。一、論公園之經營管理方法。除須實際技術而爲專門研究外，欲求圓滿結果，仍有待於公園計畫關係法律之頒布也。

都市公園法有從屬與單行之二種。美國波士頓（Boston）美缺羅薄里端公園計畫單行法，一八九二年來屢經公布。法律幼稚如我，足資考鏡也。至於公園對於市民利用之規定，及公用道以及各種禁令，則各依國民性而異趣。是在當局之酌量擬訂，而不可削趾納履明矣。

第二章　公園之系統

都市公園之單獨存在者，不易發揮本能；故爲市民利用，及充實內容計，當於適當狀況下，聯絡全體公園，而爲一個系統，以設計布置之。是謂公園系統（park system）。公園系統，胚胎於美國。若芝加哥（Chicago）堪薩斯（Kansas）明尼亞波利斯（Minneapolis）底特律（Detroit）等市公園系統，最爲完美。而紐約舊金山克利夫蘭（Cleveland）但維爾（Denver）印第安那波利斯(Indianapolis)諸市次之。

夫公園系統云者;對於公園分布以有適當之面積、形狀、距離、及設施爲必要。決非僅增公園之面積,即能達到目的者也。凡都市中各種設施須依人口之密度,以平均分配之。此之謂:都市計畫之分布主義。蓋與集中主義相對者也。今試以學校種別,以說明公園之分布如次:

小公園之分布,與小學校堪相匹敵。近鄰公園(neighborhood park)之誘致半徑(effective radius)略大,故其配置與中學校相近似。小學校一區中,須有數個者;中學校一個足矣。至於高等教育之專門學校,則不能僅依人口密度,須有特殊目的。特殊公園之配置,蓋亦類之。國民公園,一似大學校之分配,純以全體國民爲對象者也。至於廣場,則猶中等程度之職業學校,純以地方之必要設置之。公園系統爲都市計畫中六大系統之一,故頗爲近世市政家所注目。所謂六大系統:即公園系統、學校系統、街衢系統、排水系統、上水系統、及交通系統是也。

第三章　公園之形狀

公園雖同一面積，然以土地形狀，殊影響其利用能率。故於公園敷地，應選形狀之面積小而效果大者。惟公園形狀，亦以利用及地域而異致。例如途上公園有由一方入園；而向他方通過者，有以公園爲目的；而由四周集中者，有不僅爲周圍居民利用者，各種問題解決後，斯公園形狀，卽可決定矣。普通公園效率之最大者；爲直方形，其爲曲尺形者；效率尤著。道路公園之爲帶狀而其幅員在某種限度以上者；其利用程度，決非淺鮮也。反之；公園之爲圓形或近於圓形者，以圓周之延長線最小，故效率亦似之。蓋由公園外周之入園者，市民咸向中心密集，故公園心部，不免有狹隘之憾。其園內道路，而集中心部者，則缺點尤著矣。且公園之爲圓形者，周圍土地利用上，頗感不便，故計畫時，務以避免圓形爲要。

若就公園保安的效果以論其形狀。則防止火災，及遮斷暴風者，當就與常風之風向直角設置之。不然；對於保安上，可謂毫無效率也。

第四章　公園之分布

都市中各種公園當有適當之分布。凡一公園機能之可及範圍，名曰：利用範圍。其利用範圍之最大距離，曰：誘致半徑。於一定限度內增加公園面積時，則誘致半徑亦隨之增加。逾之；則其相互之關係亦破。例如小公園於某區域內爲中心公園，其面積次第增加時，則小公園之本質遂失；而誘致半徑亦不似曩日之僅爲短距離，而與全市發生關係矣。故各種公園各有特殊之誘致半徑。面積增加而逾或種限度時，則原有之誘致半徑，即發生變動，是爲公園之面積限度。

一都市之公園總面積，及數量之決定。須視全市之面積，及公園單位面積之人口之關係以爲比例。公園之面積與數量，依種種關係，公園之機能全異，故公園之設置，須注意下列三種要素：

一、擴大誘致半徑，

二、增多受益者負擔區域，

三、具有公園之特質及個性，

至於費用則同一面積，固無甚差異者也，大公園如能分布得宜，且以公園道善爲聯絡，則完美之公園系統，不難形成也。人口密度，複雜錯綜之處；如能分割布置，則又事半功倍，成效尤著者

江蘇揚州五亭橋全景

矣。美國紐約市滿哈登之中央公園，舊金山市葛爾登格得公園，公園計畫之單一集中主義之實現綦難，且與時代之要求相背者也。故公園分布，不惟爲小公園解決之關鍵，抑亦公園效果普及之要素也。

依左列情狀；超過公園之面積限度，而有仍不破其公園特質之關係者。

一、面積之極大者，

二、具特殊興趣者，

三、公園個性發揮之特著者，

四、公園設施具特色者，

故名本來之誘致半徑曰：第一誘致半徑。依前述狀況、程度而生第二、第三等之誘致半徑。都市公園且有具全市的誘致半徑者，今舉諸誘致半徑之學說如次

一、哈排特氏

兒童公園——四分之一哩、

運動公園——二分之一哩、

特殊運動場——郊外二分之一哩、

二、佐綏夫里氏

六歲以下幼童——四分之一哩、

十二歲以下兒童——二分之一哩、

十七歲以下兒童——四分之三哩、

運動競技場——郊外一哩、

三、愛沙科美氏

設公園面爲正方形，求一邊長，以五等分之，其值卽爲誘致半徑。

第五章　公園之位置

都市中公園設置之地點，應如何選定。須視與分布及誘致半徑之原則，是否吻合？以爲取捨固矣。然以他種關係，其位置有需單獨觀察者。玆約舉其著例如次：

第一　地形上不適於建築者

都市中幾種空地，地形上以傾斜或縣崖等各種關係，不適於建築物之設置者，寧以設置公園爲得。蓋在此種空地，轉可以利用所有地形，以及池沼，略加設計，卽覺雅趣別饒矣。

第二　以氣候及其他關係不適於人生常住者

以氣候劇變，及土地崩壞，濕氣過度，地盤軟弱等各種關係；或不適於建築；或有損於衞生，如久予棄置，則終成廢地。故能善爲利用，以置公園；而不爲人生常住者，蓋亦利用方策中之安全者也。

第三　有空地存置之必要者

都市中爲防止種種災害設置之安全地帶，及制止國防危險（如航空場），緩和交通衝突（如火車站等）等之各種廣場，利用爲公園，最爲得策。

第四　地域境界

都市中住宅區之接近工業區者；爲防烟、防害計，務須設法隔離爲要。故與其銜接處，設置公園，則一舉而二用備矣。

第五　自然風景之保存

自然風景之佳麗處，務宜善爲保存，不可無謂犧牲。常見有老年茂林或先代遺跡，每以工廠及住宅之建築而燬棄惜矣。夫自然保護，爲都市計畫之要件，是不思之甚者也。河岸海岸及湖岸等處之道路公園，最適於自然風景之保存，故以多量設置爲宜。

第六　都市裝景及修飾

都市務宜環繞於鮮綠中；沙漠式之寥落荒城，終非近代市民生活所宜居也。就中且尤以一國之首都爲然；蓋除建築宏麗外，尤須於自然美三致意也。故世界各名都之都心設計，恆以公園等善爲聯絡之。南京既決爲首都矣，都市美之增進，實不容緩也（詳拙著「南京都市美增進之必要」載東方雜誌第二十五卷第十三號）。

第七　與教育中心地方中心之聯絡

爲充實公園利用效率計，當將公園與教育中心與地方中心，善爲聯絡設計之。美國各市公園課，靡不與學務當局互爲聯絡；且有於公園課下分置學務部者。彼邦民衆有主以學校運動場，及學校園等爲地方公園之中心者，蓋亦依之。玆舉約翰諾林氏公園選定之要素如次：

一、以都市中交通便利之小區域，爲地方公園、近鄰公園、及休養中心地。

二、規模之較大者，應擇目下情形交通稍覺不便者；所謂保存地是也。蓋以較爲廉價可獲，而足維持自然景觀者也。

三、市外於市民密集前，可先爲大公園地之選定與收買。

四、街路系統及建築敷地之地形上，視爲不適當者。

五、全市中適當配置，以便受益負擔市民之充分利用。

第六章　公園之面積

據美國公園及戶外藝術協會(American Park and Out Door Art Association)一九〇

一年公園統計書，公園面積每市民二百人以一英畝爲最低限度，而愛奇科納氏主以每一百十五人有一英畝爲最低限度，有主以所有自由空地爲便市民之徒步可達計，須以全市面積之八—一〇%以爲公園及廣場之設置，而以五%爲絕對最小限度者，以五%爲比例，則一方哩內，可有二十英畝以備公園之配置矣。爾外有主一五〇人有一英畝，有主二五〇人有一英畝者，要視一人所負之公園建築費及維持費額，互爲伸縮。即利用者之年齡，亦爲公園面積增減之標準也。

據美國青年組織委員會(Juvenile Organization Committee)對於運動地域面積之統計，設人口千人中，年齡十四歲乃至二十五歲之青年假定爲二百人時，則此千人中所需面積，以二英畝半爲最低限度。

今繪圖以明其關係如下：第一圖爲直徑一·五哩之圓面積計一一三一英畝，內有直徑半哩之小圓七個，每小圓之面積各爲一二五英畝。今以一英畝中人口平均各占四十人爲比例，則全圓內人口，共計四五二四〇人。依美國每二百人自由空地當有一英畝之說，則公園面積共需二三六英畝，按全面積則適為十分之二也。每半哩直徑之小圓中，運動公園面積各需一八·七五英畝，七倍之則共需一三一英畝也。按全面積適為九分之一，二三六英畝中除去運動公園所需面積（一三一英畝）外，尚餘九六英畝，以備不事遊戲公園設置之地。今示其自由空地之配置如此：

二十四英畝者；四個，

四十三英畝者；二個，

四十四英畝者；一個。

大體雖如圖所示，然實際仍以地方之狀況而互異也。第二圖、則以公園式道路圍繞之，且以之為公園及運動公園之聯絡。

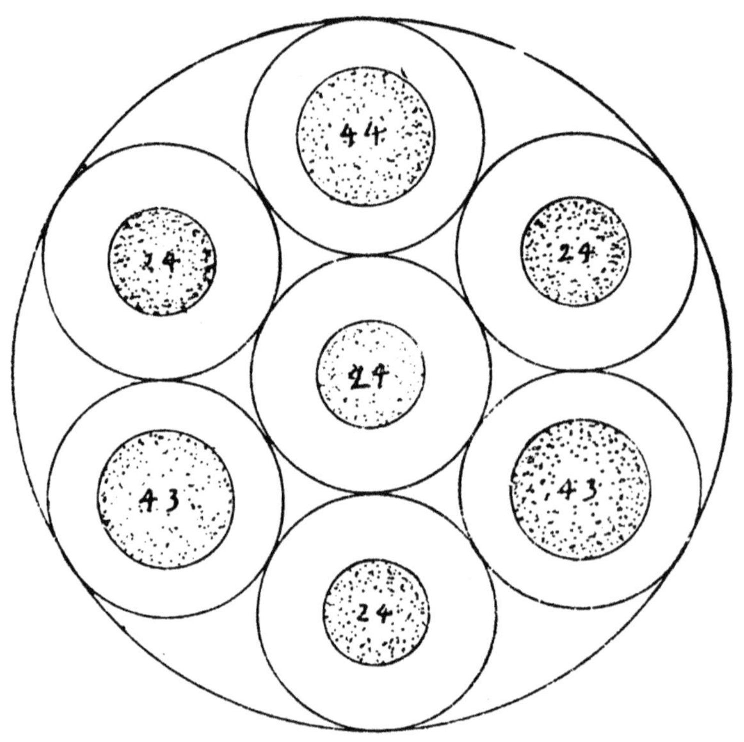

第一圖　自由空地配置圖

說明

大圈直徑一·五哩面積一一三一英畝人口算定四五二四〇人中圈直徑半哩面積一二五英畝小圈表明自由空地之數地合計二二六英畝（以每二百人一英畝爲比例）

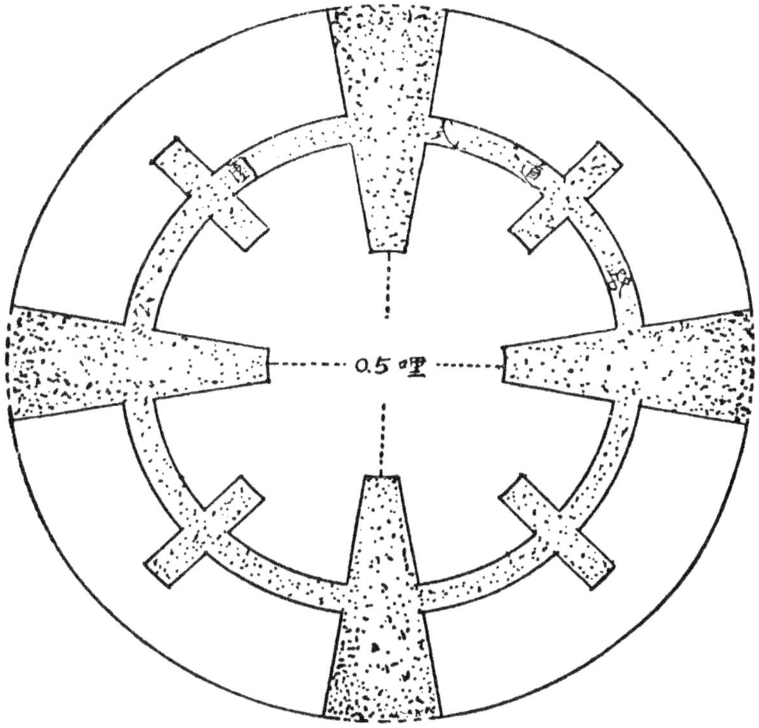

0.5 哩

第二圖　自由空地配置圖

說明

大圈直徑一・五哩面積一一三一英畝人口算定四五二四〇人楔形表示公園其面積爲一五二英畝公園式道路之面積爲三八英畝矩形表示運動公園其面積爲三六英畝合計二二六英畝爲大圈五分之一（以每二百人一英畝爲比例）

其爲公園面積增減之要件者，約爲左列各種，茲分別述之如次：

第一　都市人口與密度

人口之多寡，爲公園面積增減之標準。故公園之基本調查，概從人口之調查入手。現在人口數戶數之調查及將來之預測，皆面積算定之所由準也。然人口密度常與日以俱增，而公園面積之次第增加，實際上不免發生各種困難。蓋小區域內人口已覺擁擠不堪，就中更圖公園面積之擴充，事實上不亦大相矛盾耶。此僅憑人口以爲公園面積之標準之不足恃也。

第二　都市面積之廣狹

浮動性之人口，既不可以爲準。爰有根據性質固定，變化極少之都市面積之法。蓋即公園面積，應占都市面積之幾成謂也。惟都市中人口之分布有疏密；如貿然僅以都市面積爲根據。若日本公園計畫，應用面積率六大都市各以都市面積之一成爲公園之面積。則似尙少學理之考慮矣。蓋都市之特徵，在人口之稠密，且亦以此關係，以招致各種事業，田園中究無公園設置之必要也。都市區畫爲一種人爲的及地理的境界，蓋所以便利行政者也。故公園面積，如根據都市區畫算出之面積與都市人口，以決定之，實理之至當者也。

美國主要都市公園人口別面積表

第一表（一九一六年調查）

人口	公園面積（英畝）	公園對於市面積之百分率	公園每一英畝之人口數	公園內騁道哩	公園道哩
五〇萬以上	二九、五一一	五・二	四五七	三二一	一六七
三〇——五〇萬	一九、一九六	三・一	二一二	一六六	五八
一〇——三〇萬	三〇、三四九	三・九	二三一	三五八	一六七
五——一〇萬	一三、八九九	二・四	三一九	一七二	三八
五萬以下	一二、七六二	二・三	二五六	一二九	一
	一〇五、七一七	平均三・四	平均三〇五	一、一四八	四三一

第二表（一九二三年調查）

人口	市數	最大平均面積（英畝）	最小平均面積（英畝）	總平均面積（英畝）

十萬以上	九	二、四〇〇	一〇〇	一、二一〇
五——十萬	七	二、七九九	一五〇	一、〇八六
二·五——五萬	一三	二四〇	二〇	九五
一——二·五萬	九	八〇〇	四〇	一〇三
五千——一萬	一九	二、三〇〇	二	一五二
二——五千	一五	四〇〇	二	一七
二千五以下	二四	四〇	一	一三

第三表（一九一五年調查）

都市名	人口	公園面積（英畝）	公園每一英畝之人口數
辛辛那提 Cincinnati	四〇〇、〇〇〇	二、四五三	一六二
但維爾 Denver	二五〇、〇〇〇	一、二八八	一九四
印第安那波利斯 Indianapolis	三〇〇、〇〇〇	一、九〇〇	一五七
密爾窩基 Milwaukee	四四八、七六五	八九四	五〇一

明尼亞波利斯 Minneapolis	三七五、〇〇〇	三、八二二	九八
匹茲堡 Pittsburg	六五〇、〇〇〇	一、三二一	四九一
普洛否騰 Providence	二四七、〇〇〇	六五〇	三八〇
舊金山 San Francisco	五〇〇、〇〇〇	二、〇九六	二三八
聖路易 St. Louis	七五〇、〇〇〇	二、五二六	二九六
西雅圖 Seattle	三三〇、〇〇〇	一、八〇三	一八三
芝加哥 Chicago	二、三九三、三二五	四、三八八	五四五
非拉得爾非亞 Philadelphia	一、六五七、八一〇	五、一四三	三三二
波士頓 Boston	七三三、八二〇	一二、九五〇	五七
克利夫蘭 Cleveland	六三九、四三一	一、八五五	三四四
布法洛 Buffalo	四五四、一一二	一、〇六七	四二五
華盛頓 Wasnington	三五三、三七八	五、二一二	六八
堪薩斯 Kansas	二八一、九一一	一、九五二	一四四
底特律 Detroit	八〇〇、〇〇〇	一、一九六	六六八

第四表（一九一〇年調查）

都市名	人口	市面積（英畝）	公園面積（英畝）	公園每一英畝之人口數	公園面積對於市面積之%
堪薩斯 Kansas	二四八、三八一	一六、七四五	二、〇五五	一二〇	一二·三
西雅圖 Seattle	二三七、一九四	三八、二四九	六四〇	三七一	一·七
印第安那波利斯 Indianapolis	二三三、六五〇	三〇、〇六七	一、三一七	一七八	六·六
普洛香騰 Providence	二四四、三二六	一一、六九九	六四四	三四八	五·五
路易斯維 Louisville	二二三、九二八	一五、六四七	一、三三〇	一六九	八·四
聖保羅 St. Paul	二一四、七四四	三三、四八三	一、四〇一	一五三	一一·九
但維爾 Denver	二一三、三八一	三七、三四八	一、〇三七	二〇五	四·二
波特蘭 Portland	二〇七、二一四	二八、一三六	二七七	七四九	一·〇
哥倫布 Columbus	一八一、五四八	一〇、一七六	一九六	九二七	一·九
特稜香 Trenton	九六、八一五	四、九〇三	一五〇	六四五	三·〇
亞特蘭大 Atlanta	一五四、八三九	七、八八八	三三九	四五六	四·三

日本大都市現有公園表（一九二二年內務省調查）

市名	人口	市面積（坪）	公園面積（坪）	對於市面積公園百分率	市面積千坪內之人口數	公園千坪所有之人口數
奧克蘭 Oakland	一五〇、一七四	八、九一四	三二五	四六一	三・六	
新哈文 Newhaven	一三三、二四九	一一、四六〇	一、〇二三	一三〇	八・九	
孟斐斯 Memphis	一三一、一〇五	一〇、二四〇	九七三	一三四	九・五	
斯克藍吞 Scranton	一二九、八六七	一二、三六二	九七	一、二三六	〇・八	
里士滿 Richmond	一二七、六二八	六、三七三	三七七	三三八	五・九	
俄馬哈 Omaha	一二四、〇九六	一五、三八〇	六一三	二〇二	四・〇	
岡布里治 Cambridge	一〇四、八三九	四、〇一六	三五八	二九三	八・九	
布立治坡特 Bridgeport	一〇二、〇五四	八、五七六	二五〇	四〇八	二・九	
哈得富爾 Hartford	九八、九一五	一三、二〇〇	六七三	一四七	五・一	
斯勃林菲爾德 Springfield	八八、九二六	二四、六六二	五一二	一七四	二・一	
他叩瑪 Tacoma	八二、九七二	二一、九二〇	一、〇二〇	八一	四・六	

東京	二、一七三、一六二	二三、三〇八	六一二、〇〇〇	二・六	九六	三、五二二
大阪	一、二五二、九七二	一七、六八二	八〇、〇〇〇	〇・四	七〇	一五、六六一
神戸	六〇八、六二八	一一、一八八	五三、〇〇〇	〇・四	五四	一一、四八三
京都	五九一、三〇五	一〇、六三七	五九、〇〇〇	〇・五	五五	一〇、〇二二
名古屋	四二九、九九〇	一二、三〇七	八三、〇〇〇	〇・六	三四	五、一八〇
横濱	四二二、九四〇	一一、一〇四	二三、〇〇〇	〇・二	三八	一八、三八八

第三　地域之種類

公園面積之大小與設置地之地域制，頗有關係。住宅區、工業區、商業區，以內容各別，公園之大小亦迥異也。以住宅區之需要而有美觀區，及風致區之設置者。工業區視需要之狀況，而公園面積廣狹之所由定也。

第四　公園利用之習慣

公園面積之最小限度，須視保安之效果以爲增減。然由面積方面言，公園之利用習慣，亦爲面積算出之一法。公園之利用，不特關係於風俗習慣已也，於氣候風土之關係亦鉅。嘗考美國南北各部之公園之利用率，高淺顯分。南部如勞斯安極立斯Los Angeles市公園通歲一律，絕無間斷。北部如明尼亞波利斯（Minneapolis）等市，則除夏季遊人較多外，入冬則惟利用冰雪，以作遊戲耳。我國廣東香港諸處，以通歲氣候和暖，無甚變化，故一年十二個月間，遊覽人數，亦無出入。南京上海則惟於春夏二季較多，入冬則朔風如剪，冰雪載途，咸閉戶圍爐，以避寒矣。古人間有踏雪尋梅之雅，則以詩興偶發，不可多得。北平一帶，則入冬天氣更寒，故公園之利用，可謂絕無僅有矣。

第五　公園之設施

公園之設施，足以支配公園之面積。設施以用途而異。其必要區域；若運動場及飛機之着陸場，其著焉者也。通常設施，爲市民生活之狀況，及野外運動之習俗所支配。

第六　地形及地價

公園面積，亦以地形而異致；則公園設置地，除平原地外，尚有山岳及水邊水鄉之低地。往往

美國西雅圖市培加公園之湖畔路

以地形關係，公園面積不能自由擴充。至於地價，亦足以影響面積。蓋地價之高低，與公園之面積之收買，適爲反比例也。

第七章　日本東京公園計畫

第一　公園種類別總面積

a. 兒童公園

五歲以下，每幼兒一人一坪。

但同時兒童之來園，假定爲五分之一。故可換算爲總幼兒數每一人五分之一坪。

五歲以上十二歲以下，每一人三坪。

兒童公園總面積　一、〇四四、〇〇〇坪

說明：

東京市人口中之幼兒數，大正九年國勢調查之結果如次：

東京市總人口	二、一七三、二〇〇
十二歲以下兒童約占四分之一	五四四、三六〇
五歲以下	二六六、七八四
五歲以上	二七七、五七六
（以約各半數爲比例）	
都市計畫區域內可容人口	六、九六七、〇〇〇
兒童總數　一、七四一、七五〇人　約	一、七四〇、〇〇〇
五歲以下	八七〇、〇〇〇
五歲以上	八七〇、〇〇〇
以上人口分別爲市內近郊外郊則	
市內可容人口	二、四七三、八三〇
兒童總數　六一八、四五七人　約	六一〇、〇〇〇

五歲以下　　　　　　　　　　三〇五、〇〇〇

五歲以上　　　　　　　　　　三〇五、〇〇〇

近郊可容人口　　　　　　　　一、九四九、〇〇〇

兒童總數　　四八七、二五〇人　約　四九〇、〇〇〇

五歲以下　　　　　　　　　　二四五、〇〇〇

五歲以上　　　　　　　　　　二四五、〇〇〇

外郊可容人口　　　　　　　　二、五四五、〇〇〇

兒童總數　　六三六、四五〇人　約　六四〇、〇〇〇

五歲以下　　　　　　　　　　三二〇、〇〇〇

五歲以上　　　　　　　　　　三二〇、〇〇〇

以總數乘每一人應有坪數

市內兒童公園面積　　　　　　三六六、〇〇〇坪

五歲以下用	六一、〇〇〇
五歲以上用	三〇五、〇〇〇
近郊兒童公園面積	二九四、〇〇〇
五歲以下用	四九、〇〇〇
五歲以上用	二四五、〇〇〇
外郊兒童公園面積	三八四、〇〇〇
五歲以下用	六四、〇〇〇
五歲以上用	三二〇、〇〇〇
（合計）總面積	一、〇四四、〇〇〇
五歲以下用	一七四、〇〇〇
五歲以上用	八七〇、〇〇〇
全人口每一人	〇·一五

全兒童每一人　〇·六八

b. 近鄰公園

人口每人〇·二坪即每五人一坪

近鄰公園總面積　一、三九三、四〇〇坪

說明：

依都市計畫區域可容人口別

市內　二、四七三、八三〇人

公園面積　三八九、〇〇〇坪

近郊　一、九四九、〇〇〇人

公園面積　三八九、〇〇〇坪

外郊　二、五四五、〇〇〇人

公園面積　五〇九、〇〇〇坪

c. 都市公園及道路公園

都市計畫區域內　三、五六〇、〇〇〇坪

每人　〇·四七

d. 自然公園

都市計畫區域內（六里圈內）　一〇、〇〇〇、〇〇〇坪

每人　一·四

e. 運動公園

公園面積一人占有　二〇坪

但同時來園者假定爲青年三十分之一對於青年總數每人應有　〇·六八

運動公園總面積　一、一〇〇、〇〇〇

說明：

（假定）

1. 運動公園之使用者爲十二歲以上三十歲以下之男子。

2. 運動公園使用青年爲十分之一（就中五人當日不利用，四人利用他種公園。）

3. 運動設施爲棒球足球競走等。

今東京全市人口中青年人數，依國勢調査爲：

東京市全市人口	二、一七三、二〇八
青年	四九一、四三五
卽占全數四·四八中占一八	
都市計畫區域內可容人口	六、九六七、〇〇〇
都市計畫區域內青年人數	一、五八三、四〇〇
	（約一、六〇〇、〇〇〇）
市內　二、四七三、八三〇八	五六二、二四〇
近郊　一、九四九、〇〇〇	四四二、九五五

外郊　二、五四五、〇〇〇　五七八、一八七

依假說：

運動公園一日利用　一六〇、〇〇〇

同時運動公園利用　約　五五、〇〇〇

以每人所有之坪數乘之則

運動公園總面積　一、一〇〇、〇〇〇坪

市內　三八九、四〇〇坪　約　四〇〇、〇〇〇

近郊　三〇六、九〇〇　約　三〇〇、〇〇〇

外郊　四〇三、七〇〇　約　四〇〇、〇〇〇

每人　〇·一六

公園一覽表

名稱	面積（坪）	百分比	人口每人份
兒童公園	一、〇四四、〇〇〇	六・二	〇・一五
近隣公園	一、四〇〇、〇〇〇	八・三	〇・二〇
都市公園及道路公園	三、三五六、〇〇〇	一九・八	〇・四七
自然公園	一〇、〇〇〇、〇〇〇	五九・二	一・四四
運動公園	一、一〇〇、〇〇〇	六・五	〇・一六
合計	一六、九〇〇、〇〇〇		二・四二

面積標準

兒童公園　一、〇〇〇坪以上

近隣公園　八、〇〇〇坪以上

都市公園　五〇、〇〇〇坪以上

運動公園　五、〇〇〇坪以上

公園種類別誘致半徑

兒童公園

市内	四町以内
近郊	六町以内
外郊	九町以内

近隣公園

市内	六町以内
近郊	九町以内
外郊	十二町以内

運動公園　藉交通機關之便約三〇分

公園種類別設置數

兒童公園　一町村内平均

市内	約一三二	八・〇
近郊	約九七	二・五
外郊	約一一七	二・〇
近隣公園		
市内	約六一	四・〇
近郊	約四三	一・〇
外郊	約六五	一・〇

第三編　公園設計

第一章　公園設計之意義

設置公園；須詳爲設計，然後始可按照計畫，次第施工。故設計之良否，他日公園之運命繫焉。公園設計與普通之庭園設計大異其趣。蓋一僅爲個人或團體所有，旨趣旣極簡單，面積亦復狹小。不若公園之面積廣大，並一切設施，關係公衆者也。且公園復有系統，更不可任意設計，致違環境要求。故公園設計，亦視庭園爲綦難也。例如：植一木築一路，均以自身爲主觀，視其便否？以定取捨。故設計時；常似置身公園中，散步、運動、觀賞、休養，故一公園中道路之寬狹，樹木之高低，設計時均宜一一注意及之，公園之爲山地者；則於樹性之陰陽，樹根之深淺，以及森林植物帶等，詳爲考慮。將應用樹種，記入設計書中。不然；貿然從事，徒見失敗已耳。公園設計書，與設計平面圖，爲公園設計之要件，故公園設計者，自宜妥爲規畫，詳加計慮，蓋恐失之毫釐；差以千里，不能不愼之於始，以求所以善其終也。

第二章　公園設計之準備

設置公園之地點確定後；卽當從事於公園設計上初步之工作。初步之工作云何？卽現況調查，及測量是也。惟現況調查中，當先注意於周圍之狀況，及關於園地內部之狀況，不然；略將地形及周圍視察一周後，卽可從事於周圍之測量。測量之種類甚多，然測量公園地之所應用者。普通爲平板與經緯儀二種。經緯儀(transit)爲用極宏，須精密之平面及高低測量者，皆可用之，至於內部之平面測量，應用平板(planetable)可矣。其爲山岳地者，復應將同高線，詳爲記入，俾便施工時及建築物位置之確定，現況調查，設計方針之所由定也。周圍狀況，若河川、丘陵、池沼之地形，以及周圍可以利用之背景之有無？發生煤烟以及予人不快之瓦斯塵埃工場之有無？方向、風向、日射之關係，排水、水道、瓦斯利用之便否？四周建築物之種類，交通機關，人口習慣等，均須詳爲調查。周圍狀況之調查告竣後；即應從事於園地內部地域之面積。地積之形狀，境界之種類、情況，土地之傾斜度、方位及土質之肥瘠，土性之砂黏、乾濕，地溫之高低，爾外若建築物、水井、樹木、巖石之位置大小，亦須詳爲記入，俾便設計時之取捨就避。距離位置均須精密測量，分記圖中，愼勿不慮於微；而重爲他日累也。

第二章　公園之大體設計

公園形式分規則的與不規則的二種，規則的亦稱形式園(formal garden)。不規則的亦稱風致園(landscape garden)。形式園自希臘羅馬以來，西洋諸國最通行之。全園中均以幾何學的圖形結合而成，斯爲形式園之特徵（例如：南京第一公園）。風致園發源於我國（例如：北平頤和園鎮江烈士趙聲公園），日本朝鮮亦類似之。至於西洋自康伯氏遍遊我國，著東洋庭園論(A Dissertation on Oriental Gardening)後，遂風靡一時，咸趨於自然化之改造。故西土之有風致式園，亦皆脫胎我國者也。其參合二式者爲混合式園(garden of mixed style)。

形式園以處處正規，太少生氣。故歐美各國邇亦競尚風致，絕少設置矣。且近自各國提倡保存自然，開發風景。國立公園（national park）之設，幾如雨後春筍，有風起雲湧之概。都市公園遂亦大受影響，且寖假而漸有森林化者。青島之森林公園，及鎮江之烈士趙聲公園，其著例也。上海法國公園及黃浦灘公園，則爲公園之混合式者。余意都市公園；以混合式爲最適，而以風致式次之。至於形式園，則非應時之產物矣。

第四章　公園之部分設計

公園之方式決定後，大體之方針已具，然後漸及於各種部分之設計。

第一　道路

園路之於公園；一似人體之有血脈。故園路分布之適否，足定該園運命之消長。園路數目過與不及，皆非所宜，務以適中爲要。其屈折傾斜，構造亦應善爲考慮。形式園之園路，多爲直線或弧形。風致園以曲線者爲宜，所謂曲徑通幽是也。路面之傾斜度，須在十分之一以內，逾之則宜隔以木段，或石階園路亦分幹道與支道二種，設計時須善爲聯絡。

第二　植樹

樹木依葉分針葉、闊葉，依性分陰樹、陽樹，依高分喬木、灌木，樹木之種類既別，栽植之方式各異。形式園之植樹，則有行列式、綠籬式、隧道式、獨栽式、點栽式、叢植式。風致園之植樹，則有純林、混淆林、喬林式、矮林式、中林式。應植之樹種，以及地點，應於設計圖中，分別記入；其距離相等者，尤須注意縮尺，以備稽考。所需各種數量，須於設計書中，詳爲記入。園中固有大樹，務須設法利用。至於樹木栽植，應注意其特異之色彩美、形態美，善爲配置之（詳拙著觀賞樹木學中）。

第三　水池

水，乃賦公園以生氣者也。故公園中務須有水池之設置。形式園中，水池概與噴水於一處設置之；池徑視噴水高稍大，水池中栽荷、菖蒲等水生植物，或豢鴛鴦金魚等水中動物，則更足增進景色不淺也。池底以石子或水泥鋪之，以避混濁。風致式公園中水池形式，務近於自然，池周可以巖石或草皮等積成之。

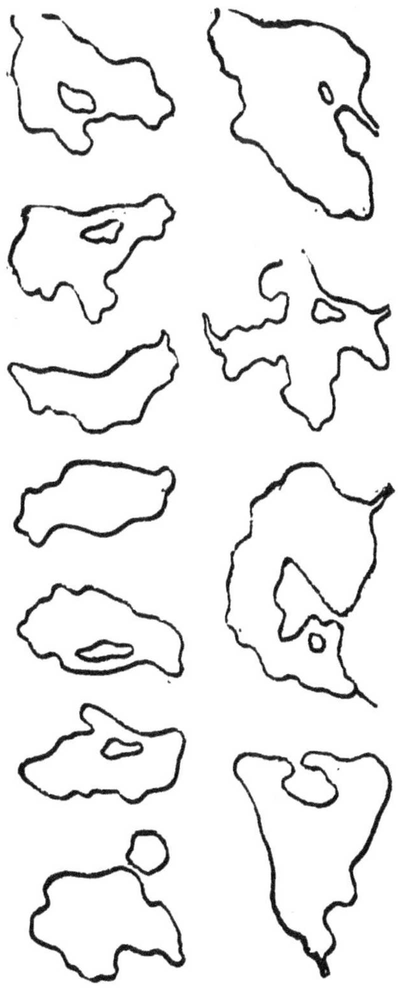

第三圖　水池之形狀

第四　花壇

花壇大別爲二種：一曰花叢花壇；一曰模樣花壇，花壇之中，以成一羣或一帶者，謂之花叢花壇。以積土或草皮畫爲種種模樣，列植小灌木或矮性花草者，謂之模樣花壇。惟設計花壇，首宜注意於色彩及形態與構造之調和，至於花卉復須多多預備。

第五　涼棚

涼棚之位置；或在道路上，或在建築物四周，蓋所以遮避炎日者也。涼棚之簡單者；普通以木為之，亦有以大理石、花崗巖、及混泥土等製成者。涼棚之下，敷以飛石，傍植薔薇、紫藤、葡萄、木香、紫葳、忍冬等纏繞性植物。

第六　雕像

公園中雕像，概以大理石或銅等製之，為紀念公園之主景。故其位置方向，及其環境，亦應善為注意。池上噴水，亦有應用雕像者。

第七　涼亭

涼亭概以甎瓦石材製之，其以連皮杉木為柱，上覆茅草者，則古趣盎然，別饒景色矣。我國公園及庭園中常用之；其最簡異者曰四阿（名見考工記），日本公園中常見之。涼亭之種類極多，應擇不損四周景色；且適於眺望之處設置之。

第八　臺地

臺地(terrace)亦稱露壇。公園中之地形特高，土工之困難而不合經濟者，均可依地勢作成

第四圖 日本上野公園之臺地及石階

之。臺地以寬爲貴，其傾斜度過大者，則於周緣植以綠籬，或置以欄杆，以防意外。臺地上例鋪草皮，或置帶狀花壇，亦有叢植灌木者。臺地之供升降者，恆以石材等作爲階段。

爾外公園中之應設施者；尚不遑枚舉，他日擬另於造園學中詳述之。

第五章　公園設計之實例

鎮江烈士趙聲公園，爲著者所設計。茲爲讀者便於參考計，附錄之如次：

趙聲公園設計書

一　緒論

本園以烈士趙聲名，蓋所以紀念烈士趙先生百先者也。趙先生爲京口大港產。同志念其功勳，設紀念物於其誕生地；俾後死者得以瞻仰憑弔，益鼓勇氣，以挽救國家於垂亡，法至良也。然物之足供紀念者夥矣。曷獨以公園之建築聞？我知發起者意良深矣。禦秋先生謬以公園之設計見囑，因述其公園之效用，及公園與鎮江之關係如次：

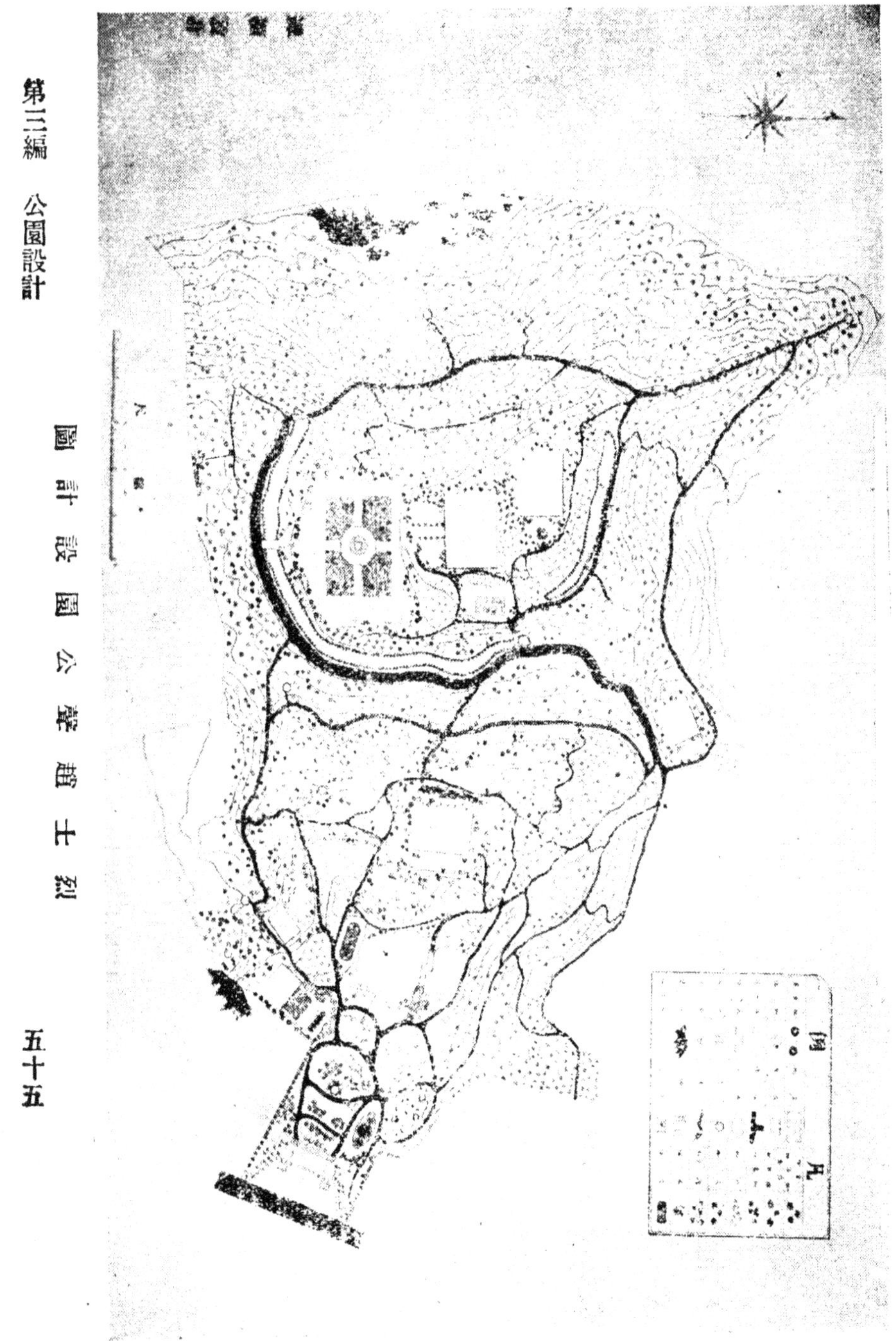

烈士趙聲公園設計圖

公園爲都市生活上之重要設施，公園之於都市也，其重要一似肺之於人；窗之於室然。蓋未有人體健全而肺弱者，亦未有居室衛生而無窗者。西人喻公園爲都市之肺臟，蓋有由也。然公園不特有益於市民衛生已也；公園關於市民之教化者亦深，故謂之爲都市之安全帶，謂之都市之室外校，亦無不可。我國對於衛生，素不注意，尤以都市之衛生爲然。都市中欲求市街寬敞，行道植樹，且不可得，公園云乎哉！外人謂：我國都市爲虎疫之產生地，余爲國人恥之。鎮江商賈輻輳，爲江南巨埠，然市街穢狹，臭氣蒸人，與江際之租界較，華洋顯別，穢潔懸殊，我知初履斯土者，當有無限之感想與焉。且嘗見鎮江居民，除耽於賭博徵逐酒食外，幾無他種正當娛樂可言。嗟！市民道德之墮落，實以缺乏公園爲之厲階也。故以市民之衛生及教化論，公園之建築已有萬不可緩之勢；而革命同志適以建築烈士趙聲之紀念公園聞，誠鎮人之幸焉。

嘗考美國公園統計書，謂：每市民二百人，公園面積至低限度，當有一英畝（合我國六·五八六畝），然後市民可充分利用云。查鎮江市民，幾數十萬，僅有茲百畝之新建公園，則其不足充分利用，固又理之至明者矣。幸金焦北固，相距非遙。倘能更進而謀交通之改進，則爾後鎮江裝景，當有必更可觀者在。公園學上所謂公園系統是也。聞丹徒附郭，不乏勝蹟。如能於道路問題；稍加之意，則驅車可達，價值益增矣。是關於國土裝飾者至切；倘能早日圖之，則固不特一省一縣之幸，不佞不勝馨香禱祝之矣。

二　設計之大體方針

本園設計方針，則以地勢與宗旨關係，自有其特具者在。公園興建宗旨；既爲紀念烈士，則當有中心建築物銅像、專祠、紀念碑等。像地祠基，擬擇雲台山山頂爲之。蓋地點高爽，氣象莊嚴，不惟足供遊人瞻仰，且得俾過帆注目也。紀念碑擬置於平坦地上碑亭中，蓋在入口附近；以斯爲唯一建築物，所以備記趙先生事略，及公園興建之經過分誌表裏者也。爾外一切建築物，當注意於公園環境之調和。故洋式建築，務以減少數量爲宜。蓋本園以地勢關係，除花壇外，其一切布置，應趨自然式，而避建築式。建築式亦稱幾何式；即一屬規則的，一屬不規則的。換言之：本園設計方針，取不規則者也。且考各國庭園，最近趨勢，建築式庭園，已成明日黃花，漸歸淘汰。故本園設計，固與世界潮流，並行不悖者也。

爲本園最大之缺憾者；莫如無運動場。山後之平地，果能早日收買；則網球場及其他運動器械之設置，爲不容緩也。次之爲水，幸有水道，可以注入，得增生氣不少。擬於池後積石築山，以水管通之，流瀑淙然，池水清洌，究與無源之水，不可同日而語。

全面積內之平坦地，僅六畝，爾外俱爲土阜。故除平坦地外，全部佈景，應廣植森林，俾與近日各國競尙之森林公園(forest park)相似。一切設計，當注意樸實，俾與森林自然之景色無異，他日城市山林，當頗適於市民避囂也。

本園面積，雖邇百畝，然以視美國公園統計之面積與人數之比例；相差尙距，他日如能將寶蓋山收買，或設法併入，俾便擴充，則公園效率，定可益增無疑矣。

三　公園之區劃

本園全積約百畝；就中可大別爲草皮、紀念、森林、園藝等數區，中以寬一丈四尺或一丈二尺之幹路，及四尺乃至六尺之支路連結之。茲舉面積之區劃如次：

一、草皮區　本園地形旣如前述；除十一畝零六釐爲草皮之整形栽植外，復有石工及土工之保護栽植。惟植樹處，可不鋪列。蓋不惟於經濟有裨，且對於樹木根部之吸收有益也。道路兩側可擇法國梧桐、菩提樹、大葉合歡木、小葉合歡木、鵝掌楸、槭(Acer Negundo)枳椇、梧桐、茄冬、溪楊等分段栽植之。路旁作⊐狀，於凹入處置長椅，以備遊人稍憩之用。木椅及其他坐具形式另論之。

草種宜擇蔓性多節者，不然挺然蓬出，殊損美觀矣。其蔓性多節者，經刈草器(lawn mover)捲割後，綠草如茵，足增景色殊多也。草地上固定及若干移動木或鐵質之長短櫈椅之設置，尤為重要。

二、紀念區　本園建築之足以紀念趙烈士者，以專祠、銅像及紀念碑為主。既如前述；銅像四周，以花壇圍之。其建銅像處，應視四周稍高，置石階以利升降。若花壇及銅像四周道路，以整平之石片鋪之，則景象倍覺莊嚴矣。如此佈置，在庭園學上所謂鋪石園(paved garden)是也。建立銅像基地上原有小溝，應保存一仍舊觀。其供升降處橋及石階，全以高資白石製之。專祠全依我國式建築之，其前亦築石階石道，以便升降，而利參拜。祠前可立石獅，以示我國古建築美。要之此部建築及植樹，一以莊嚴爲原則焉。

三、森林區　本園森林區之面積最廣，大部景色，幾以森林組成，故森林樹木之配置，不得不加之意也。森林樹木大別爲針葉與闊葉二種：此以葉之形狀分也。若以葉之存落分；則有常綠與落葉之別。若以樹之喬矮分；則有喬木與灌木之別。爾外樹冠之形狀，花葉之色彩，更千變萬化，不遑枚舉，斯森林樹木之配置爲不容忽焉。由池入處之山谷中，上木擬以樟、油茶、櫧茄冬、楠、山茶、松楊、無患子、櫟、紫薇、槭、欅、糙葉樹等闊葉樹，及少量之馬尾松、羅漢松、杉、並性好溫暖之孟宗竹、淡竹、金明竹，紫竹、及其他美觀之竹類、與棕櫚等植之。下木擬以杜鵑、山楂、黃楊、芙蓉、胡枝子、綉球、莢蒾、十大功勞、天竺、黃爪龍樹、連翹等植之。待他日成林後，則野芳幽香，佳木繁蔭，定能引人入勝，與趣別饒矣。蓋丹徒縣在森林植物帶暖帶終點；上列樹類，皆足表示暖帶特徵者也。山背部，上端以針葉樹爲主。爾外復以烏桕、槭、漆、櫨、花楸樹、柿等之紅葉者，公孫樹、無患子、厚朴、樺、鵝掌楸、梧桐、紫薇之黃葉者，及春日開花之山茶、辛夷、杜鵑、金絲梅、瑞香，夏日開花之合歡木、梔子、紫薇、夾竹桃，秋日開花之芙蓉、桂、油茶、胡枝子，冬日開花之梅、及臘梅等植之。果實色彩，關係審美者亦巨。若能以天竺、珊瑚樹、構、柿、楊梅、枳椇、柑、枇杷、樟、欒等設法栽植；則五色繽紛，四時異景，誠有若踐華屋，與綺羅奪目之感矣。下則可以竹類植之，每畝植六十兜，則五六年後，不難扶疎成蔭也。山前部則以闊葉樹類爲主；泰山木、槭、玉蘭、梧桐、櫟、栗、櫸、七葉樹、枳椇、石楠、化香樹、梓、櫧、桃葉衛矛、山麻杆、白楊、鵝掌楸、洋槐、朴、臭椿、香椿、榆、白蜡樹、赤楊、溪楊、楓、黄楊、枇杷、樟、楠、桂、山茶、油茶、女貞（以上爲上木）等喬木，及茶、黄爪龍樹、箬竹、杜鵑花、八角金盤、棱木、瑞香、錦帶花、忍冬、海桐、胡頹子、胡枝子、桃葉珊瑚、杜荊、山楂、綉線菊等灌木爲主，爾外復以少量之馬尾松、圓柏、側柏、杉、羅漢松、榧等針葉樹栽植之。

四、園藝區　凡本園之花壇、花棚（架）及面積較大種類較純之園藝樹木納之。本園之花壇；分中國式及西洋式二種，中國式花壇，以牡丹、芍藥爲主。其形狀可全依中國式花壇築之，材料方磚水門汀(cement)均可。西洋式花壇，於臺地及建築物近旁，並草地之較廣處築之。蓋擇要點綴，亦風致園中之不可缺者。本園花壇之擬設置者，以毛氈花壇與帶狀花壇爲夥。叢植花壇，則於諸臺地(terrace)擇要設置之。花棚裝景用植物，應擇具纏繞性者。本園栽植以薔薇、木香、紫藤、葡萄、牽牛花、金銀花及蔦蘿等爲適。棚高丈許，棚柱以未經剝皮之杉木爲之，棚左右側佐以欄干，棚下鋪以飛石，其景益佳。

其庭樹及果樹之爲大宗栽植者；可以發揮特種美性。故本園除大部爲混合栽植外，其較單純者；爲桃、梅、櫻、杏、桂、山茶、槭等數種，惟栽植之法，亦非絕對單純。混以芙蓉、胡枝子、貼梗海棠、水仙、棣棠、桃葉珊瑚之屬（混交成數爲八與二之比），景色尤麗。惟桃、梅等果樹，應注意品質，俾利收入。

四　局部之設施

一、銅像　銅像爲本園中心紀念物之一。其四周以整形之花壇圍之，惟銅像與觀者視線之角度，最宜注意。其仰角凡十八度至四十五度間，可以使人完全眺覽。就中尤以二十七度爲最適。換言之：即爲觀者之眼高與銅像高間，一倍乃至三倍之間隔爲最適也。故設計時對於觀者之立點，應視銅像之高度左右之。像座可以白石或麻石製之。事略可刊之銅板，於像座前側嵌之。銅像背景，花壇近側所植樹木，應植枝葉密生之常綠樹木，若雪松、柳杉、杉、魚鱗松、櫧、樟、泰山木、桂花、厚皮香、珊瑚樹等皆適種也。下木可以梔子、杜鵑花、檵木、黃楊、矮柏、夾竹桃、瑞香、迎春花等植之，或就常綠樹中間以花葉豔麗之紫薇、七葉樹、菩提樹、槭、合歡木、烏桕等植之。

二、水池　池周護岸工事，不惟得以維護池岸；足增景色亦夥。其以積石護岸者，應先鞏固地盤，不然水自石隙浸入，即有石傾岸崩地陷之虞。法先打入木椿，並以石子加之，充分搗固後，以不整形之石塊積之，石間以石灰或水門汀連結之。池底全體，或一定範圍內，以石或水門汀鋪之均可。其僅於一定範圍內鋪置者，蓋便於荷及菖蒲等之栽植也。然爲防止池水滲透及混濁計，亦有

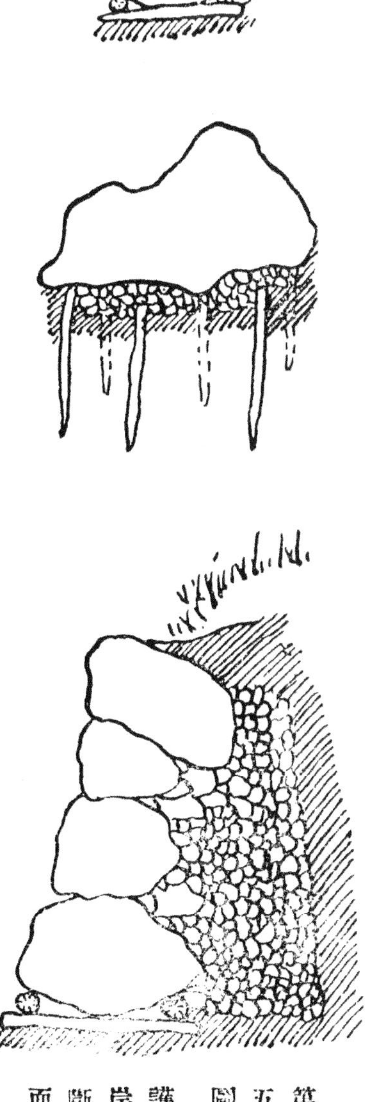

第五圖　護岸斷面

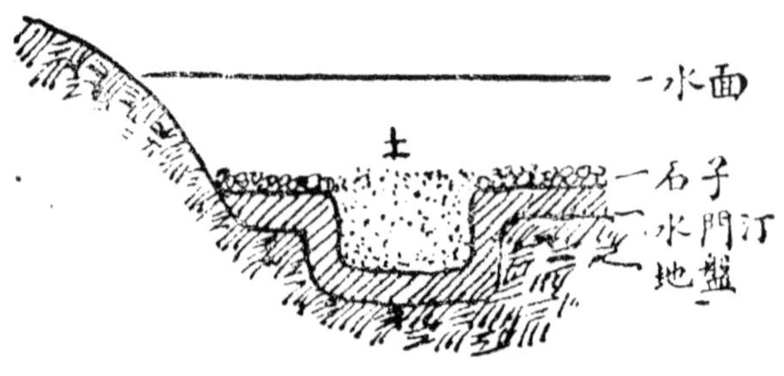

第六圖　池底斷面

全體鋪置，而僅於預定栽植處，特別凹下一二尺許，以備貯泥而資栽植水生植物者。如此設計頗適於魚類養殖；惟魚類以金魚爲佳。爾外應擇魚體較小，且色相稍優者。水管出口，宜置於不易注目處，惟置噴水時，可不另設水管。

三、瀑布　考瀑布可分直落與傳落二種，本園擬作傳落者；俾水輾轉流出，始注於池，且水勢不欲過激，涓涓石罅，濺珠如雨，噴水似烟，足爲園景生色不少也。法先貯水於石櫃中，然後由石孔緩緩湧出之。石櫃上蓋石板，外以太湖石積之，築假山狀，俾清泉若注，一如自然。

第七圖　瀑布

四、曲橋　用架池上，可以留皮之杉木爲之。橋作三曲狀乙，二側欄干，亦應力求簡樸。橋上築花架亦可，花以薔薇、木香爲宜，橋寬五尺左右。

五、亭　本園內亭及類似之建築物，尤宜多置，俾利遊人，而增景色。惟數目旣多，卽應注意形式，力避雷同。

六、道路　園內道路，除林間遊徑外，概依普通都市內馬路築之。林間遊徑，仍以土路爲尙。不然；卽易失眞，蓋林道自有其特徵在焉。路作弧形，路側宜築側溝，以利排水，且擇要多置水口，俾便注入陰溝，流出園外。

園路傾斜度，不宜過急，其傾斜之逮 $\frac{1}{10}$ 者已不適宜。蓋道路傾斜過急者，暴雨之際，卽有

(一)

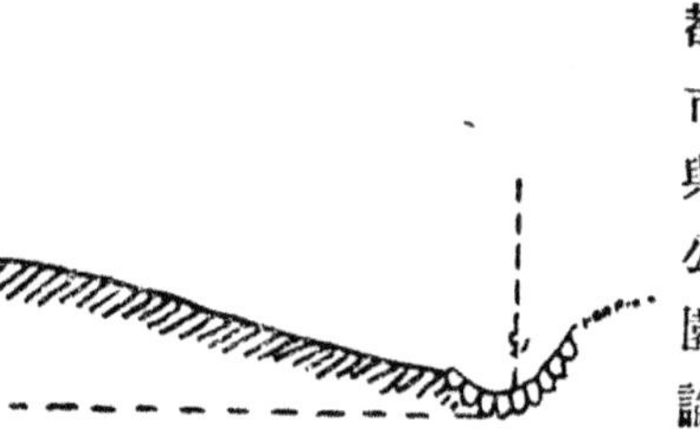

(二)

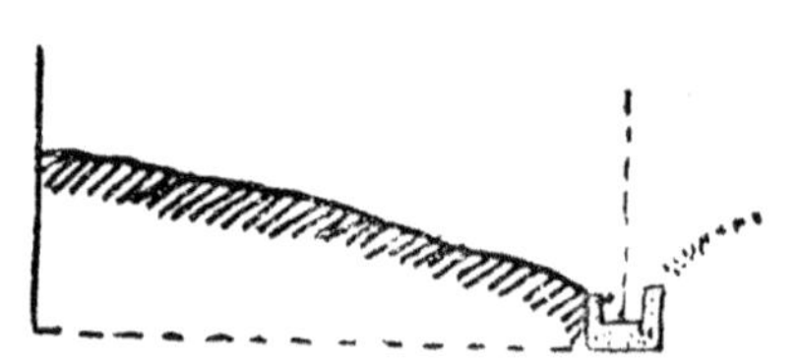

第八圖 路面

傾落之虞。故傾斜之在 $\frac{1}{15}$ 者；即以太湖石或木段分置之。其用木段者，復可分爲縱橫二種。級間距離，雖以種種關係，不能一定，然以不逾二尺爲佳。其用飛石者，轉以長短不甚規則爲佳。

縱(a)

橫(b)

第九圖 木段

七、便所　便所位置，應擇便利而不損園景處設之。我國人每於便所設置，最不注意，到處便溺，臭氣薰人。嗟！誠我國之大缺點焉。外國公園中，男女便所，合置一處，所僅左右各別之。我國男女界限，自古極嚴；且以種種不便，仍應分別設置之。便所可照西式裝置，俾得沖洗無遺，以底於潔，室外復應置自來水洗手器。便所四周，宜以常綠樹木植之。除於人跡易至之處，立有標識 WC 外，以不另附記號爲宜。

八、動物園　擇於適宜之地點。分豢鹿、猴、鶴、雀及鴛鴦諸類。惟獸舍鳥籠之周，亦宜栽植樹木（桂、山茶、柳等。）以備鳥獸息蔭樹下置椅，俾便遊人駐足。鶴等水禽，宜注意水源。不然積水易穢，殊與鳥類衛生有損焉。

九、噴水　噴水由高處引水，俾噴出地上者

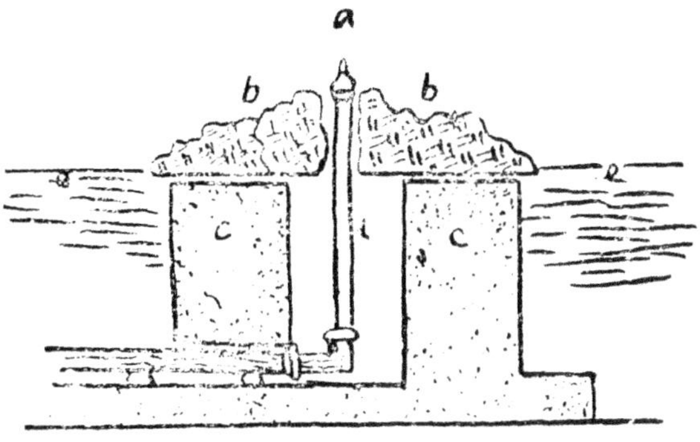

第十圖　噴水口構造

(a) 噴水口
(b) 天然石
(c) 三合土
(d) 鐵管
(o) 水面

也。水珠四濺，涼入心脾，園中主要添景也。本園噴水裝置，設於水池東側，如能佐以雕像（銅或石質製者），則景色宜人，風光更麗矣。構造至爲簡單，茲繪圖並說明之（第十圖）。

五　植樹

本園所用觀賞樹種，既如前述；庭樹栽植，於樹木休眠期內行之。針葉樹不宜秋植，二月下旬至四月下旬行之爲佳。常綠闊葉樹，以三月上旬至四月上旬行之最適。其較小者，即於晚春行之亦無不宜。蓋斯時乃梅雨連綿之日，頗適於庭樹移植也。落葉闊葉樹，則栽植適期最長，十月下旬以迄翌年四月上旬間，均可移植。惟梅等於早春開花者，當先於去年秋冬之交移植之。竹以春季爲宜。

庭樹移植，惟適法易活。大樹之須移植者，以旋根法爲要圖。就中且尤以常綠樹類爲然。一般闊葉樹，及屢經移植鬚根繁盛者，類避免之。旋根法普通於移植一二年前，以樹幹爲中心，取同心圓，圓徑爲幹末樹徑五寸以上者之三至五倍，沿周垂直掘下，且漸向中心斜掘之，俾斷直根而止。支根之較粗者留三四本，剝去表皮，令其枯死。俾支樹體，餘除僅留側根二三本，備吸收水養分外，悉用利刀切去之。爾後復覆土如故。删枝葉、植支柱，俾免風患。待二三年後移植之。旋根時期；落葉樹於十一月至翌年四月底，常綠樹於四月上旬至六月中旬，或九月中旬至十月下旬行之。掘取時期；落葉樹各於新芽未發前行之，宿土雖失，可無大損。常綠樹則非留宿土，不易成活矣。

定植植穴，以既廣且深爲原則。栽植深度，以無異舊深爲適宜。植穴中，宜混石礫及沃土納之，其施腐熟肥料者亦佳。惟栽入後，根際覆土待七八分時，始以水注之，幷左右搖動，俾充分浸透，復於其上覆土，其事遂寢，土表敷藁者，且著防燥之效。

庭樹配置法，大別爲自然的與規則的兩種；自然的配置法云者：譬如於二株或二團庭樹之處理也。除若干共同點外，色彩、形狀、大小、務各異致，就中尤以大小各異爲重要條件。例如：常綠樹與落葉樹對植，樹幹高低對照，樹冠深淺相映，一呈自然之美者也。本園植樹除行道樹，及少數特別地點爲規則的配置外，大部俱依斯法栽植之。拙著觀賞樹木學第五章中論之綦詳，施工時可參讀之。惟此種栽植，可依設計圖，先別紙另作配置法，然後始依次栽植之，則自瞭如指掌，不致臨事徬徨矣。

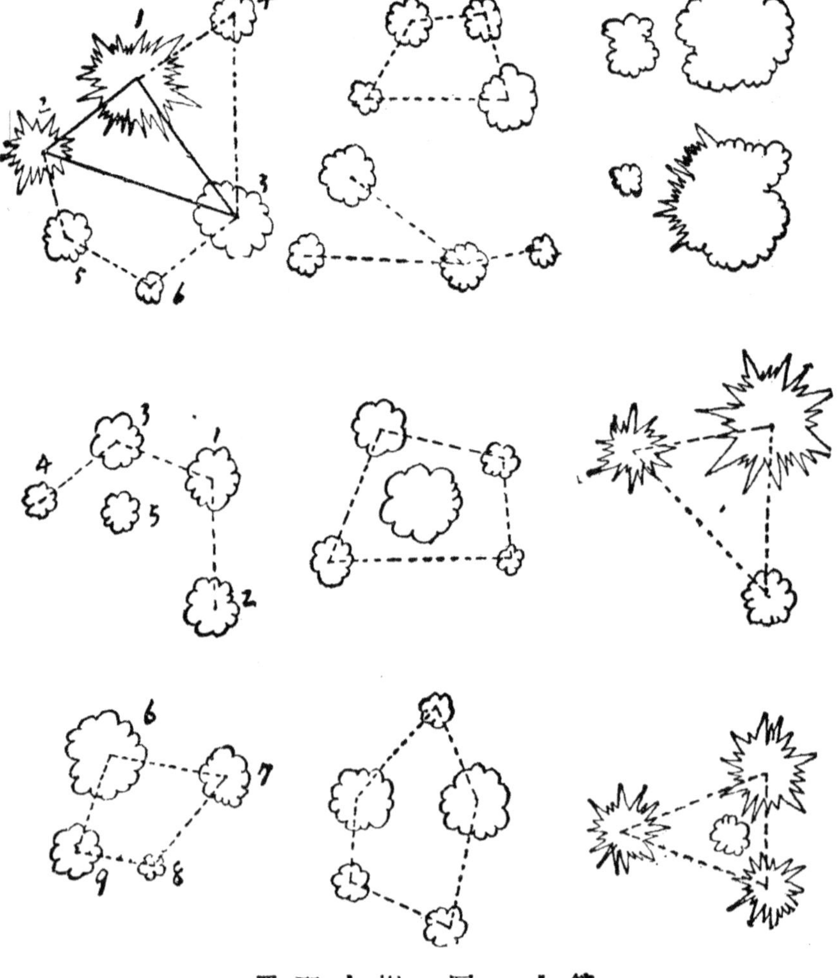

第十一圖　樹木配置

庭樹之植爲中心木者，宜擇幹高枝多葉茂，且樹冠尖銳者，若松、杉、雪松（喜馬拉耶杉）、公孫樹、樟、櫧、泰山木、山茶、朴、櫸、糙葉樹、栗等屬之。

今擇鎮江附近有栽植可能而具審美價値者如次：

（一）針葉樹

a. 大樹二丈

以上者

銀杏（公孫樹）圓柏、側柏、馬尾松、杉、雪松、

b.中樹丈許者

銀杏、圓柏、側柏、馬尾松、雪松、杉、銀落柏、柳杉、蘇鐵、

c.小樹五尺以下者

矮柏、千頭柏、

除雪松、蘇鐵外，需數甚多，蓋山背之佈景依之，是部面積計四十八畝。

(二)闊葉樹

a.大樹二丈以上者

榔榆、榆、櫧、女貞、樟、麻櫟、栗、櫸、泰山木、槐、洋槐、合歡木、槭、茶條、三角楓、楓、梧桐、黃連木、美國

白楊、白楊柳、烏桕、臭椿、香椿、枳椇、菩提樹、鐵冬青、柳、泡桐、溪楊、

b.中樹丈許者

石楠、海桐、山茶、油茶、刺八角金盤、刺楸、黃爪龍樹、黃楊、白蜡條、紫薇、梓、黃金樹、無患子、重陽木（即茄苳）、辛夷、桃、梅、杏、李、櫻、桂、四照花、化香樹、構、接骨木、樺、檫、赤楊、鵝掌楸、夾竹桃、楠、樟、枇杷、厚朴、槭、檣、枳椇、梧桐、法國梧桐、菩提樹、溪楊、合歡木、榆、櫸、榔榆、朴、糙葉樹、槐、洋槐、檉柳、海棠、山麻杆、欒、松、楊、柿、

c. 灌木五尺以下者

山椒、杜鵑花、八仙花、蝴蝶花、山楂、綉線菊、山茱萸、枸杞、枸橘、木槿、芙蓉、桃葉衛矛、槲、紫藤、胡枝子、野薔薇、連翹、迎春花、茶、油茶、山茶、木蘭、紫荊、金絲桃、錦帶花、胡頹子、黃爪龍樹、黃楊、棣棠、秦椒、溲疏、牡荊、杞柳、木半夏、夾竹桃、梔子、綉球、莢蒾、天竺、十大功勞、瑞香、

（三）單子葉類

棕櫚、絲蘭、箬竹、孟宗竹、紫竹、淡竹、金明竹、

庭樹栽植後，應注意施肥、灌水、壅土、支柱、裹幹等一切撫育方法。

六　雜作

一、長椅（bench） 公園內長椅，以暴露林下及草地爲原則；故其質務以堅實耐久爲要素。不然；不久卽毀，殊與經濟有損也。故除置茶榭前蔭棚下，備遊客稍憩啜茗用者外，實無構造精美之必要存焉。製椅材料，可分木、石、鐵三種。其置林下者，以丈許整木之對剖材製成者，左右稍參差列之，益覺自然（如第十二圖（一））。其置草地之凹入處者，可以木質（如第十二圖（二））作之，其置草地上以能移動者爲宜，惟椅足應帶圓形，俾免移動時，有損草皮。嘗見上海法國公園內是種長椅，除坐處用木條外，均以鐵製，本園可仿置也。石椅以丹徒縣高資以產白石著稱，相距匪遙，購置不難，可多備之。

（一）

（二）

第十二圖

二、植物標記 公園中植物之種類甚多；如能加以標記，詳記漢名、學名、科名、產地、及用途諸項，則固一良好之植物園也。標記可以珐瑯製之，藍底白字，明顯耐久，長五寸寬三寸足矣。大者釘之，小者懸之，草花灌木，則可繫木插之。

三、公園略圖及遊覽規則　分列於入口左右，俾易注目，而便衆曉我國市民公德之素養甚淺，故尤應明示罰則，以冀留意。

四、紙屑簍　本園內除置一二八專司掃除外，復當於適當之所，懸置紙屑簍，俾紙片紙屑，不致亂擲而損觀瞻。

五、自來水管　亦應擇要設置，俾便利用。運動場側尤宜注意，且復利於花木灌溉，

六、電燈　本園開放時間愈長愈妙，故應設置電燈，俾便夜間充分利用。電桿概以鐵製，電燈形式，亦宜注意美觀，無損景色。

七、苗圃　設置苗圃，不宜高處，本園平地甚鮮，自無餘地可以設置。然庭樹花卉，非自設圃培養，則不得不購之外方，然以種種關係；困難滋多，且事實上，往往有所不許者，是設置苗圃尙矣。苗圃地點愈近愈佳，苗圃面積約在五畝左右。

七 結論

世界各國，公園遊覽，類不取費，而我國則反是，北平之中央，南京之秀山（現已改稱南京第一公園），濟南之商埠，莫不售劵。其劵費作何開支，雖未敢必然委爲一以維持之費，一藉寓禁於征，主其事者，幾靡不異口同聲。嘗見外國庭園關係書籍，謂我國無公園，蓋公園之收費者，與遊覽地同一性質，固已有違公園原則者矣。本園將來如能於維持管理二項，善爲處理，則諸弊不難革除，以底盡善。蓋爾劵費，裨益實鮮，且終爲公園本旨之玷，鄙意謂如能不加限制，完全公開，則在我國不啻爲首創矣。

附廣州市建築審美會簡章

（一）本會以廣州市市長爲會長，其會員由市長聘請建築美術專家任之，會長會員均屬名譽職，不受薪給。

（二）本會以審查市內公私各項建築之美術上之價值，以增進市內之美術的設備爲任務，

鎮江烈士趙聲公園風景之一部

凡公共機關社會團體，均得將其建築圖案，送至市政廳，提交本會審定之。

（三）自本會成立後，所有市政廳所屬各局之建築規劃，如公園、橋樑、校舍及其他各種公共建築物，有關於美術觀感者，於未興工建築前，均須將各該建築規劃之圖案，送呈市長，提交本會審定之。

（四）工務局於取締建築時，對於人民請願領建築照之圖案，認爲有受審評之必要者，得隨時提出本會審定之。

（五）凡美術審查之請求人，其爲本會會員與否，對於本會所請求事項，均得參與審評。

（六）本會經審評之事項，隨時請求市長執行之。

（七）本會辦事手續，由本會公同決定之。

（八）市內已成之各種建築物，本會得隨時審評，提出改良，請求市長執行之。

（九）本會如有必需之辦公費，請求市長籌給之。

（十）本簡章由市行政委員會議決，如有應行修訂時，由市行政委員會定之。

第四編　公園經營

公園經營云者；蓋所以謀達到公園設置之目的，以便市民生活上澈底利用者也。公園與他種都市計畫事業，同隸屬於官廳或自治團體，以管理施行固矣。然公園以土地爲對象，不若土木建築事業之僅以其物爲生命者也。土地爲財產中之具有發展性者；故公園如能經營得宜，則其事業實有始終獨立經濟之可能。市有事業，漸有經濟化之必要。美國有公園委員會之獨立，非無故也。我國都市之設有公園者甚鮮，故尙無公園行政之足云。然自北伐完成後；市及特別市相繼成立，公園之設施，自亦在各市要政之列，則美國公園行政之設施，殊足供我借鏡者也。

第一章　公園委員會

公園委員會爲公園經營之一法；歐美各國，類有此種組織。惟其制度，各國互異；有屬於市長者，有隸於州或縣知事監督之下者。其產生也有由官廳之任命者，有爲人民之選舉者。美國對於公園委員會常付以特立權限市公園公債募集之職權，亦有屬之者。今述其要例如次：

紐約之公園委員會由五人組成之，委員中一人由市民投票公決，推爲委員長。餘均由市長任命之。各委員除管理公園，負有全責外；卽較寬道路之管理亦屬之。又公園法規，及各種規定，雖於公園境界外，三百五十尺以內，仍有發生效力者。

堪薩斯公園委員會以公園區爲單位，初爲三區，今已增至八區。其各區財政，完全獨立，分別經營，倘値事關全體者，由公園區長統率之。

西雅圖公園委員會由市長任命之，委員五名組織之，任期五年，每年改換一名，委員會每週於市會議場開會一次；討論關於公園上之一切進行，或改良事項。委員會分掌公園費預算決算之考核，公園課之監督及年報之刊行等任務。

芝加哥西部公園委員會係依一千八百六十九年所頒法規成立者也。主管西部所有公園，合南部及林康而爲三委員會。爾外尚有二三特殊公園委員會；各委員會靡不獨立，以管理其所轄之各種公園;委員共七名,由依利諾州知事任命之,以掌理所轄公園之監督、維持、課稅、警察、利用等一切事務。財源由市附加稅供給之;即取西部公園區內不動產所課稅額之若干成,以供公園費用者也。查該區內不動產課稅評價額,一千九百二十二年度計美金二億一千六百七十三萬九千三百七十二元。每百元中抽七角五分爲公園費,則公園費可有一百五十萬三千九百四十五元。

第二章 公園行政

公園行政:政府各部局,若內政部、農鑛部、軍事委員會、及教育部,各依其性質管理之。於各省市政府中,各視便宜,分隸於都市計畫局、或土木局、工務局、衛生局、社會局下。且有特設公園局或公園課,以掌理關於公園一切行政者。世界各國大小都市現行之公園課制度,可大別爲左列十種:

第一 獨立制

英國倫敦市列其安特公園之水池

公園之管理、立法、保護、財政等一切行政，與市會完全分立。且於特別會計下以處理收支計算，並付以公園公債、公園證劵、發行募集之權。直轄於市長或州縣知事之下。

第二　特別制

與前者略異；即事項之特別重要者，須徵市會及參事會之同意，不然；一任當事者之獨斷。

第三　委員會制

委員會制亦稱選舉制。盛行於美國諸市中，蓋由市民選舉以掌理公園之行政者也；以受市民之監視，故爲制度之最公允而成効之最顯著者。有於委員會中，以公園之性質沿革，及土地捐助者之條件，分設特別委員會者，聖路易及芝加哥市其著例也。

第四　從屬制

公園當事者，不另設置，而依公園事業之性質；分屬於各局中保安、社會、土木、建築等各課，以分別掌理者也。惟此制僅能於發達過程中之小都市見之矣。

第五　任命制

自治團體公園之管理；由政府任命官吏，擔任主任、顧問以計畫一切者也。以市制之新頒布，或公園現狀之極幼稚者，遇有他種動機；如公園敷設與夫土地或金額之捐助，而自治團體尚無相當準備時，政府每任命公園技術員擔任之。

第六　區域制

全市中應置若干公園區，各得受益負擔之均一，實一理想的標準也。爾外當斟酌行政之區域，及工商業物品集散之狀況，天然地形之關係，以決定之。一區域內公園，任其獨立管理者；即所謂區域制是也。斯制雖不無弊端，然公園之特異而冀局部發達者，斯制亦未可多訴也。待市政統一，變更制度，則全市公園區之公園行政與設置，靡不按照受益負擔平均分配，蓋不啻以是始基矣。

第七　委託制

公園設計，以迄保護整理，委託個人或公司，掌理公園。當局處於指示監督地位，以求公園發達，備市民充分利用者也。於造園技術發達之區，確有發生一部機能之効。不然；則殊未可以云斯矣。

第八　監督制

公園無直接管理者；一任公園受益者之自治，而責其中一人，略事管理者也。交公園費之一部於代表，以備公園上一切設施之用。代表者按照委員會或市會所定條例，每年度將全年收支報告一次，我國鄉村公園可適用之。

第九　部分制

市委員會，對於其類似團體所有，或支配委託之土地，及土地之有永租權者，許民間設計公園時；則土地雖爲私有，而其地上物件及設施，純爲維持協會或後援團體（財團法人）之所有也。其管理經營，係預爲協定，然後施工。然監督法，則以種種關係而異致。其土地由民間醵金收買設施，而後捐納者，及土地所有者，以設置公園爲目的。願將土地永貸者，或依遺言捐納市府以爲公用者，或地上設施願由民營者，其地權無論如何變更，終當尊重條件，維持公園。

第十　協會制

公園之具特殊性質者；與公園當局脫離關係，另由財團法人協會與市施以同一處理者也。此種協會，不僅限於民間，亦有官民參半者。

第三章　公園局課之制度

市當局除大規模者，設置公園局外，類設置公園課，以處理一切。然無論局課，普通皆隸於公園委員會下，茲舉美國大都市公園局課之組織如次：

第一　紐約（滿哈登及李溪蒙特區　一九一六年）

甲、公園委員會

公園委員會，司公園行政。得由市會及市參事會之贊同，以制定或改廢公園法規。委員於必要時，得有技師長以下職員任免之權。委員四人，年俸各美金五千元。

置二課直屬於委員會。

祕書課——祕書——年俸四千元。

造園課——造園技師——年俸四千元。

造園助手——年俸二千一百元。

乙、公園局

（局長由委員兼任之，負公園之改良、維持、保護、修理等職。）

祕書系——祕書一名——年俸二千五百元。

總務系——書記雇員十名——年俸合計九千六百三十元。

攝影系——照相技師——年俸一千二百元。

一、保護課

掌理一般之保護修理事項。

技師——年俸四千元。　雇員八百九十三名——年俸合計七十萬元。

施業系分爲二十八種；各有工頭，分區負責。

機械系：公園技佐下有畫工、木工、機械工、電氣工各工頭。

二、土木課

掌理施工、計畫實施等事項（卽道路、橋梁、上下水道、護岸等）

技師長——年俸五千元，外技師四名，技佐十四名（機械測量製圖）。

三、建築課

掌理公園建築物之設計、營造、修理、變更監督等事項。

技師年俸二千五百元，外製圖員及其他雇員五人，年俸合計七千元。

四、運動課

掌理兒童公園及遊園之設施，與管理等事項。

課長——年俸三千元，外野外遊戲指導員及其他雇員一百五十名，年俸合計八千四百元。

五、動物課

掌理公園內各種動物之飼養、保護事項。

飼養官——年俸二千元，外有雇員若干名。

六、兒童學校課

掌理關於兒童教育之學校附屬苗圃事項。

課長——年俸一千元，外雇員二十名，年俸合計一萬五千元。

七、Jumel mansion 課

掌理 mansion 之保護、維持事項。

課長——年俸二千元。

八、調度課

掌理投標契約、及物品購入事項。

課長——年俸二千元。

九、會計課

掌理資財出納事項。

課長——年俸二千元。

第二 紐約（波龍克斯區 一九一五年）

甲、公園委員會

委員一名——年俸五千元。

祕書課——祕書年俸三千元，外書記速記等雇員若干名。

會計課——書記五人。

乙、公園課

技師長——年俸四千元。

書記——年俸九百元。

一、設計施工部

主任技師——年俸四千元。

技師——年俸二千一百元。

製圖員——年俸一千九百五十元。

測量員——年俸一千五百元。

道路工人六十三名。

二、休養部

技佐——年俸一千五百元，外四十六名。

三、施業營繕部

技佐——年俸一千五百元。

一般營繕系雇員十四種；計四十九名。

車庫廐舍系雇員八種；計十六名。

四、園藝部

部長——技師——年俸一千八百元。

樹木系工頭下二十八名。

園藝系：系主任下三十六名。

第三　紐約（波爾克林區　一九一六年）

公園課

委員——年俸五千元。

一、會計部——書記年俸二千二百五十元，外十一名。

二、祕書部——祕書年俸二千五百元，外四名。

三、土木部——技師年俸三千五百元，外製圖員以下十三名。

四、運動部——部長年俸一千五百元，外學校園長以下二十六名。

五、保護部——主任年俸四千元，外書記以下四名。

（一）公園修理系：職員、園丁、工人等合計三百二十六名。

（二）公園道路修理系：職員、園丁、工人等合計六十九名。

（三）樹木整理系：職員、園丁、工人等合計九十名。

(四)建築物修理系：職員、園丁、工人等合計四十九名。

(五)修繕系：職員、園丁、工人等合計九十一名。

第四　堪薩斯

公園委員會

祕書及調度部

運動休養部

一、杖球、棒球、網球、遊園。

二、水泳池、涉水池。

工務部

一、食堂經營。

二、警察及警醫。

三、造園及園藝。

四、測量。

五、保護。

六、設計。

七、機械。

八、動物。

以上數例中；以紐約市滿哈登區之組織最稱完美。公園事業；可分左列六種。以性質關係，皆當隸屬公園課下，以資管理者也。

公園　Park

運動休養　Recreation

兒童公園　Play ground

森林　Forestry { Street forestry / Park forestry / City forestry }

綠蔭林 Shade tree

基地 Cemetery

第四章 我國公園經營之要則

我國市政在世界上殊爲落後；各省市政局、商埠局（若浦口、下關、吳淞、）雖亦成立數年；乃因辦理不力，迄仍成績絕鮮。青島在德、日管理時代，市政修明，爲東亞所僅見。自經我國收回後；日就窳敗，幾有一蹶不振之勢。市政之國人自辦者；除廣州外，幾無足觀。公園之行政云胡哉！自革命勢力北展後；上海南京漢口杭州天津北平各市政府相繼成立。中央建設委員以南京爲首都所在；且有擴充區域徵集圖案及建築總理迎櫬大道與子午線幹道之議，誠能擴而充之，設置都市計畫專局；以專任首都計畫事業，藉圖市政之刷新。首都如此，各市倣之。則我國市政之前途，必有斐然可觀者矣。公園爲美化都市之要件；故公園經營應時代之要求，誠不可或忽者也。玆依著者管見，舉其要則如次：

一、公園財政之確定。

二、公園制度之確定。

三、公園設置地點及面積之確定。

四、風景保存地之調查及保護。

五、公私庭園之開放。

六、公墓地之規定，及私墓之限制取締。

七、公園課之創設，並與他課之聯絡。

八、公園行政之研究。

九、公園課內容之充實。

十、市民愛美之提倡。

按本年六月二十日，經百四十五次中央政治會議通過之特別市及市組織法。對於公園行政，雖無明白規定，然玩味條文，在工務局及衛生局，皆有公園課設置之可能。南京特別市以公園關係社會教育;故將公園行政,屬於教育局中。廣州市則於該市暫行條例及工務局章程中,俱劃歸市政廳工務局管轄之。

特別市及市組織法

第五條第一項第七款:市街道、溝渠、堤岸、橋梁建築及其他土木工程事項。(工務局)

第五條第一項第十二款:市公安、衛生及醫院、菜市、屠宰場、公共娛樂場所之設置取締等事項。(衛生局)

余謂各市公園課,果能早日設置,則當依左列組織法成立之:

公園委員會

公園課

1. 設計系

2. 施業系

3. 管理系

每系各置技師一二名，技師兼任各系主任。各公園長各公園區主任，亦可以技師擔任之。

我國公園事業；以國民思想幼稚，發展至不易易；試觀現有公園，其有目的、特性而與面積率及誘致半徑相合者，恐未得其百之一也。方今市政革新，百廢待舉，幸當局愼之於始焉。

附廣州市工務局章程

第一條　工務局依廣州市暫行條例第十六條之規定組織之。隸屬於市政廳，管理廣州市一切工務事宜。

第二條　工務局分設左列三課：

(一)設計課。

(二)建築課。

(三)取締課。

第三條　設計課掌理左列事項：

(一)關於規劃新闢街道、公園、市場、溝渠、橋梁、樓宇、水道等工程事項。

(二)關於測量、製圖、印刷及保護儀器圖籍事項。

(三)關於繪圖工程事項。

第四條　建築課掌理左列事項：

(一)關於建築街道、公園、市場、溝渠、橋梁、樓宇、水道等工程事項。

(二)關於修理及保養已建各種市有工程事項。

(三)關於監督市有建築工程事項。

(四)關於工程估價，及開投事項。

(五)關於一切市有危險建築之拆毀事項。

(六)關於保管本局所有機器物料事項。

第五條　取締課掌理左列事項：

(一)關於査勘市民各項建築工程事項。

(二)關於取締市民各項建築工程事項。

(三)關於發給建築憑照事項。

第六條　工務局設左列各職員：

局長一人。

課長三人。

技正若干人。

技士若干人。

技佐若干人。

工程助理員若干人。

測繪員若干人。

課員若干人。

第七條　局長綜理局內一切事務。技正秉承局長，會商課長，綜理課內一切工程事項。技士秉承課長，受技正之指揮，分理課內一部份工程事項。技佐秉承課長，受技正技士之指揮，助理課內一切工程事項。工程助理員、測繪員秉承技正受技士技佐之指揮，助理繪圖計算，查勘監工，及其他一切工程之事項。課長秉承局長辦理本課事務。課員秉承長官辦理本課事項。

第八條　各課因事務之繁簡；得分股辦事，其分股辦事細則另規定之。

第九條　工務局爲研究局內事務之進行，或改良時，得召集職員，開局務會議；由局長及各課長課員等組織之，其會議細則另定之。

第十條　本章程有未備事宜；由局長隨時修正，提出市行政委員會議決之。

第十一條　本章程自市行政委員會議決及市長公佈日施行。

第五章　公園敷地之收得

第一　收買

收買爲公園敷地收得法之最普通者；美國公園五分之三，皆依是法收得之。金額除一時付濟外；有償以發行之公園收買市公債者，有一部現金，一部取抵押形式者，有請或種財團代付者。就中與各團體間所結契約，均由公園課辦理之。據美國麻州之斯勃林菲爾德（Spring Field）市一九二二年報告；該市最大之森林公園（面積七五五・八七英畝）之收買，三十六年間（一八八四——一九二一年）共經四十四回之收買，以漸次擴充之；蓋卽一時不予多金，按照收買契約，於得相當財源時，逐次收買者也。聖路易市七十七個公園中，其取收買方法者爲二十四個，而面積占總數之七成。

第二　收用

收用亦稱圈地法；美國公園之依斯法收得者，約占全數五分之一。我國國家建築類依是法收用之。自土地收用法頒佈後，此法殊稱公允。超過收用法（excess condemnation）爲收用法中之最理想者，英國葛蘭斯谷（Glasgow）之奎斯公園之設置也，收用二四五英畝，以一四一英畝設置公園外，餘悉售出之。其售價用付公園所需全部經費外，猶有餘也。美國政府於各州亦皆賦予超過收用特權，於隣接土地得任意購入之。茲舉一九一三年發布之紐約改正法如次：

於公園、公共廣場、國道、及街道之設置擴充，或換地時，市有收用實際構造必需以上土地之權利；但與該設施接毘之建築，須有充分之餘地，爲該設施收用之土地有餘時，得賣却或租出之。

附廣州市開闢馬路收用民業章程

第一條　廣州市因開闢馬路收用民業時，由市政廳經市行政委員會議決，宣布應收用民業之面積與範圍。

第二條　凡全間或非全間被收用之民業，由市行政委員會於公布開闢馬路時，審定每井價額，按照被收用井數，補償其地價。

第三條　凡在新闢市區內，原未開成街道之田園、水塘或墳山等，因開闢馬路被收用時，補償地價。每井不得超過五元。

第四條　業主或代管業人，於請領產價時，須繳驗管業契據，以憑給領。

第五條　業主或代管業人，須遵於市政廳宣布期限內，自行拆卸其舖屋。其全間拆卸者，該

日本大阪市惠美須町角街園之噴水塔

拆卸費按照月租六倍補給。其自住者，按照每月房警捐六十倍補給。如非全間拆卸者，每層每井補回拆修費五元。

前項補給拆卸費；如係廁所全間拆卸者，按月租三倍補給，不另給搬遷費。其非全間拆卸者，每井補回拆修費二元五毫。所餘之地，非經市政廳特准，不得復作廁所。

第六條　凡舖屋全間拆卸者；該住客搬遷費，按月租兩倍補給。其非全間拆卸者，不補給；惟月租在五元以下者，雖非全間拆卸，無論割用若干部分，一律照月租三倍補給；仍須由區查明。確已搬遷者，方准領給。

第七條　凡業主不遵限將舖屋拆卸者，由警區督拆，以料抵工。

第八條　凡被收用產業，闢路後；所餘深度，不滿十五英尺者，限以一定時期內，准該接連前後兩業主，互相讓渡。如逾限仍無辦法，即由市政廳估定一價值，將前後兩業所應收用之範圍，收歸公有。

第九條　本章程自公布之日施行。

第三　換地

爲實施都市計畫事業，對於土地依交換方式，而得公園敷地以形成新公園者也。我國各都市中不乏官有地之存在；斯等官地，可爲公園敷地之交換品。此在我公園進程落後之國家，視歐美各國都市爲遠勝者。且學校校場徵之各國都市發達歷史，有漸向郊外移轉之勢；故於市街必要地點，設置公園，其敷地之收得，非事之絕對困難者也。

第四　捐助

美國公園之發達，以敷地捐助爲重要原因。其土地之價廉而不易發展者，恆有捐助其一部以爲公園，藉圖殘餘土地之增價者。捐助有在生前者，有由遺產者，有依遺言者，有附條件者。其堪薩斯市斯沃潑公園面積一、三三四英畝，卽係由市民捐助而以永久設置公園爲條件者也。

第五　移管

政府所有土地，移管於市之公園課者也。上海及南京附近市鄉，以市區擴充關係，新由江蘇省政府移轉兩特別市政府管轄，卽其著例。美國以聖保羅市國有林之一部，移管爲市公園爲嚆矣，今以市民之需要而益增矣。報載蔣介石總司令有將北平三海開爲公園，以供民衆賞玩之議（見十七年七月十四日國民革命軍日報）；則三海勢將移轉管轄，而爲市有公園矣。恐頤和園亦將應時代要求有踵三海改爲公園之勢。南京朝陽門外紫金山舊爲江蘇省立第一造林場及義農會地址，今以　總理陵寢所在，改爲中山陵園，由江蘇建設廳而移轉於　總理葬事籌備處矣。

第六　永借

土地爲國家或特種階級所有，由市永久借用爲公園敷地者也。英國倫敦之維多利亞（Victoria P.）甃星呑（Kansington P.）巴退斯（Barthez P.）之公園，皆帝室所有，由市永借者也。爾外各國之以國有林永借而爲公園者甚夥。

第七　區劃整理及隙地編入

都市每經兵燹後，整理區劃時，必有相當餘地。就中不乏可以設置廣場及公園者。南京自洪楊亂後，泰半建築，葬諸火窟，迄猶瓦礫載途，荒涼滿目，其明證也。將來重新建築，其街路系統，以地

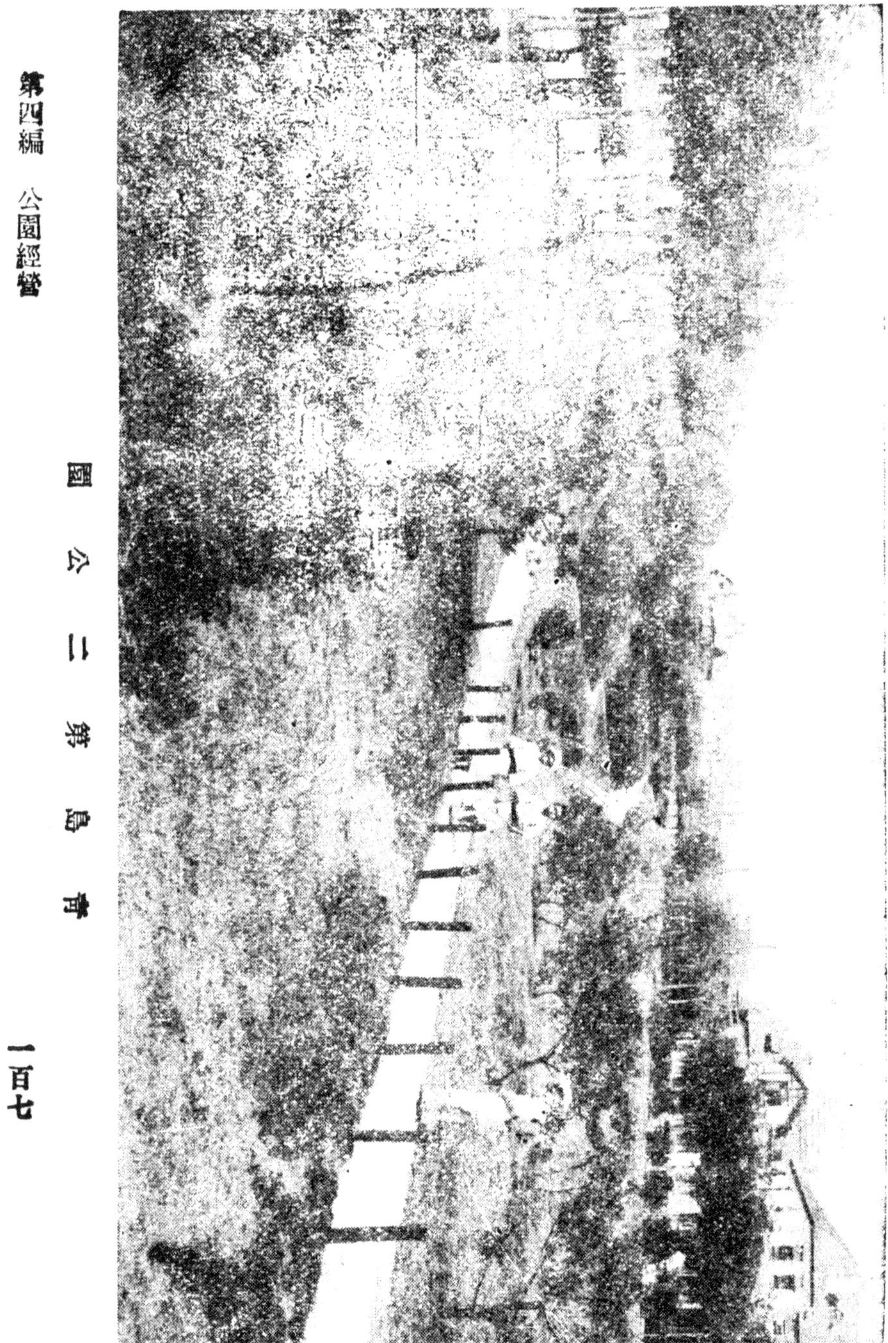

青島第二公園

形及利用關係，當有餘地足供園林之經營，此隙地公園之所由建也，青島大小公園三十餘處，就中隙地公園，約在半數以上。

第八　塡土

有以改鑿運河及疏濬河川所生之剩士及塵芥等塡實湖岸，以爲公園之新敷地者。美國芝加哥密西乾（Michigan）湖畔公園，卽以是法設置者也。水面概係公有，以爲公園，除略支塡地費外；一切手續，殊極簡單。故美國芝加哥市之約克孫李乾二公園，皆由湖濱之沼澤地塡實設置者也。南京下關在開闢商埠前，地殊荒落，今日市場皆疇昔沼澤地也。試觀海陵門外，蘆塘藕池，所在多有，卽其原狀。

第九　保安林之編入

森林効用，可分經濟、保安與風致三種。經濟林於必要時，得由官廳編入保安林，以維護公衆治安，發揮自然風致者。森林之接近都市，而設法公開，以爲公園的利用者，則必事半而功倍也。

南京都市簡陋，不足云美；且公園數量過鮮，斷不足供市民之充分利用。然附郭不乏林場，城內極夥古蹟；如能善爲利用，或更從而光大發揚之，則首都都市美之增進，將不難與東西各文明國國都並駕齊驅也（此意具載拙著「南京都市美增進之必要」中閱者可參讀之）。

第六章　公園統計

公園統計所以示一國都市公園之現狀者也。茲舉其普通之內容如次：

一、人口　根據國勢調查之人口數，以爲基礎。國勢調查，文明各國，類每十年舉行一次。我國戶口調查，除遜清末葉舉行一次外，民國肇建後，迄未舉行。南京爲首都所在，亦無具體統計，劉紀文市長重長首都市政後，以調查戶口爲施政基礎，列爲目前之急務（見就職宣言），想可不日舉行也。

二、面積　都市面積，爲計算公園面積之基礎。比各市政府，類有土地局之設立，以從事於全市土地之丈量，想能於短期間內可以蕆事也。

三、公園面積　都市內公園面積；於同一都市，及同一年度，以左列關係，時有差異，不能一致。

a. 移轉管理。

b. 分類不明。

c. 一公園受數機關管轄者。

四、都市人口密度　都市單位面積內之人口數，亦足爲計定公園面積之參考。

五、公園面積與市面積之比例　公園面積，爲市面積之若干成數。

六、公園面積與人口之比例　公園單位面積內人口之密度；卽若干人可有公園一英畝，一人可有若干千人可有若干公園面積也。

七、管理費　公園管理費，及人口一人之需量。

第七章　公園警察

公園警察，所以爲公園內犯罪防止、處分、逮捕、及維持秩序保護兒童者也。美國恆有由市公安局，付公園課技師或適當官吏以警察官同等權限。以便處理公園內一切公安事宜者。芝加哥南部公園委員會，所有公園警察職員；計上尉一名，上士九名，巡察一百九十八名。一九二一年公園內犯規者總計五千八百十三人，罰金合計一萬三千七百九十五元。如此巨款，誠公園之財源也。其西部公園內之犯規者，及罰金數目，則如左表所列：

一九二一年	犯規者	五、二九八人
	罰金數	一二、七八二元
一九二二年	犯規者	一五、三五五人
	罰金數	一六、六〇〇元

後者除將罰金內提九二四元歸市，一、五六七元用供公園委員會之經費外，其餘悉供公園經費之需。

我國國民愛美心薄，公德心淺，著者於鎮江趙聲公園設計告竣，開始施工時，月必一往觀察，嘗見附近居民入園遺矢者，日有數十起，攀花折枝者更不勝計，園中職員苦之，爰商諸公安局，於園中派駐巡察數人以資維持，爾後始稍稍斂跡，然終未能完全絕踵也。故我國公園宜參照美國而二善備焉。

制度，遇有犯規者，重科不貸。且我國公園設置後，每以維持之經費爲慮。如能實行科罰，則固一舉

附廣州市保護人行路樹木規則

(一)凡人行路所種樹木一律不准攀折，幷不准堆積垃圾及懸掛物件，違者第一次罰銀半元以上二元以下。第二次罰一元以上五元以下。第三次倍罰外，酌量拘留以儆效尤。

(二)前項罰款；以五成繳本工務局餘五成以一半歸該管警署；彌補辦公，以一半分給長警，作爲獎金。

(三)本規則幷罰例於布告後施行，如有未盡事宜，隨時修正，另行布告。

附廣州市第一公園遊覽規則（十二年八月修正）

(一)本園門暫定每晨六點鐘開放，十點鐘關閉。

(二)裸體跣足者不得入內。

(三)遊行園內,須循正路,不得踐踏草地。

(四)花卉果木,不得擅行採摘。

(五)園中木椅,祇可端坐,不得偃臥豎足,致失觀瞻。

(六)兒童游戲,不得擲石角鬭。

(七)食物渣滓,不得棄置地面。

(八)痰涎鼻涕,不得任意吐抹。

(九)往來均宜由門口出入;踰垣越闌,當作匪論。

(十)凡攜帶犬馬及一切能傷害人之物,概不得入。

(十一)所有園中大小各物,均不得擅動。

(十二)每晚搖鈴關門,聞聲卽出,不得逗留。

(十三)入園遊覽,須守以上規則,違者送警懲罰。

附青島市公園遊覽規則

一、園內樹木花草，不許攀折。

二、園內道路及一切設備，不得任意破壞。

三、園內不得蹴球撲跌，及酗酒便溺。

四、園內鳥獸，不得傷害。

五、林地及園圃界內，不得任意闖入。

六、園內不得牧放牲畜。

七、園內不得剷草拾柴。

八、園內不得焚火，及拋棄引火物品。

第五編　公園財政

公園自身本有生利可能，然其收入斷不足以應付一切支出。其能每年自給，或尚有餘裕者，則事屬例外，不可多得者矣。普通臨時費，由公園設法自給外，餘悉由公園委員會擔任之。公園委員會蓋卽獨立以司公園之財政者也。公園財源，亦以仰給土地爲事業性質之最合理而最易行者。

第一章　公園收入

公園之管理經營，非純仰給於市之一般收入者也。蓋公園與他種事業異其性質。以土地廣袤，利用率多及市民普遍之特點，依特別會計，以經營公園，斷非極困難者。以公園市債募集，超過收用受益負擔，及餘地處分等特權，付予市公園委員會時，則於該制度下，固能使公園收支獨立而無疑義也。今將公園課之標準收入之主要種類，分述如次：

第一　基產收入

一、市有林　市有林，除爲公園的利用外，並可於適當情況下，依經濟的施業法經營之，實公園理想的財源也。市有林之施業法，以維護風致爲原則：禁止皆伐（Kahlchlagbetrieb），採用擇伐（Fenelbetrieb），他若間伐、除伐及保殘作業、下木作業、樹種混交比例，靡不趨重風致。所謂：公園林施業或風致林施業是也。公園林施業與普通之經濟林作業，迥異其趣。我國之營公園林施業者，爲成立未久之中山陵園。總理勛業蓋世，其陵寢及其附近地域，自宜設置宏麗陵園，以壯觀瞻，而垂紀念。按日本明治神宮分內外二苑，其外苑經費總計八百三十三萬元；專設營造局經營之，十年始克蕆事，規模宏壯，世罕其倫，就中掌技術者概爲日本庭園界當代聞人（若本多靜六博士、原熙博士、本鄉高德博士等數十人）。著者於去春國民革命軍克復南京時，曾對於中山紀念林經營事略抒管見，以冀擴充組織，庶　總理陵墓，得與日本明治神宮相媲美。按明治神宮外苑之經費，由國民募集者爲六百七十一萬圓。方今以黨治國，宇內敉平，全國民衆，追念國父，瞻仰益深，如當局以陵園經費之募集相詔，定必勇躍輸將，蹴幾而就也。

二、公有地　公有地之屬於市有者，由市政府指定以爲公園財源。

三、各種權利　水利權、鑛業權、地上權、林役權等所有之收入。

第二　動產收入

公園課所有之市債、公債股票及其他一切動產，幷一般基金、銀行儲款之利息。

第三　租稅及附加稅

美國都市中有提租稅之若干成，或以市稅之附加稅爲公園費者，附加稅率，以地互異。依利諾州（Illinois）之洛克佛寺（Rockford）市，一九二二年人口約八萬人，市面積七千英畝，公園面積約五六四英畝，其各種附加稅率如次：

州　〇·四五元

都　〇·七一

市　〇·一四

橋梁道路	○・六○
公園	○・二六
大都市區域	一・九六
學校	二・四六
計	六・五九

公園之課稅評額爲○・二六，在中等都市最爲適宜。底特律（Detroit）市一九二二年於市稅四三、○九八、二四五・八五元中使用於公園者爲

公園及道路公園	七五四、六九三・三○元
運動公園及設施	三九五、二四○・○○元

按上列數目，則公園附加稅前者爲稅額百元之一・七五%，後者爲○・九二%，合計爲二・六七%也。

第四　受益者負擔及特別負擔制

對於以設置公園得特別或普通利益者，課以相當稅率。換言之：即土地所有者，應納付相當受益負擔金者也。其負擔金除用供公園費外，亦有提出若干成，以充市收入及道路維持等費者。

第五　特許捐

公園內諸種民營事業；若茶社、菜館、照相館之開設，及禮堂、演講廳、温室之賃用，均有徵收相當金額之可能，故亦爲公園財源之一。我國各公園，均已次第實行，惟數量過多，殊爲公園本質之玷。嘗見濟南公園茶社林立，奉天公園貨灘棋布，一入其境，輒覺秩序紊亂，人聲喧囂，既失公園之本質，復何效能之可言。新設公園，幸各以斯爲戒也。

第六　營業收入

公園課直營事業，若賣店、菜館、及花卉經營等收入。

第七　罰金

對於公園內犯規者，科以相當罰金，以其一部或全部供公園經費之需（詳前公園警察故茲不贅）。

第八　雜收入

公園苗圃內苗木之分讓，入場劵等收入，及捐助、發行市債、處分所有財產等臨時收入。

美國印第安那波利斯市公園收入表（以元爲單位）

年度	公園收入
一九〇八	一六六、七四九·五三
一九〇九	一二〇、〇二一·四一
一九一〇	一四三、〇七六·五六
一九一一	一四七、八〇一·二二
一九一二	五八五、〇一三·五九
一九一三	二四三、三二七·九一
一九一四	二四八、九八四·四八
一九一五	二七〇、八三二·七〇
一九一六	三一七、六一一·六六

一九一七	三二三、三一三·四四
一九一八	二九四、一五二·九六
一九一九	三五一、〇八四·八一

第二章　公園支出

公園所需費用之淵源，既如前述；至其支出約分左列四項：

第一　土地收買費

公園敷地之收買及收用所需金額，謂之土地收買費，類一次付清之。然於金額過鉅時，亦有分期交付者。而其地之由市民捐助無須收買費者，可將必需之改良費列入之。

第二　設施費

土地收得後，既經相當之改良，卽可從事於設施。其所需費用，謂之設施費。約別爲左列七種：

一、調查測量及製圖費。

二、設計費。
三、築路費。
四、土木費。
五、栽植費。
六、建築費。
七、設備費。

第三 維持費

公園設施完竣後，須予以嚴密之維持保護及修理，所需經費統稱爲維持費。維持費分經常與臨時二種，其項目與設施費同。

第四 事務費

公園之管理經營須有若干職員，分別處理，故事務費亦須多量金額。

美國都市公園費負擔額表（一九二三年二月統計以元爲單位）

種類＼都市人口	五十萬以上	三十萬乃至五十萬	十萬乃至三十萬	五萬乃至十萬	三萬乃至五萬
都市數	九	六	三六	五六	七六
一人當負擔額	一·三	一·〇〇	〇·八七	〇·六四	〇·六五
對於總經費之百分率	三·四	三·三	三·四	二·九	二·八
總經費	一六、九四六、一七四	三、二六八、九四六	五、一〇八、九三三	二、四四三、二二一	一、九〇一、二七四

美國印第安那波利斯市公園經費表（以元爲單位）

年度	收買費	設施費	維持費	合計
一九〇八	二八、七六七·八〇	五四、一五二·六三	六八、四一五·一六	一五一、三三五·五九
一九〇九	七九七·三九	六一、四五二·一九	七四、七九九·一四	一三七、〇四八·七二
一九一〇	七一、一九三·〇六	七八、五三二·二三	七七、七八二·〇五	二二七、五〇七·三三
一九一一	二二四、四〇三·二六	八二、六〇二·〇三	八〇、三一八·五三	三八七、三二三·八二
一九一二	二六八、八四六·五七	一六四、八五九·二〇	八九、七六二·三二	五二三、四六八·〇九

一九一三	二五八、四七一·三〇	一四九、四五五·七六	一一〇、三二二·九六	四一八、二五〇·〇二
一九一四	一九六、二八五·〇八	二一五、一六四·一一	一〇五、二五五·三一	五一六、七〇四·五〇
一九一五	一〇一、六二〇·三七	二一六、五二一·二一	一〇六、二二五·九〇	四二四、三六七·五〇
一九一六	一九八、六八〇·五六	二七五、二五九·三〇	二〇七、二四八·〇七	六八一、一八七·九三
一九一七	九七、七四九·四四	一八〇、〇五九·二九	一八五、〇一五·八九	四六二、八二四·六二
一九一八	三三、四〇七·三一	八七、七二八·三六	一六〇、三三二·八二	二八一、四六八·四九
一九一九	一二五、八五七·八八	六八、五六八·八〇	二一五、二二〇·三四	四〇九、六四七·〇二

美國芝加哥市西部公園委員會維持費表（一九二一年）

月別	金額（以元爲單位）
一月	一一九、三九八·七二
二月	一四八、〇二一·五三
三月	一〇三、四一五·六九
四月	一一七、八九八·七九

月份	數額
五月	一二六、五二九·二八
六月	一二七、三一一·二七
七月	一三七、三四九·四九
八月	一五二、二五二·一八
九月	一三六、七六三·四〇
十月	一一七、四八五·一一
十一月	一〇九、八九一·二一
十二月	一〇六、四三〇·四〇

第二章　公園評價算定法

公園價格，普通雖無算定之必要。惟視公園爲都市所有財產，以列入都市財產目錄時，卽須依據學術的方法，評定其價格。則於他日都市計畫事業之發展上，頗感便利。例如：對於公園之損害賠償，官有地之指撥、移管、交換時之評價，公園地之賣却，私有公園之財產評定，私有地之公園

日本中島公園

山東濟南大明湖

編入時之津貼，均須精確計算，以昭公允。公園評價算定根據左列四項：

一、公園敷地價。

二、公園改良價。

三、公園設施價。

四、公園利用價。

公園評價算定，以臨時支出及連年支出，其計算方法亦異。

一、屬於臨時支出者　今設土地賣買價爲B，公園改良費爲M，一般利率爲p，自買收或改良時迄現在之年數爲m n，其現在價爲：

$$B1.0p^{m}$$

$$M1.0p^{n}$$

若a b c d……逐年予以改良時，則其現在價合計爲：

$$M_{a}1.0p^{a}+M_{b}1.0p^{b}+M_{c}1.0p^{c}\cdots\cdots$$

但M_a M_b M_c……爲a b c……年前改良所用之費額。

二、關於連年支出者　設以v爲維持費，w爲事務費，r爲公園敷地地租，其各種費用之現在價爲：

$$(v+w+r)\frac{1.0p^n-1}{0.0p}$$

但n爲公園設置迄現在之年數。

以上各公式各種收入，亦可應用之，卽準前述之收入項目，列舉其臨時及連年之收入費目，其爲臨時者，則以收入額及迄今之年數。連年者則以各年之收入，照前列公式代入之。

例如捐助公園敷地時，幷一時捐納若干基金，以供每年維持之用。其基金究應受若干可依次式計算之：

$$\frac{v}{0.0p}$$

v爲每年之維持費，公園價之算定，依前記公式混合應用之。則可爲下列各項之算定：

一、收買地價之現在價之算出。

二、公園敷地生產收入之資本價還元。

三、地上物件之計算。

建築物則用逐年原價償却法，遞減建築價，以增進利用價，森林依逐年生長之法則而增加。

四、公園利用程度之評價，以爲原價之還元。

五、列舉逐年收入及支出，由純支出以爲原價之還元。

芝加哥市西部公園委員會之公園價格評定（一九二二年二月單位爲元）

土地	三、八一四、七九七・一二
建築物	二、三〇九、八〇八・三四
栽植及道路	八、一五五、九二五・五七
改良及設施	一八、二七八、九二五・五七

公園隣接市街道路	五一四、八八三・六九
器械器具等	六七九、四六七・九九
原價償却	六、二七五、一三〇・四五
合計	一一、〇二七、六四二・七八
動產	
現金	三七九、三八五・八八
內	
一般基金	六二、六八二・七〇
特別基金	三一六、七〇三・一八
未納附加税	二三一、七〇二・九一
未納年度比金	九、四六九・〇〇
特別受益負擔金增加	二五、九五八・五六
租税證券	二〇、六三四・七四

自由公債	二〇三、五四一·六四
材料	七〇、八六五·三七
雜	三二九、七九一·三一
合計	一、二五三、七三四·九八
累計	一二、二九八、九九七·一九

第四章　公園公債

爲支付公園所需經費，在必要時須發行公債及證券。既如前述；美國全國數十市所募集公園公債，總額甚鉅中等以上都市公債之迄未歸還者，爲數亦多。

美國明尼亞波利斯市公園委員會發行之公園公債表

發行期	償還期	利息	發行金額(元)
一八八三、六、三〇	一九一三、七、一	〇·〇四五	二〇〇、〇〇〇

一八八四、一、一	一九一四、一、一	〇·〇四五	一〇〇、〇〇〇
一八八四、七、一	一九一四、七、一	〇·〇四五	二三三、〇〇〇
一八八九、五、一	一九一九、五、一	〇·〇四〇	一〇〇、〇〇〇
一八八九、一一、一	一九一九、一一、一	〇·〇四〇	六五、〇〇〇
一八九二、四、三〇	一九二二、四、三〇	〇·〇四〇	四〇、〇〇〇
一八九三、五、一	一九二三、五、一	〇·〇四〇	二〇、〇〇〇
一九〇二、四、一	一九三二、四、一	〇·〇三五	七〇、〇〇〇
計			八一八、〇〇〇
一九二二年已償清者			六八八、〇〇〇
現在須支付利息者			一三〇、〇〇〇

（備考）利息普通由市收入支付之

美國各都市公債發行額

市名	金額（元）	用途

城市	面積	種類
紐約	五〇〇、〇〇〇	全部公園
底特律	一〇〇、〇〇〇	全部公園
匹兹堡	二一、九〇六、〇〇〇	公園及其他
布法洛	一、五〇〇、〇〇〇	公園及道路公園
堪薩斯	三、〇五八、〇〇〇	全部公園
但維爾	三、三六九、〇〇〇	公園及其他
聖保羅	七、三三九、六〇〇	公園及運動公園

沃克來霍馬(Oklahoma)市認小公園爲必要;爰由洛太利俱樂部會員組織兒童公園協會,由會員各購證劵五十元。於二十五分鐘間,募得三萬元;且有捐助草皮及義務整理土地與建築房屋者,於最短期間,卽將四十四英畝之運動公園,設施完全。誠美國公園事業前途之好現象也。

第五章　公園之受益負擔及土地增價

美國波士頓市之柯蒙公園

對公園之直接或間接受益者；應課以相當稅率。惟我國都市受益負擔制，以市政進程較遲，尚不足云斯。然公園與道路性質略同，道路既施行受益負擔制度矣，則公園亦當由市民負擔也。地價亦由公園之關係而升降，今以聖保羅（St. Paul）市爲例，說明受益負擔之關係如次：

隣接公園之敷地，其一處敷地價值假定爲一千元，以中央公園設置之關係。記其發生變化之先例如次：

一、A. B. C. 地價增加五成者。

二、A. B. C. 地價增加二成五分者。

三、A. B. C. 地價增加三成乃至三成五分者。

四、地價依A五成B三成C四成增加者。

其地價增加影響全體土地者，應依下列標準處理之：

地價及隣接道路之改良費爲全賣價之四成乃至四成五分。

維持及生產的利用費，爲全賣價之二成五分乃至三成。

賣却及收回所需之雜費，為全賣價之二成五分。

今設一敷地之賣價為一千元，其地價及改良費為四成五分；則三十敷地為公園時，共計一三五〇〇元，如第十三圖所示C為三十敷地，B為十二敷地，A為十二敷地，其增價設各為二五〇元（一千元之二成五分），則對於五十四敷地，共為一三五〇〇元。適足供公園地價及其隣接道路改良費用之需也。

公園之受益負擔，既述如前；然兒童遊園、兒童公園、及運動公園人數較多，衆聲喧雜，故接隣以上各種公園區廓內地，以噪聲缺點，地價恆與稍遠處無甚懸殊。故一般受益負

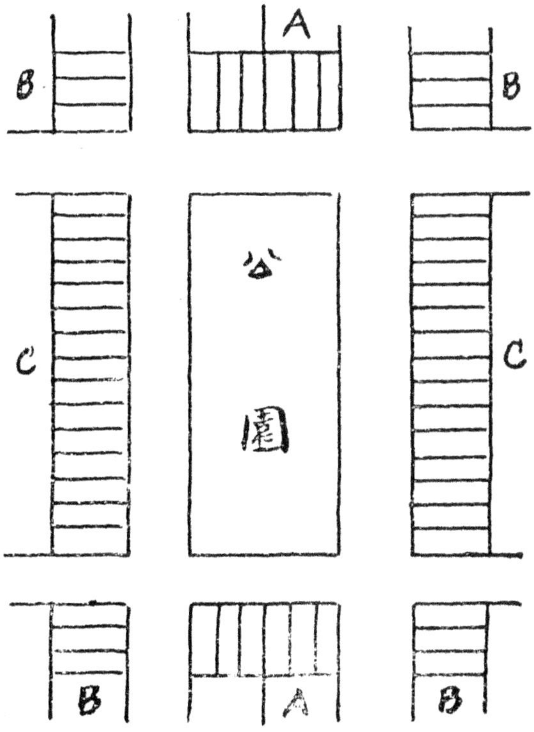

第十三圖

擔，於以上各種公園，不能適用，粟依斯氏力主此說。

紐約市隣接中央公園過去二十五年間，三方地域，所課税額，共計六千五百萬元，超過全市殘部區域以上。卽自公園設立迄今，視費用累計，超過二千一百萬元。

聖路易市自公園系統確定以來，抵一九二二年止，市內地價騰貴指數爲四·八云。

堪薩斯市一九一六年間道路公園建築敷地，不數年間，其地價增加爲原價之一·八乃至三倍。

玆舉紐約市自中央公園開設以來，抵一八七三年十八年間，隣接地區（第十二、十九、二十二區）之地價如次：

年度	地價(元)
一八五六	二六、四二九、五六五
一八五七	二七、一八二、〇九一
一八五八	三一、〇一二、一七一

一八五九	三五、九四五、六四四
一八六〇	四三、四六三、〇二六
一八六一	四七、一〇七、三九三
一八六二	四九、〇四五、三七九
一八六三	五一、四一九、四九九
一八六四	五四、七一二、四五八
一八六五	六一、〇二九、九六〇
一八六六	八〇、〇七〇、四一五
一八六七	一〇二、一〇五、三一七
一八六八	一一七、九二六、二三〇
一八六九	一五〇、二二四、七四三
一八七〇	一七三、三三六、〇四〇
一八七一	一八五、八〇一、一九五

一八七二	二〇六、〇三八、二五〇
一八七三	二三六、〇八一、五一五

據此十八年間增加價格爲二〇九、六六五一、九五〇元也。

今舉波士頓市之巴克貝(Back Bay)地價騰貴最高之一部，一八七七乃至一八九〇年之地價表如次；以示因設置公園增加之比較，及土地對於受益負擔之稅額。

年度	評價額(元)	增加比較(元)	合計(元)	一英畝課稅率(元)(對於每千元)	稅額(元)
一八七七	一二、一四三、七五一	—	—	—	—
一八七八	一二、二九〇、三九二	一、一四六、六四一	一、一四六、六四一	一三・八〇	一四、六七七・〇〇
一八七九	一三、八五五、六六四	五六五、二七二	一、七一一、九一三	一三・五〇	二三、三九八・九一
一八八〇	一六、五二九、九〇〇	三、六七四、二三六	五、三八一、六四九	一五・二〇	八一、八六九・四六
一八八一	一九、九五七、四〇〇	三、四二七、五〇〇	八、八一三、六四九	一三・九〇	一二二、五〇九・七三
一八八二	二〇、八四七、五〇〇	八九〇、一〇〇	九、七〇三、七四九	一五・一〇	一四六、五二六・六〇

一八八三	三一、〇六八、六〇〇	一、三三一、一〇〇	一〇、九二四、八四九	一四·五〇	一五八、四一〇·三一
一八八四	三一、七九四、八〇〇	七三六、二〇〇	一一、六五一、〇四九	一七·〇〇	一九八、〇六七·八三
一八八五	三三、〇七九、二〇〇	二八四、四〇〇	一一、九三五、四四九	一二·八〇	一五二、七七三·七四
一八八六	二五、三五三、一〇〇	二、二七三、九〇〇	一四、二〇九、三四九	一二·七〇	一八〇、四五八·七三
一八八七	二六、七八〇、九〇〇	三、四〇七、八〇〇	一七、六一七、一四九	一三·四〇	二三六、〇六九·八〇
一八八八	三〇、一二三、五〇〇	一、三六二、六〇〇	一八、九七九、七四九	一三·四〇	二五四、三三八·六四
一八八九	三三、一四九、六〇〇	三、〇三六、一〇〇	二二、〇〇五、八四九	一二·九〇	二八三、八七五·四五
一八九〇	三四、三三八、三〇〇	一、〇八八、七〇〇	二三、〇九四、五四九	一三·三〇	三〇七、一五七·五〇
計	—	—	—	—	二、一五八、一三三·六九

公園區(park district)除以公園之受益關係決定外；亦有以誘致半徑，或管理公園之地理區域決定者，堪薩斯但維爾印第安那波利斯勞斯安極立司(Los Angeles)等市皆以受益關係決定者也。今舉芝加哥公園區發達表如次：（一九二〇年調查）

北平北海風景之一部

公園區	設立年度	管理公園數
南部公園區	一八六九	二四
林康區	一八六九	一
西部區	一八六九	七
特別公園委員區	一八九九	一〇〇
北部湖岸區	一九〇〇	一
利濟公園區	一八九六	三
卡爾美特區	一九〇〇	四
愛其孫區	一九一三	一
方烏特區	一九〇七	一
西北部公園區	一九一一	七
阿徽格區	一九一〇	五
第二利濟公園區	一九〇八	一

舊朴太基區	一九一二	一
西部白鲁門區	一九一三	一

附廣州市開闢馬路征費章程

第一條　凡開闢馬路之工程費，及依廣州市開闢馬路收用民業章程，所應支出之補償費，由市政廳於該馬路兩旁及附近之土地，依本章程之規定征收之。

第二條　前條征收總額，由市行政委員會議決之但至多不得超過支出總額百分之七十五，至少不得低過支出總額百分之二十五。

第三條　闢路應征費依左列各款征收之：

(1)馬路兩旁均由人行路內邊起，其無人行路者，由馬路渠邊起，各深至十五英尺爲一段。段內土地，共負擔全路應征收總額四分之一，按照若干方尺，平均攤算。

(2)由第一段內線起，各深至三十英尺爲第二段，段內土地共負擔全路應征收總額四分之一，計算同前。

（3）由第二段內線起，各深至六十英尺爲第三段，段內土地，共負擔全路應征收總額四分之一，計算同前。

（4）由第三段內線起，各深至一百二十英尺爲第四段，段內土地，共負擔全路應征收總額四分之一，計算同前。

前項各段之劃分線，均與人行路內邊或馬路渠邊平行。

第四條　闢路應征費，准將同一馬路應補償之地價先行抵銷，再計算其差額。

第五條　闢路應征費，除依第四條抵銷外，由業主依期繳納，但有舖底關係者，如業主逾期不繳，應由舖客代繳。

第六條　依前條之規定抗不繳納者，投變其產業，及舖底抵繳；若有餘款給還之。

第七條　本章程自公布之日施行。

附廣州市開闢觀音山公園及住宅區辦法（十二年十一月）

（甲）第一期築路工程

（一）先築應元路一小段；由吉祥路口至鎮海街尾，計長六百英尺，闊四十英尺，用花砂路材料。

（二）築鎮海路沿鎮海街；南接應元路，北通鎮海東路，共長一千二百九十英尺，闊二十四英尺用三合土材料。

（三）築鎮東路中段；接鎮海路。連鎮南路，計長六百三十英尺，闊二十四英尺，用三合土材料。

（四）築鎮南路；聯鎮東路中段，成一環形，共長一千零十五英尺，闊二十四英尺，用三合土材料。

（五）秀坡小徑北段；此路環公園一帶，即舊觀廟地址，路長六百英尺，闊十八英尺，用三合土材料。

（六）秀坡小徑南段；由公園前直通吉祥北路，所過地勢起伏殊甚；故擬築有級之路，長五百七十英尺，闊十八英尺，用三合土材料。

（七）越峯小徑，此路繞鎮西樓前，長七百五十英尺，闊十八英尺，用三合土材料。

（八）園後小徑，長九百英尺，闊十英尺，擬築泥路，路面鋪四英寸厚煤屎。

（九）鎮西路，此路由五層樓過越峯小徑，而達盤福路，長一千三百五十英尺，闊二十四英尺，係煤屎面路。

（十）鎮東路東段及西段；西頭通小北城基，而至越秀北路，東頭達五層樓，長一千八百五十英尺，闊二十四英尺，築煤屎面路。

以上十條預算，築路費共需一十六萬二千零八十元。將來測量及監督工程之進行，均由工務局負責。

（乙）籌款辦法

上列築路費用總額；就籌款辦法，以所得地價作爲築路之需。擇觀音山上適宜形勢，編爲住宅區域。劃分地段釐定等次，由人民承領計共有地六十二段。每段面積多由二十餘井至六十餘井（各段面積約數詳表內），計共有面積約二千一百零九井。內分甲、乙、丙三等。甲等每井定價九十元，乙等每井七十元，丙等每井五十元，另擬建旅店地一大段面積三百四十八井，每井定價一百元。若完全承領可籌款一十七萬二千四百五十元。與上項築路費比對，尚餘一萬零三百七十元，擬作建築路旁欄杆之需。

（按上列六十二段地中內有八段面積，共約三百零七井，係最傾斜地，恐難於承領，故未有算入總價內合併說明。

(丙)領業及管業規則

(一)人民欲承領觀音山劃定地段，須先來局掛號，繳掛號費一百元，在地價內扣還。幷須塡明籍貫職業，確有殷實舖戶蓋章擔保，方爲有效。

(二)所有地段承認六成後，卽由工務局召集承領人會議，組織觀音山住戶團，共負管理之責，以圖後日住場之發達。

(三)住戶團成立後，卽組織董事會，由承領人公舉五人爲董事，董事之職掌如左：

(1)代表住戶直接與工務局磋商一切進行事宜，

(2)保管財政，及掌理一切收支款項事宜。

(3)關於各要案隨時召集住戶團開會議決之。所有表決案，須得在場過半人數之同意爲標準。

(四)領地人分期繳交地價，視乎工程上之需要爲標準；由工務局與各董事妥商辦理。

(五)如領地人繳款延期，或有意放棄，各董事須負完全責任，得取銷其領地人資格。

(六)領地人每次繳交地價與董事會必須用四聯票；由工務局加蓋關防，以一份由本人收執外，餘三份分送董事會及工務財政局。但由董事會指定殷實銀行，將款存貯，以爲工務局築觀音山馬路之需，不得移作別用。

(七)各路築成後，將各地段再行實測，然後發照管業，但未發執照以前，所繳之款，當以董事會之收條爲據。

(八)如董事會放棄職守，得於一月內，另行招集領地人會議，如得多數領地人之承認，其不盡職時；應將董事會改選。但新董事會未成立以前，本局得代行董事權限，免礙工程進行。

（九）築路期限，於董事會成立後十二個月完工。

（丁）民居規則

（一）每段地限上蓋面積不能逾土地面積三分之一。其餘面積，概作私家花園，或空階之用。

按因上條限制，如承領地段，面積太少，不敷建築上蓋時；該承領人，儘可領連地兩段。例如第二十六與第二十七相連段，及第二十八與第二十九相連段是也。

（二）建築高度，不得過三層樓。

（三）領地後建築房屋，不得遲過一年。如過一年仍不開始建築者，工務局得補還原繳地價，將該地收回另行處置。

（四）建築費最低不得少過七千元。

（五）工務局製定住宅圖式數種，領地人可自由來局選擇。

（六）每人祇准領地一段，但如欲領兩小段合併建築住宅一所者，不在此限。

日本東京丸之內楠公銅像

第六篇　公園設施之一般

第一章　公園道

公園道 (park way) 乃公園間藉爲聯絡之道路也。不唯自身卽爲公園，同時且可增公園面積以上之機能。故公園道乃一細長之公園也。其目的可大別爲下列數種：

一、自身爲帶狀之公園。
二、擴大隣接土地之境界面，俾便土地以受益負擔增價之徵收。
三、爲到達公園之前途，俾裨公園面積之利用，就中且尤以大公園爲著。
四、公園間互爲聯絡，爲公園系統完成之良策。
五、不測時，得以緩和交通，並可用爲收容地帶。

六、得縮小誘致半徑。

公園道計畫可大別爲左列五種;即所謂公園道系統 (park way system) 及道路公園系統 (boulevard system) 是也。

第一　放射式 (radial plan)

由都心及中心公園等重要地點,向四方及多方射出,以築成道路者也。美國底特律市之公園道屬之。

第二　帶狀式 (stripe plan)

細長如帶,聯絡重要公園,亦有獨立以發揮公園道之機能者。美國舊金山市之公園道屬之。

第三　圓圈式 (circular plan)

圍繞中心地點,依同心圓式築之,通常與放射式並用,最爲利便。大波士頓市之公園道屬之。

第四　矩形式 (rectangle plan)

土地之依碁盤目形區畫者,以適當之曲線聯絡之。美國之芝加哥市其適例也,堪薩斯市一部分之公園道屬之。

第五　不規則式(irregular plan)

以受地形支配，不能按照各種方式設置者也。都市之富山地及湖池者，類爲不規則式。美國之明尼亞波利斯市之公園道屬之。

以上五種方式，各都市類並用之。

公園道寬度，學說各別，栗依斯氏以經驗所得，主張一二〇乃至一五〇英尺。茲舉美國底特律市之例如次：

步道(呎)	植樹帶寬(呎)	車道(呎)
四	六	一六
五	九	二四
五	八	二四
六	一〇	三四

六	一三	四二
六	一二	五四
六	一六	二六
六	一五	三四
八	一〇	四四

第六　公園道之規定

一、建築線(building line)　卽住宅之面道路建築者，於步道或土地境界線間所留相當距離也。美國加州新建都市郊外普通定爲二十乃至三十尺。

二、土地境界線(property line)　由接毘步道之土地所有者，所定之境界線也。

三、前庭(fore garden)　於建築線與境界線間所設之庭園，謂之前庭。其設計、設施、區畫爲統一及美觀計，有規定組合法，俾便按照進行者。

四、柵圍(fence)　爲明示土地境界計，恆以柵圍區劃之；都市郊外漸有以綠籬製成者。邇來各國都市，有主張全然廢去者。

五、步道(sideway)〔美〕(foot way)〔英〕　步道以一人步行道須二尺以計算之，普通四尺乃至八尺。

六、植樹地(parking)　連接步道，而其間栽植行道樹者，即植樹地也。其中設施大別爲左列數種

1. 植樹帶(planting belt)　栽植樹木，依帶狀混植之。
2. 行道樹(alley tree)　依等距離列植之。
3. 草皮帶(lawn belt)　種樹地中之草皮地也。
4. 街園(street garden)　種樹地中帶狀之庭園也。

七、街道樹木(street tree)　步道與植樹地間，所植之樹木也。

八、騎道(equestrian path)　係路之敷細砂者，寬大公園道，及有相當路幅之道路公園中設置之。

九、車道(roadway)　普通設於公園道中心點，亦有以中央爲植樹地，而設車道於兩側者。公園道內之設施，以長椅、泉池、花壇、雕像、紀念塔、旗杆、裝飾燈等最爲普通。

我國各都市中所有街道，俱極狹小。廣州白雲路路寬定爲一百五十尺，爲市中馬路之最闊者。工務局規定該路劃兩旁各五十尺爲人行路；路旁各植樹二行，馬路中央劃四十尺爲草地，植樹三行，綠蔭之下，多置坐椅，以備行人休息。左右路面共八十尺，以供車馬往來。計全路面共植樹五行，現已植樹五千株云（見道路月刊）。蓋係我國自營都市街道之最美者也。所謂公園道，該路庶幾近之。聞近亦失修，殘敗不堪，殊可惜矣。

南京街道本極醜陋，自北伐告成後，當局遂致力於首都之改建。國府前之獅子巷馬路，爲南京市首先新建之大道。而用供迎接　總理靈櫬之中山大道，亦於今年八月十二日舉行破土典禮，路線自下關江岸起，入海陵門至鐘鼓樓，過丹鳳街，折而東南直達朝陽門。路寬一百二十尺，綿延二十里，限於二個月內竣工。劉紀文市長呈五中全會文對於全市建設頗多論列，而第四項對於道路建築尤爲切要。果能依照計畫，劃分全市幹路爲二十四線，由中央與華僑及二十二行省分擔建築，則首都街道，不難於短期間內煥然可觀也。惟爾後街道應注意美化，如能擴充路寬，以從事於公園道建築，則誠首都裝景前途之幸也。

世界著名街道之路寬

地名	街名	寬度(呎)
巴黎	香殘里綫街	二五〇
維也納	林古斯督拉街	一八五
柏林	烏台蘇台林街	一九〇
東京	東京驛前	二四〇
芝加哥	米子獨街	六九四
波士頓	美脫洛波里端公園道	二二七
菲拉得附菲亞	菲亞蒙特公園道	一四〇——二五〇
廣州	白雲路	一五八
倫敦	花脫呼爾街	一二〇——一四五

柏林	被爾亞里安斯街	一六〇
里斯朋(西班牙)	里被爾維特街	三一五
馬特里特(西班牙)	立苦立斯特街	二七四

第十四圖

里斯朋市里被爾維特街之公園道(上)　馬特里特市立苦立斯特街之公園道(下)

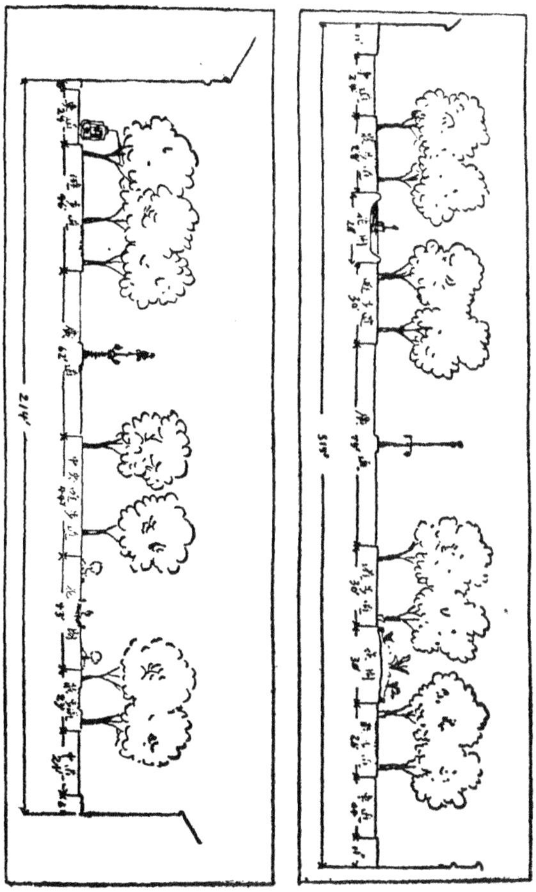

倫敦市列其安特公園之行道樹

附建設委員會建議迎櫬大道之原文

總理靈櫬暫安北平西山碧雲寺。忽忽已閱三載，而鍾山陵墓，鳩工庀材，不日卽將告成；僉謀恭迎　總理靈櫬南來歸葬，以慰在天之英靈。惟顧視首都道路，窄狹崎嶇，羊腸曲折，車過則砂石飛騰，路行則塵埃蔽目。異日　總理靈櫬莅都，非特遺骸感受不安；卽四方會葬之時，首都觀瞻亦宜閎整。屬會因此乃有建築迎櫬大道之籌議。值此首都建設伊始，路政一端本應積極建築。按照子午線規劃，自神策門至鼓樓丹鳳街一段，尤爲城北幹道。兩路隙地遼闊，湖山在望，空氣清潔，或劃爲行政區，或劃爲住宅區，或劃爲公園區，或劃爲營業區，均左右咸宜。洵爲首都建築之重要區域。若能建宏壯堅固之大道，非僅拱車馬之馳驅，與壯中外人士之觀瞻，實足爲新建築物之創始。屬會有見及此，業經第四次會議，規定迎櫬大道與城北子午線幹道，並計劃如次：

（甲）迎櫬大道計劃

（一）路由（卽圖上紅線）　迎櫬大道；以鼓樓爲中心，西北路線由鼓樓至海陵門，直達江岸。東南路線爲鼓樓沿丹鳳街、珍珠橋至半山寺附近，越城牆直達　總理陵墓。

(二)理由

確定鼓樓至海陵門路線之理由：

一、路線係一直徑，可以較其他路線縮短，節省經費。

二、兩旁原有建築物甚少，不必毀壞房屋與樹木，路線卽可着手。

三、出海陵門外，均屬空地，可以自由發展，並可便利交通。

四、可以發展下關西南隅之商場。

五、新築一路，於交通上不生阻礙，可以縮短建築日期。

(三)長闊　路長約十三公里，路寬約四十米突，定路面寬約二十五米突（共三二五、〇〇〇方米突）。普通柏油路面每十方米突值三十六元。普通子路面每十方米突值二十二元（按優等柏油六十方米突值五十五元，子路十方米突值三十元。）路面價共一七〇、〇〇〇元，子路面價約四二九、〇〇〇元，以上共計一、五九九、〇〇〇元（陰溝自來水之設備在外）。

（乙）城北子午綫幹道計劃

（一）路由（依圖中綠綫） 起自神策門車站至丹鳳街；與迎櫬大道相交叉啣接（惟位置須按照子午綫來定奪，不必限定自神策門出發。）

（二）理由

確定城北子午綫幹道之理由：

一、兩旁隙地甚多，可以劃作行政住宅公園等區域。

二、障礙物甚少。

三、需費甚省。

四、便於交通。

五、可作爲首都中心路線之幹道。

（三）長闊 路長約五公里，路寬約四十米突，路面寬約二十五米突（面積約一二五、〇〇〇方米突。）子路共寬十五米突（面積約七五、〇〇〇方米突。）質材用柏油製，成路面價共四五〇、〇〇〇元，子路價共一六五、〇〇〇元，以上共計六一五、〇〇〇元（如上註祇築路面三分之一，則路基須築二分之一，迎櫬大道需費約六十萬。子午線路需費約二三〇、〇〇〇元。）以上兩路面共費八三〇、〇〇〇元（至於子路工程，擬先僅規定路界，待將來兩旁建築物主出資由公家經辦，以省經費而資劃一。）

上項計畫，業經建設首都委員會詳細研究規劃，現　總理靈櫬南歸，為期匪遙。迎櫬大道，勢難延緩。而子午線幹道，為新都交通幹線，亦宜剋日興工建築，為特選定兩路幹線；擬具築路計畫，提請核議，敬候公決。提議人劉紀文李宗侃

附南京特別市劉市長向五中全會建議整理首都案

：呈為擬具建設首都議案，請為提出大會核議施行事。紀文奉命再長京市，對於全市建設，自應悉心規畫，努力進行，以期造成莊嚴燦爛之首都，與歐美各國名都相頡頏。顧首都建設，經緯萬

端，宜先正名以宏體制。又必將市之區域與權限，先事畫定，然後擬具施政方案，始有依據，不致窒礙難行。至於建設經費尤關重要；若非集合全國之財力銳意經營，則首都之建設大計，無由實現。茲值第五次中央執監大會開會之際，謹擬具建設首都議案五款，備文呈請鈞府察核，伏祈轉送大會議決施行實爲公便，謹呈國民政府。

計呈議案五項

一、更定首都名稱　南京現爲首都，與其他各特別市不同。似應改爲中央市，首都市，或中山市，以崇體制。

二、劃定首都範圍及職權　首都以內不能有兩個相等的管轄機關；徵之歐美都市，可爲先例。現在舊江寧府屬六縣，已經首都建設委員會議決，呈請劃入首都範圍。則市範圍應以首都範圍爲範圍將江寧府屬六縣，改隸市府。所有原日之行政權、財政權、及其他隸屬省府之權職，一律移轉，由市府管轄。其向隸國府而受省府之指揮監督，及由省府代辦者亦同。以使首都市府之職權確定，行政上易於展施。

三、補助首都建設經費　首都爲中樞之地，建設責任，各省均須共同負擔。應按各地財政情形，認定數目，分期繳解，以資補助。至國府對於首都建設，並請暫定每月撥給一百萬元，指定鹽斤附加、煙酒稅附加、捲煙統稅附加、以爲的款，俾建設事業，早觀厥成。

四、劃全市幹路二十四線　由中央與華僑及二十二行省分擔收用土地及工程物料等費，將來中央擔任之路，卽名中央路。華僑擔任之路，卽名華僑路。某省擔任之路卽名某省路。如某路規定經費若干，卽以中央命令某省將款直接撥付市府。

五、設立首都市銀行　欲謀調劑全市金融起見，應設首都市銀行。擬請財政部撥煤油特稅庫劵二百萬元爲基金，餘由市府另行募集，市銀行並有發行紙幣代理市金庫之權。

第二章　運動公園

運動公園 (play ground) 可以二方面觀察之；蓋一方爲社會事業的利用，卽主屬於運動設施者。一方爲公園的利用，卽主屬於土地設備，而爲造園領域者。兒童公園之設計，須注意於兒童之數目、年齡、程度、心理，以及指導方面詳爲考察，以善爲運用之。美國芝加哥市卽兒童公園及運動公園世界第一發達地也。兒童公園之發達與街市系統，及學校管理，有密切關係。小公園以體育設施，及他種設施。以一・五——二・〇英畝爲必需面積，按利用期間，其一英畝可容兒童人數爲七〇〇——一〇〇〇。故以二英畝爲兒童公園面積之最小限度。以此比例，於學校附近，務須多多設置。同時校舍及自由空地，復可供附近居民之社交中心，及休養中心用也。他若以學校以外之兒童及勞動者爲對象者，其運動設施須較爲整齊。故其最小限度，須一五——二〇英畝。是等設施，務須密布，距離不可在六里以上。蓋供每日辦公終了後之散策，距離斷不可過遠也。底特律市以公園及遊園之收得改良，曾發行公園公債一千萬元。故一九一八年時，兒童運動公園面積，在美國全國居第十二位；抵一九二二年則一躍而爲第三位矣。今舉其管理種類如次：

兒童公園　五八個所

運動公園　一六

游泳池　一六

道路遊園	六六
庭園	三四
公衆網球場	四六
棒球場	三一
浴池	一二
野幕場	一
道路雨浴	一〇八

就中道路遊園(street play ground)由運動課及警察課共同發起,於夏季舉行之。卽於第五十一街午後二時乃至五時間於一定範圍內,禁止通行,然後設備一切,以供兒童遊戲之用。抵一定時間時,卽將所有設備,遷移以去,是謂移動遊園。自一九一九年來,結果甚佳,故運動遊園固定者,僅居總數十分之二,底特律市運動課中分左列各部:

一、婦女部。

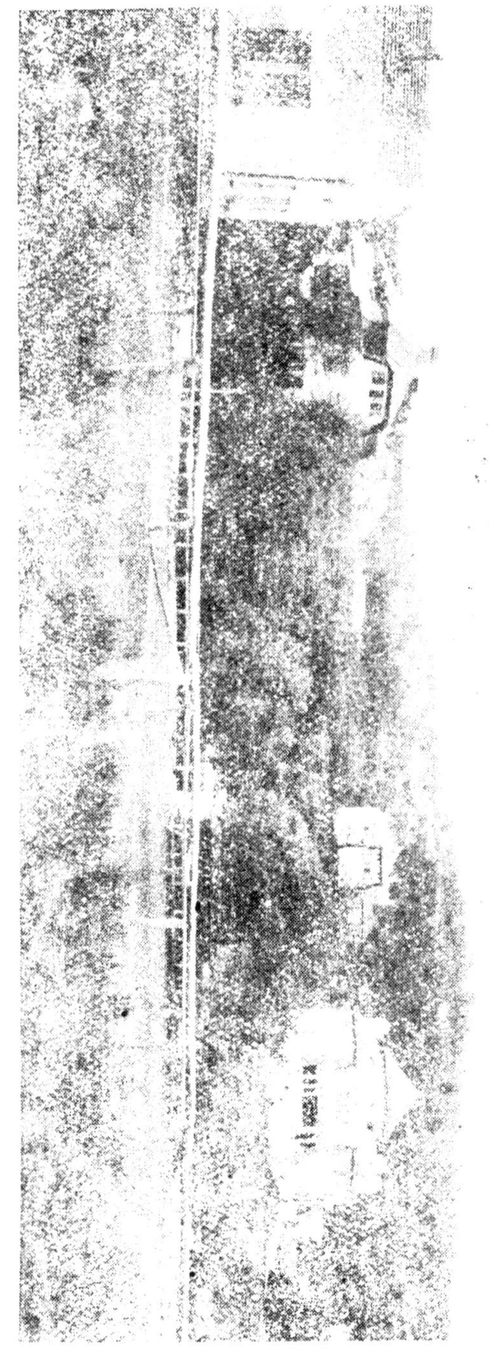

青島太平山風景及跑馬場之一部

二、男子部。
三、社會部。
四、園藝部。
五、營利遊園部。
六、游泳部。
七、管理部。
八、保護施工部。

運動課設置之精神爲（一）供給遊戲之安全場所。（二）防止少年之犯罪。（三）增進身體健康。（四）休養安慰。（五）由競技以養成公平心。（六）涵養社會道德心。（七）由競技以與外間作精神的融和。（八）市民教育及運動之澈底。

底特律市兒童公園入場者	
一九一五——一九一六年	一、七九〇、八六六八

一九一六——一九一七年　一、一八二、三三七

一九一七——一九一八年　一、五四〇、七六六

一九一八——一九一九年　二、三六〇、九七一

一九一九——一九二〇年　三、五二二、五五九

底特律市體育運動設施費（公園課）單位元

年度	總經費	維持費	年利用者數	市民一人當負擔額
一九一五——一九一六	一三三、六〇一·五九	一三一、〇九六·一一	一、七九〇、八八六	〇·〇七三七
一九一六——一九一七	一九四、一〇七·四三	一五八、一八三·〇三	一、一八二、三三七	〇·一三三七
一九一七——一九一八	二〇六、一五二·二九	一七七、八一八·四七	一、五四〇、七六六	〇·一一五四
一九一八——一九一九	二六四、四〇六·九一	二三一、八九一·〇七	二、三六〇、九七一	〇·一〇二四
一九一九——一九二〇	四四、一七二·六九	二五九、四六五·二九	三、五一〇、一三一	〇·〇七三九
一九二〇——一九二一	三五九、七五七·〇八	三三〇、七九三·九六	四、四九三、七一三	〇·〇七二〇
一九二一——一九二二	五四七、一九三·六七	三三三、三八一·五三	六、四二八、八七三	〇·〇五一七

底特律市運動公園利用狀況（一九二二年利用者數）

月別	大人 男	大人 女	小兒 男	小兒 女	合計
七月	四五四、〇六四	一〇九、六五〇	四一五、三五四	二八九、一六三	一、二六八、二三一
八月	三四二、〇一四	一一五、一〇二	三四五、八一九	二三九、九六四	一、〇四二、八七七
九月	二二二、三一四	六六、二二六	一七三、〇四一	九八、五四〇	五六〇、一二一
十月	一八七、三五八	二七、四〇三	一三九、二三七	七七、一六八	四三一、一六六
十一月	六四、三二八	一七、五一四	七五、〇四〇	四三、二三四	二〇〇、一一六
十二月	五二、二〇三	二三、六九六	八一、一四五	五一、六六二	二〇八、七〇六
一月	六二、五八三	二四、五九八	九〇、七八二	三一、一三一	二二九、〇九四
二月	七四、七九九	三〇、六八九	八六、四九四	五三、三〇三	二四五、二八五
三月	五八、四九二	二五、一一八	七三、〇〇一	四九、四六〇	二〇六、〇七二
四月	八九、六七八	二六、八〇一	九九、九六四	四六、六三四	二六三、〇七七

五月	二三八、三四〇	八五、六四〇	二〇六、六四五	一一一、八九四	六四二、五〇九
六月	三七九、四一一	一四六、五四〇	三六一、五九一	二四四、〇六七	一、一三一、六〇九
計	二、二二五、五八四	六九八、九七七	二、一四八、一一四	一、三五六、一九八	六、四二八、八七三

美國重要都市兒童公園統計（一九二二年）

都市名	人口	平均一日入園者 夏	平均一日入園者 冬	經費(元)	設立年度	管理者
勞斯安梅立司 Los Angeles	五七六、六七三	六、五五二	五、八二〇	二四九、〇九七·二〇	一九〇五	運動課運動公園委員會
奧克蘭 Oakland	二一六、二六一	—	—	一七八、九一八·〇〇	一九〇九	運動課
帕薩第那 Pasadena	四五、三五四	—	—	四、二三一·七四	—	學務委員會
聖第亞哥 San Diego	七四、六八三	九四〇	八三〇	—	—	運動公園委員會
舊金山 San Francisco	五〇六、六七六	二、七六四	二、七六四	一三〇、〇七七·一九	一九一〇	運動公園委員會
但維爾 Denver	二五六、四九一	七、〇五〇	五〇〇	六二、二九七·〇〇	一九〇五	學務課

新哈文 New Haven	一六三、五三七	七、〇〇〇	—	一〇、〇〇〇·〇〇	一九〇八	學務委員會
華盛頓 Washington	四三七、五七一	二〇、〇〇〇	—	一四四、七二〇·〇〇	一九〇三	學務委員會及市運動公園課
芝加哥 Chicago	二、七〇一、七〇五	一四八、七六九	六〇、二〇一	一、五三二、一六七·六九	一九〇一 一九〇八	公園課運動公園課同委員會學務委員會
印第安那波利斯 Indianapolis	三一四、一九四	一〇、〇〇〇	二五〇	一〇一、八〇五·〇〇	一九一一	公園委員會
托皮卡 Topeka	五〇、〇二三	三五五	—	四、四三〇·〇〇	一九一三	學務委員會
路易斯維 Louisville	二三四、八九一	九、五〇五	—	六、四一四·五五	—	公園委員會
新奥爾良 New Orleans	三六七、二二九	二、〇〇〇	一、〇〇〇	一五、〇〇〇·〇〇	一九〇八	運動公園委員會
波特蘭 Portland (Maine)	六九、二七二	三、五〇〇	—	一〇、二七二·三一	一九一六	運動委員會
波士頓 Boston	七四八、〇六〇	一五〇	四、一三〇	八二、一〇〇·〇〇	一九〇〇 一九一二	校外教育部學務委員會
底特律 Detroit	九九三、六七八	五〇、一一五	三三、一七九	五三五、九七九·二八	一九一五	運動課
明尼亞波利斯 Minneapolis	三八〇、五八二	三、三五〇	—	一八九、一八九·九〇	一九〇六	公園學務運動公園各委員會
聖保羅 St. Paul	二三四、六九八	九、九〇〇	八、[illegible]	三七、[illegible]·〇〇	一九〇四	公園及運動公園課
堪薩斯 Kansas	三二四、四一〇	—	—	三七、三〇〇·〇〇	一九〇五	公園委員會

聖路易 St. Louis	七七二、八九七	二一、〇〇〇	八、〇〇〇	三六、[illegible]〇·〇〇	一九〇六	公園及運動課
俄馬哈 Omaha	一九一、六〇一	二、六六六	二、〇〇〇	二〇、九九四·〇〇	一九一五	公園公有地及運動課
紐阿克 Newark	四一四、五二四	七、九七二	五、四〇三	四八、九六七·〇三	一八九八	學務委員會
紐約 New York	五、六二〇、〇四八	一八四、二〇二	七四、二九六	五〇一、七一九·四二	一九〇四	學務委員會公園課運動公園課運動公園協會
克利夫蘭 Cleveland	七九六、八四一	一八、九五三	五、四八六	一三二、六七八·〇四	一九〇四 一九一三	學務委員會運動課
辛辛那提 Cincinnati	四〇一、二四七	七、〇〇〇	—	一一、五〇〇·〇〇	一九〇七	學務課
特棱呑 Trenton	一四三、一六四	二、六〇〇	—	一、五〇〇·〇〇	一九一五	學務及運動公園課
波特蘭 Portland (Oregon)	二五八、二八八	四、六〇〇	七五〇	六二、三八三·一九	一九〇九	公園課
非拉得爾非亞 Philadelphia	一、八二三、七七九	四一、〇二四	二三、二四七	八三、四二七·〇〇	一八九四 一九一八	學務委員會運動公園協會
普洛香騰 Providence	二三七、五九五	一一、一二五	五、一五〇	三六、九〇〇·〇〇	一九〇八	運動課
西雅圖 Seattle	三一五、三一二	三、五一〇	九八七	五九、六八一·四一	一九〇八	公園委員會
斯波坎 Spokane	一〇四、四三七	六、三六九	二五〇	一八、〇六〇·〇〇	—	公園委員會
計	—	—	—	四、七八二、四二九·二八	—	

廣東黃花崗七十二烈士墓

我國運動公園，除各處設備至爲簡陋之公共體育場外；可謂絕無僅有。至於兒童運動公園，則更鳳毛麟角，不可多得。比杭州市政府，擬將清波門外舊有之杭縣公共體育場，改爲杭州市立兒童遊戲場。其佈置分（一）室內遊戲區。（二）低年級遊戲區。（三）中年級遊戲區。（四）高年級遊戲區。各區設備約略如下：

（一）室內區如檯球、彈子、積木、小河箱、炊具、簡單樂器、小寶寶家庭、木劍、竹刀、豆囊、籐圈、吊環、爬竿、滑梯、有趣味圖書、黑板等。

（二）低年級區：挑馬、雙兔、小車、浪船、滑梯、積木、皮球、大沙地、搖籃、噴水池、動物園等。

（三）中年級區：混合運動器具、浪船、浪橋、雙扛、大沙地、皮球、毽子、跳繩、鐵環等。

（四）高年級區：足球、籃球、網球、棒球、跑道、滑冰場、跳高、秋千等。

（以上見新聞報八月十六日教育新聞欄）

內容完美之公園，在國中爲僅見。南京新設之秦淮小公園中，亦有滑梯等數種設置，以供兒童運動之用。考南京最近人口爲四十二萬（見首都市政特別市政府招待上海商業請願團記中之劉市長報告；）方之美國二百人須公園一英畝之說，則南京全市公園面積需二千一百英畝，始可充分利用。運動公園及兒童公園，既占公園中重要位置，則爲增進市民健康及道德計，正宜多多設置也。

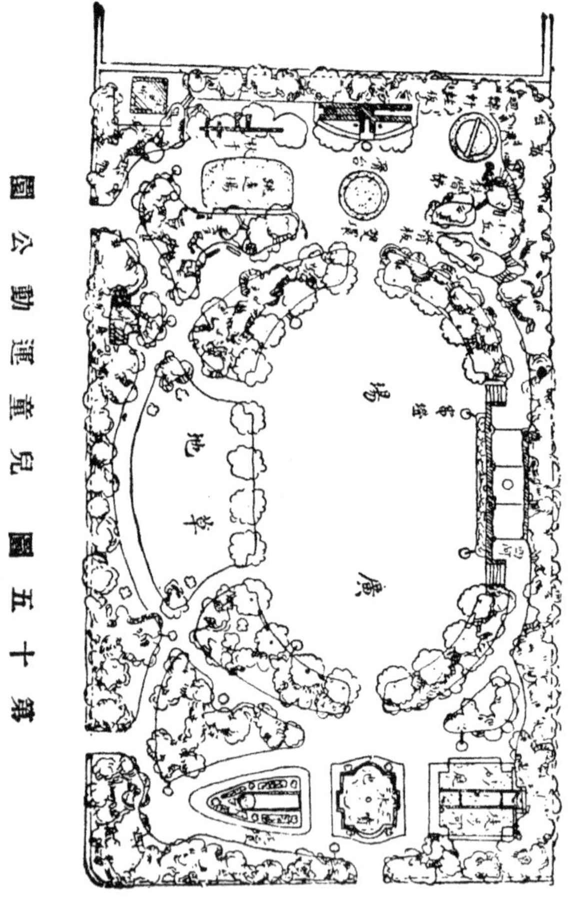

第十五圖　兒童運動公園

第三章　水面利用

歐美各國，對於水面靡不善爲利用，除天然之湖沼、池水外；且有以人工掘鑿，以爲公園之設施者。我國都市中，以湖景著稱者，首推杭州之西湖，此外若南京之玄武湖，莫愁湖，秦淮河，濟南之大明湖，揚州瘦西湖，雲南之昆明湖，嘉興之鴛鴦湖，莫不湖光蕩漾，風景宜人，嘗讀前人吟大明湖詩「四面桃花三面柳，一城山色半城湖。」風光如畫，可概其餘。濱海之區；俱可建築海水浴場。若青島匯泉及大連星ヶ浦，皆有大規模之設置。我國海岸線甚長，海水浴場不乏可以設置者。如能多多建設，誠國民保健前途之幸也。

南京秦淮河在市中亦爲名勝之一，遊秦淮者必賞畫舫，六朝時已然。明季秦淮燈船之盛，天下所無。每當軒窗四啓，遊舫雲集，斯時燈光水色，上下交映；眞有人在月中，船在天上之意。乾隆年間；秦淮再盛，自南門橋迄東水關，燈火遊船，銜尾蟠旋，不覩寸欄，上用蓬廠，懸以角燈，下設迴欄，中施几榻，盤于尊壘，色色皆精。不設窗寮，以便眺望。每當放舟落日，雙槳平分。撲鼻荷香，心沁雪藕，聆清歌之一曲，望彼美也盈盈。直乃飄緲欲仙，塵襟肯滌矣。同治以後；畫舫一變，船式益廣，長筵綺席，寬然有餘。簫鼓中流，花爲四壁。舉杯照水，有影皆雙。馴至連軸接艫，幾無隙地。今日仍未稍改，比自市政府於九月一日厲行禁娼後，河中畫舫大受影響。鄙意：謂昔日鼓樂喧天，幾成徵逐之場，軸艫銜尾，不啻水上之屋。爾後務宜改良船形，縮小舟身。則偶泛小艇，容與其中。柳煙蕩月，荻穗搖秋。自覺六朝煙水，盡在其中矣。謂爲秦淮公園，庶名不負實。

玄武湖在豐潤門外，周圍可四十里。西北枕山，東南環城，中有新、老、長、麟、趾等五洲。湖中滿植芙蕖，兼多櫻桃。比經市政府闢爲公園，並以台城、大閘、蝙蝠洞。據湖之南岸，地勢極高，登臨一覽，山色湖光，畢集眼底。特於半城上建築磚路，平坦整潔，邊際建築磚欄，樸素美觀。東南則台城蜿蜒於其上，遊人至斯，得挹全湖之勝。近且訂定規則，開放釣魚，是又池沼利用之別開生面者矣。如能設置遊艇，効率益著。

游泳池亦爲水面利用之重要設施，嘗閱美國各都市之公園報告；游泳池之利用率與年俱增。茲述其略況如次：

一、芝加哥市西部公園委員會

游泳池十二個（各公園中各設一個）

一九二〇年入泳人數

男　五六四、三六七

女　二八一、五六四

計　八四五、九三一

一九二一年入泳者

男　七六三、二九一

女　三六六、一五〇

計　一、一二九、四四一

二、波士頓市公園課

水泳池　水浴場　海岸等之入泳人數

一九二二年

男　大人　四五八、四〇三

　　小兒　四七五、八五一

女　大人　一六八、四七九

　　小兒　三五九、一〇二

計　一、四六一、八三五

三、明尼亞波利斯市公園課

一九二二年入泳人數（四處合計）

男　一九一、七一九

女　九七、三二一

收入　二〇、六五八·八三元

南京市政府爲提倡人民高尙娛樂起見；特指定通濟門外東關頭附近之九龍橋畔建築游

泳池，以爲市民練習游泳及強健身心之用，刻由工務局卽日興工建築，聞三星期內卽可竣工云。

；比温泉之利用率益高朝陽門外之湯水鎮距城五十里，車馬雜沓，絡繹道上，除舊有之陶廬外，總司令部並出資修理俱樂部，以備要人駐節之所。聞陶廬執事統計，前往汽車最多之日，竟達六十四輛，亦足徵羣衆對於温泉之趨向矣。

附本書應用單位中外對照表

一、哩(mile)　＝二·七九三九里
一、呎(foot)　＝〇·九五二四八三尺
一、坪(ツボ)　＝〇·〇〇五三八五畝
一、英畝(acre)　＝六·五八六四四畝
一、金元(dollar)　＝二·一四元
一、日元(yen)　＝〇·九八八元

〔附註〕金融隨時變化，以上市價係按照十七年九月六日新聞報經濟新聞所載。

附表

一、世界著名都市公園表

市名	人口	市面積（英畝）	公園人口比			
			面積（英畝）	百分比	市面積	公園每一英畝
大倫敦 Great London	七、二五八、三五一	四四三、四二四	一五、九〇一	四	一六	四五六
倫敦府 London	四、五二一、六八五	七四、八一六	六、六七五	九	六〇	六七七
紐約 New York	五、三三三、五三九	一八九、六六二	七、七三八	四	二八	六八九
巴黎 Paris	二、八四七、二二九	一九、二七九	五、〇一四	二六	一四八	五五四
芝加哥 Chicago	二、三九三、三二五	一二四、四四八	四、三八八	四	一九	五四五
柏林 Berlin	二、〇八二、一一一	一五、六九六	一、〇三四	七	一三	二、〇一四
非拉得爾非亞 Philadelphia	一、六五七、八一〇	八二、九三三	五、一四三	六	二〇	三二二
漢堡 Hamburg	一、〇〇六、七四八	三〇、五二七	八〇八	三	三三	一、二四六

利物浦 Liverpool	七六〇、〇〇〇	二一、二一九	一、二八二	六	三六	五九三
聖路易 St. Louis	七三四、六六七	三九、一〇〇	二、七六五	七	一九	二六六
波士頓 Boston	七三三、八〇二	二七、六一二	三、五四五	一三	二七	二〇七
閔行 München	六三六、〇〇〇	二三、六三三	一、七八三	八	二七	三五六
利不士 Leipzig	六一五、〇〇〇	一九、二一七	五七〇	三	三二	一、〇七九
里昂 Lyons	五二三、七九六	一〇、〇四五	二五七	三	五二	二、〇三八
設斐爾德 Sheffield	四七六、九七一	二四、三四七	六八二	三	二〇	六九九
杜塞爾多夫 Düsseldorf	四〇七、〇〇〇	二七、五六二	二、七三八	一〇	一五	一四九
華盛頓 Washington	三五三、三七八	三八、四〇〇	五、二一二	一四	九	六八
堪薩斯 Kansas	二八一、九一一	三七、四四三	一、九五二	五	八	一四四
羅徹斯特 Rochester	二四一、五一八	一七、三五二	一、八三六	一一	一四	一三三
東京	二、二八一、四二八	一九、〇四三	二三四	一・二	一二〇	九、七六四
大阪	一、六三三、三三八	一二、八一二	六七	〇・五	一二八	二四、三八六

二、美國著名都市公園面積統計表（一九二〇年調查）

都市	人口	市面積（英畝）	公園面積（英畝）	市面積每一英畝之人口	公園面積每一英畝之人口	備考
紐約 New York	五、九二七、六一七	二〇四、八〇〇	八、七〇〇・〇〇	二九	六八一	
芝加哥 Chicago	二、七〇一、七〇五	一二八、二三七	三、九四九・七〇	二一	七〇	
非拉得爾非亞 Philadelphia	一、八二三、七七九	八二、五六〇	六、八六八・八〇	二二	二六五	
底特律 Detroit	九九三、六七八	五二、四八〇	一、八九九・〇〇	一一	五二三	
加利福尼亞 California	九五六、〇〇〇	三六、二二四	二、四二〇・〇〇	二五	三九五	一九二一年
聖路易 St. Louis	七七二、八九七	三九、二〇〇	二、九〇〇・九七	一九	二六六	一九二三年
波士頓 Boston	七四八、〇六〇	二七、九六八	二、六八六・八〇	二六	二七八	一九二三年
大波士頓 Great Boston	一、六五八、九三六	二五六、〇〇〇	一〇、六二七・〇〇	七	一五六	
勞斯安極立司 Los Angeles	五七六、六七三	二三六、九〇八	四、八三三・〇〇	二	一一九	一九二三年
明尼亞波利斯 Minneapolis	四〇九、一二五	三三、九二〇	四、〇三六・〇〇	一二	一〇一	一九二三年
辛辛那提 Cincinnati	四〇一、二四九	四六、〇八〇	二、五〇〇・八六	九	一六〇	

新奧爾蘭 New Orleans	三八七、二一九	一二五、四四〇	七〇〇·〇〇	三	五五三	
堪薩斯 Kansas	三二四、四一〇	三八、四〇〇	三、四七一·三二	八	九三	
西雅圖 Seattle	三一五、六五二	四五、七六〇	二、〇六七·〇〇	六	一五二	
印第安那波利斯 Indianapolis	三一四、一九四	二六、八八〇	三、四七〇·〇〇	二一	九〇	
但維爾 Denver	二六七、五九一	—	一、四五一·〇〇	—	一八四	
特棱呑 Trenton	二四三、一〇四	—	一、〇二三·〇〇	—	二三七	
路易斯維 Louisville	二三四、八九一	—	一、四六四·二〇	—	一六〇	
聖保羅 St. Paul	二三四、六九八	—	一、二九〇·〇〇	—	一八二	一九二一年
俄馬哈 Omaha	一九一、六〇一	—	一、四〇〇·〇〇	—	一三七	
新哈文 New Haven	一六二、五三七	—	一、二五八·三一	—	一二九	
孟斐斯 Memphis	一六二、三五一	一六、一九二	一、二〇〇·〇〇	一〇	一三五	
聖安多尼俄 San Antonio	一六一、三七九	—	六〇〇·〇〇	—	二六九	
達拉斯 Dallas	一五八、九七六	—	三、七七三·〇〇	—	三六	一九二三年

提香 Teton	一五二、五五九	一〇、六二四	一、一二五・〇〇	一四	一三五	
布立治坡特 Bridgeport	一四三、五五五	—	五三六・〇〇	—	二六八	一九二三年
哈得富爾 Hartford	一四二、四六二	四一、五二〇	一、三三五・〇〇	三	一〇六	
申斯香 Shenstone	一三八、二七六	—	八〇〇・一六	—	一七二	一九二二年
維爾民敦 Wilmington	一一〇、一六八	五、七五七	六八三・一五	一九	一六二	
斯波坎 Spokane	一〇四、四三七	二五、一二〇	一、九五三・〇〇	四	五三	

三、德國著名都市公園面積表（一九一四年調查）

市名	人口	市面積（英畝）	公園面積（英畝）	公園面積百分比	公園每一英畝之人口	公園管理費（圓）	每一人負擔之公園管理費（圓）
柏林 Berlin	二〇六、八〇〇	一五、八八〇	一、七三九	一一・〇	一、一八九	七九〇、五六〇	〇・三八
漢堡 Hamburg	九四二、五三九	一九、四九〇	七九七	四・〇	一、一八三	—	—
閔行 München	六〇〇、〇〇〇	三三、一八〇	四五二	—	一、三二七	九六〇、三七三	〇・一六
利不士 Leipzig	五八七、六三五	一八、四二一	六四七	三・五	九三	一四二、五〇〇	〇・二四

德勒斯登 Dresden	五四三、七八七	一六、九〇六	一、二七六	七・五	四二六	二二七、〇〇〇	〇・三三
北勒斯勞 Breslau	五一九、七五一	三、二七	一、四一〇	二・五	三六九	二二四、〇〇〇	〇・四一
美因河邊之法蘭克福 Frankfort on the Main	四一九、三〇〇	三三、六九二	三〇六	〇・九	一、三七〇	一一七、五〇〇	〇・二八
瑙謨堡 Naumburg	三三四、一四二	一六、四〇九	四九〇	三・〇	六八〇	—	—
馬德堡 Magdeburg	二八〇、〇八九	二七、〇〇〇	一、五六三	四・八	一七九	六一、八〇〇	〇・三三
多特蒙德 Dortmund	二二二、〇〇〇	七、六九五	四五五	六・〇	四六六	四八、五〇〇	〇・三三
曼亥謨 Manheim	一九七、〇五五	一八、四七〇	五五〇	三・〇	三五八	一四〇、八〇〇	〇・三三
哈勒 Halle	一八〇、八四三	一〇、一三三	二一〇	二・〇	八六一	三八、五〇〇	〇・三三
斯特拉斯堡 Strasbourg	一八〇、〇〇〇	一九、五七二	三一六	〇・六	一、四二九	五一、八〇〇	〇・二九
加塞爾 Cassel	一五三、一九六	九、七九七	五四八	五・六	二八〇	三八、七九六	〇・二五
卡爾斯魯厄 Carlsruhe	一三四、三〇二	一一、〇八〇	一九五	一・七	六八八	七九九、五〇〇	〇・五〇
克累斐爾 Krefeld	一三〇、〇〇〇	一一、八八〇	二〇四	一・七	六三七	四五、九〇〇	〇・三五
耶爾福 Erfurt	一二四、〇〇〇	一一、一九三	一〇一	〇・九	一、一三七	三六、七〇〇	〇・二九

睦爾豪增 Mühlhausen	九五、〇四一	三、〇七二	一四六	四·八	六五一	八、七〇〇	〇·一〇
哈根 Hagen	九〇、〇〇〇	八、三一〇	一六	〇·二	五、六二五	三、七〇〇	〇·二三
波昂 Bonn	八九、〇〇〇	七、八〇二	三五〇	四·四	二五四	一四、四〇〇	〇·一六
丹麥斯達 Darmstadt	八七、〇八五	一四、四〇〇	九四	〇·七	九二六	五八、〇〇〇	〇·六五
符次堡 Würzburg	八五、〇〇〇	八、〇四〇	四七三	五·九	一七九	四一、一〇〇	〇·四八
俾勒斐德 Bielefeld	七八、三八〇	四、一八〇	四〇	一·〇	一、九五九	三三、六〇〇	〇·二九
奥得河邊之法蘭克福 Frankfort on the Oder	六八、二二七	一五、〇〇〇	二〇	〇·一	三、四一三	七、七三〇	〇·一一

四、英國著名都市公園面積表（一九二一年）

都名	人口	市面積（英畝）	公園面積（英畝）	市面積每一英畝之人口	公園每一英畝之人口	公園對於全市面積百分率
布拉克堡爾 Blackburn	七三、八〇〇	五、二七三	三二一	一四	二三〇	六
布里斯它爾 Bristol	三七七、〇六一	一八、四四五	九三三	二一	四〇四	五
劍橋 Cambridge	五九、二六二	五、四五七	三二八	一一	一八〇	六

纽喀斯尔 New Castle	二七八、四〇〇	八、四五二	一、二九五	三三	二一五	一
赛尔萨必尔 Selsea Bill	三一、〇一三	二、四七〇	五二	一三	六〇〇	二

五、日本六大都市公园面积表（一九二二年）

市名	人口	面积（坪）单位（千）	公园 面积	公园 百分比	人口 每人占有之市面积（坪）	人口 每人占有之公园面积（坪）	面积 每千人占有之市面积（坪）	面积 每千占有之公园面积（坪）
东京	二、一七三、一六二	二三、三〇八	六二三、〇〇〇	二•六	一〇	〇•二〇	九六	二五、五三三
大阪	一、二五二、九七二	一七、六六二	八〇、〇〇〇	〇•四	一四	〇•〇六	七	一五、六六一
神户	六〇八、六二八	一一、一六八	五三、〇〇〇	〇•四	一八	〇•〇八	五四	一一、四八三
京都	五九一、三〇三	一〇、六三七	五九、〇〇〇	〇•五	一七	〇•〇九	五五	一〇、〇三三
名古屋	四二九、九九〇	一三、三〇七	八二、〇〇〇	〇•六	二六	〇•一九	二四	五、一八〇
横滨	四二三、九四〇	一一、一〇四	一三、〇〇〇	〇•一	二六	〇•〇五	三八	一八、三八八

六、日本六大都市公园一览表

1.東京

公園名	所屬	管理	一年入園者概數	創立費及改良費(圓)	管理費(圓)	面積(坪)
日比谷	官	市	九、〇〇〇	一五四、五三六	四、〇〇〇	五四、八四六
芝	官	市	三、〇〇〇	三七九、〇〇〇	三、五九一	一四六、〇三七
淺草	官民	市	五〇、〇〇〇	七〇一、一三五	三〇、〇〇〇	六三、六〇四
深川	民	市	一、〇〇〇	五七八、〇〇〇	七、八五四	一六、九五五
愛宕	官	市	四五〇	一七、〇〇〇	三、五九一	四、七九三
淺草橋	市	市	六〇〇	七、五〇〇	三、七九四	六〇九
麴町	官	市	九〇	—	三、二二五	九、二四四
清水谷	官	市	一五〇	—	六〇〇	三、三二八
兩國	市	市	一、五〇〇	八、〇一三	三、四五四	六六〇
坂本町	官	市	一、五〇〇	一五、〇〇〇	三、三〇〇	一、七八九
虎四門	官	市	三〇〇	一四、〇〇〇	三、三〇〇	二、三二〇

待乳山	官市	市	六〇〇	七、四〇〇	三、二〇〇	二、四三五
若宮	市	市	六〇〇	三、四二八	一、二〇〇	四九〇
蠣殼町	市	市	一、二〇〇	三、二二六	二、七六三	三九一
今戸	市	市	二五〇	七、四五五	三、二五五	一、五三一
千鳥ヶ淵	官	市	三〇	六、三六一	二、五〇〇	三、八三二
江戸川	市	市	三〇〇	六、八〇〇	三、九九七	五、一四〇
湯島	市	市	三、〇〇〇	九、六〇〇	四、五六九	二、六〇〇
數寄屋橋	官	市	九〇〇	一二、〇〇〇	三、〇〇〇	八一六
上野	官	市	—	—	—	二五二、八一六
富士見町牛ヶ淵	市	官	—	—	—	三八、七〇〇
計			七三、四六〇	一、四一〇、一九九	一二九、二三八	六一二、〇〇〇
井の頭	市	市	二〇〇	五四、〇〇〇	七、一四〇	七二、六三七
飛鳥山	官市	市	一、〇〇〇	一七、一四〇	三、〇四六	一三、六九五

合計			七四、四六〇	一、四八一、三三九	一三九、四二四	六九八、三三二
明治神宮外苑	官	官	—	—	—	二三〇、〇〇〇
明治神宮內苑	官	官	—	—	—	二五四、〇〇〇
植物園	官	官	—	—	—	四八、〇〇〇
清住公園	私	私	—	—	—	五、〇〇〇
乃木公園	市		—	—	—	一、〇一七

2. 大阪

天王寺	市	市	九、〇〇〇	八二、九九四	七六、一八七	四九、七五〇
中の島	官市	市	七、〇〇〇	七五、〇八八	—	二〇、一九六
築港	市	市	三〇〇	—	—	五、〇〇〇
清水谷	市	市	二、四〇〇	三四、三二八	—	八〇、
西野田	市	市	二、〇〇〇	二七、一九七	—	三七八

阿波座	市	市	三、〇〇〇	四六、〇二五	—	五一九
西九條	市	市	一、四〇〇	七五、〇一九	二、四三七	二、〇六一
九條(小)	市	市	三、〇〇〇	八五、四四二	—	一、〇〇六
北野(小)	市	市	二、四〇〇	二七、一三九	—	四一九
御藏跡(小)	市	市	二、〇〇〇	二七、五六七	—	四一八
日本橋	市	市	三〇〇	—	—	二五〇
計			三三、八〇〇	四八〇、七九九	七八、六二四	八〇、七九八
市外部						
住吉	官	府	一、五〇〇	四五、五五八	三〇、〇一〇	三八、五三七
濱寺	官	府	七〇〇	二、〇九六	—	一四七、〇七三
箕面	府	府	二五〇	五、六二二	—	二五六、一五三
堺南	官	市	一、〇八〇	—	一二、二八三	一九、六七三
堺北	官市	市	三〇〇	—	—	九、五二九

堺南新	官	市	—	—	—	二五、九〇二
計			三、八三〇	五一、二七六	—	四八七、三一七
總計			三六、六三〇	五二二、〇七五	一二〇、九〇七	五二二、五六一

3. 神戶

湊川	市	市	二、〇〇〇	三一、七〇〇	七、二〇一	一〇、六五六
加納	市	市	三六〇	—	七、七二三	一二、一八五
大倉山	市	市	三六〇	—	九、四五七	一六、六八〇
海岸	市	市	三六〇	—	五〇〇	一、八二四
諏訪山	市	市	三〇〇	—	四、三〇四	八、八五八
會下山	市	市	三〇〇	—	二、八三九	三、六六三
計			三、六八〇	—	三二、〇二四	五三、八六六
市外部						

明石	料	府	二六〇	一七、二一四	四、二七三	三五、二一八
舞子	官	府	一五〇	一、九一二	九三一	六、八七六
蘆屋	官	官	五〇	五、八〇八	二〇〇	一七、二九七
計			四六〇	九、九三四	五、四〇四	五九、三九一
合計			四、一四〇	—	—	一一三、二五九

4. 名古屋

中村	縣	縣	二〇〇	一三、〇三〇	一、四七五	一〇、一一二
鶴舞	市	市	三、九〇〇	二〇四、五四二	七二、六七六	七四、五四八
計			四、一〇〇	—	七四、一五一	八三、〇〇〇

5. 京都

圓山	市	市	—	—	—	二九、二七九
岡崎	市	市	—	—	—	三〇、一九九

五條	市	市	—	—	—	三二一
計			—	—	—	五九、七九九
市外部						
嵐山	官	府	—	—	—	三〇、一九三
天滿宮	官	府	—	—	—	五一八
計			—	—	—	三〇、七一一
合計			—	—	—	九〇、五一〇

6. 横濱

横濱	官	市	七二〇	八七、五〇〇	一五、四〇五	一九、四七七
掃部山	市	市	二〇〇	—	三、七二六	四、二七八
港橋	官	市	七〇	八、八三五	—	二六二
計			九九〇	—	一八、一三一	二三、七五五

三溪園	私	私	七〇〇	五〇〇、〇〇〇	一五、〇〇〇	五〇、〇〇〇

七、日本都市公園面積表（一九二一年內務省都市計畫局）

市名	人口	市面積（坪）	公園面積	公園對市面積百分率	市千坪之人口	公園千坪之人口	管理費（圓）	市民每人負擔之管理費
東京	二、一七三、一六二	二三、三〇八、〇〇〇	六二〇、六二四	二•七〇	九三•二	三、五〇二	一三九、四二四	〇•〇六六
大阪	一、二五一、九七二	一七、六八二、〇〇〇	八〇、七九八	〇•四五	七〇•九	一五、五〇七	七六、六二四	〇•〇六三
神戶	六〇八、六二八	一一、一八八、〇〇〇	五三、八六六	〇•四八	五四•四	一一、一五一	一三、〇二四	〇•〇四五
京都	五九一、三〇五	一〇、六二七、〇〇〇	五九、七九九	〇•五五	五六•六	九、八八八	—	—
名古屋	四二九、九九〇	一三、三〇七、〇〇〇	一三三、九二〇	一•〇一	三四•九	三、二一一	七四、一五一	〇•一六五
橫濱	四二二、九四〇	一一、一〇四、〇〇〇	七四、〇一八	〇•六七	三八•一	五、七一四	一八、一三一	〇•〇四三
長崎	二二三、九一三	一三、四〇〇、〇〇〇	一六、八二七	〇•一三	一八•七	四、〇〇八	七、四九三	〇•〇三三
廣島	一六二、三九一	八、二六六、〇〇〇	五一、二三一	〇•六二	一九•六	三、一七〇	一、〇八三	〇•〇一一
吳	一三〇、三五四	六、九五〇、〇〇〇	二九、三三九	〇•四三	一八•七	四、四四一	三、九四四	〇•〇三〇

金澤	一三七、二六九	二、九八〇、〇〇〇	一三、九五九	三・七八	四三・七	一、一二七	一三、六三八	〇・一〇七
熊本	一三四、七五一	一、七三八、〇〇〇	四、三七六	〇・二五	七三・一	二八、五〇八	七三二	〇・〇〇六
仙台	一二八、九七八	四、一六〇、〇〇〇	三七、一五三	〇・七五	二八・五	三、八二〇	一、二六四	〇・〇一二
小樽	一〇八、一一三	一、七二〇、〇〇〇	一三六、〇六二	六・六七	六三・九	八五八	三、九六五	〇・〇三七
札幌	一〇七、六〇一	六、五三〇、〇〇〇	一七八、九〇四	二・七三	一六・四	六〇一	九、六三八	〇・〇八九
函館	一〇四、七四〇	五、六五〇、〇〇〇	四一、四五一	〇・七三	一八・五	二、五二七	九、六六八	〇・〇九八
鹿兒島	一〇三、三九〇	四、一九〇、〇〇〇	四六、三三五	一・一一	二四・四	二、三〇〇	二、八八〇	〇・〇二八
八幡	一〇二、一六〇	六、二二〇、〇〇〇	三三、七三三	〇・三八	一六・五	四、三〇五	一〇、六五四	〇・〇一四
新瀉	一〇一、一八四	五、三三〇、〇〇〇	一〇、七四六	〇・二〇	一九・〇	九、四五二	三、八五〇	〇・〇三八
福岡	九五、三八一	八、一六四、〇〇〇	五一、五四一	〇・六三	一一・六	一八、五〇〇	一〇、六五四	〇・一一三
岡山	九四、三八一	七、一四〇、〇〇〇	一一一、〇〇〇	一・四六	一三・四	八五一	一五、三〇八	〇・一六二
堺	九〇、七三八	—	五五、七〇一	—	—	一、六二九	一〇、二三二	〇・一一三
橫須賀	八九、八七五	三、六六九、〇〇〇	—	〇・二八	二七・〇	八、五四七	一、三五〇	〇・〇二六

佐世保	八七、〇二三	三、五〇〇、〇〇〇	—	—	二四・七	—	—	—
和哥山	八五、二三九	—	六三、一六五	—	—	一、三七一	一一、五八一	〇・一五八
下關	七九、七五〇	一、五八八、〇〇〇	三三、七〇三	一・四九	五〇・三	三、三六五	—	—
門司	七三、八三六	三、四〇九、〇〇〇	三三、六〇六	〇・六一	三一・七	三、四一七	一、三九二	〇・一三六
濱松	七二、二五八	三、三六二、〇〇〇	二四、八四一	〇・七四	三一・五	二九九	一〇〇	〇・〇〇二
長岡	七〇、〇〇〇	二、六六二、〇〇〇	—	—	二六・三	—	—	—
靜岡	六九、九六三	—	八、二三七	—	—	八、四九四	二、一〇一	〇・〇三〇
德島	六七、五九八	三、二六九、〇〇〇	五八、七四八	一・七九	二九・七	一、一五一	二、九九九	〇・〇四四
福井	六六、六三五	七、〇九八、〇〇〇	二〇五、八九二	〇・二九	九三・〇	三、一三三	二、四三四	〇・〇三六
豐橋	六五、一六三	六、七二三、〇〇〇	—	—	九六・一	—	—	—
大牟田	六四、三一七	二、四五七、〇〇〇	二、四八八	〇・一〇	二六・〇	二、五八八	八一	〇・〇〇一
宇都宮	六三、二〇七	四、一八〇、〇〇〇	四五、〇〇〇	〇・九四	一三・一	一、四四九	—	—
富山	六三、一九〇	二、〇〇八、〇〇〇	一三、一七五	〇・一六	三一・四	一九、九〇一	一、〇八九	〇・一七〇

前橋	六二、三三三	三、〇九五、〇〇〇	一二、五六七	〇・三四	一七・六	四、九五九	二、四四〇	〇・〇三七
岐阜	六二、一八二	二、八九五、〇〇〇	六六、八〇二	二・三一	三・五	九三一	五、四一五	〇・〇八七
旭川	五六、七六二	五、二三〇、〇〇〇	五四、六〇〇	一・二四	一五・〇	八七九	九一五	〇・〇一七
室蘭	五六、四〇九	二、三五〇、〇〇〇	二七、九五五	一・一八	二四・〇	二、〇二二	五〇〇	〇・〇〇九
甲府	五八、二〇七	—	三五、八五三	—	—	一、五六七	三、一四一	〇・〇五六
高松	五五、八〇五	二、三三五、〇〇〇	一六七、〇〇七	七・一五	二三・九	三三四	一三、一八五	〇・二三五
松山	五一、二五〇	一、一二四、〇〇〇	一三、八三一	一・〇七	四二・二	四、〇五六	三、八三三	〇・〇七五
高知	四九、三九二	一、六八一、〇〇〇	四二、七〇三	二・五四	二九・四	一、一五五	二、一三五	〇・一〇四
青森	四八、七七一	二、二四二、〇〇〇	三七、四三〇	一・六六	二一・七	一、三〇三	四〇五	〇・〇〇八
若松（福岡）	四八、四四五	三、六六九、〇〇〇	二〇、一二五	〇・五九	一三・一	二、四〇八	—	—
津	四七、七四一	三、四〇九、〇〇〇	一三、六四五	〇・一八	一四・〇	二、〇一九	一、六五三	〇・〇三四
山形	四六、二四三	五、五五七、〇〇〇	一二、〇〇五	〇・四九	八・三	二、一〇二	一、九二二	〇・〇四三
大分	四五、九七〇	—	一、五〇〇	—	—	—	—	—

松本	四九、九九九	三、三六二、〇〇〇	三、六七五	〇・三八	一四・八	三、九四四	四三二	〇・〇〇九
若松（會津）	四五、四九一	三、六八九、〇〇〇	二〇〇	—	一三・三	三七、四六〇	三六	〇・〇〇一
久留米	四三、六二九	三、一三九、〇〇〇	—	—	一三・九	—	—	—
米澤	四二、八六六	五、三七〇、〇〇〇	三、三九三	〇・三三	七・九	三、四五八	二九五	〇・〇〇七
姫路	四二、五四七	一、七二八、〇〇〇	三、六七〇	一・二五	二五・二	一、九六三	一八、六九四	〇・一五七
盛岡	四二、四〇〇	二、四七五、〇〇〇	三三、三六八	〇・九四	一七・一	一、八二五	—	—
山田	四一、二〇七	一、七三三、五〇〇	二、二〇五	〇・〇六	二・四	三、六七七	—	—
岡崎	四〇、九五三	五、三七〇、〇〇〇	二、九〇〇	〇・三三	七・五	三、四四一	四九四	〇・〇三〇
奈良	四〇、三〇三	—	一、五九〇、四九七	—	—	二五	—	—
釧路	三九、三九二	一四、〇一〇、〇〇〇	—	—	二・八	—	—	—
八王子	三八、九五五	三、九四〇、〇〇〇	—	—	一七・七	—	—	—
水戸	三八、七七四	一、六八一、〇〇〇	二八、九九一	一・七七	一三・一	一、三三七	四三七	—
尼崎	三八、四五三	二、九四二、〇〇〇	一、〇八七	〇・〇四	一三・〇	三五、三七五	—	—

桐生	三七、六七七	—	九、一六七	—	—	四、一〇九	—	—
松江	三七、五三六	一、四四七、〇〇〇	一四、六三六	一·〇一	二五·九	二、五六四	—	—
長野	三七、三〇八	—	二五、二七六	—	—	一、〇五八	八、七五九	〇·二四〇
高崎	四六、七九四	一、四四七、〇〇〇	六、九八七	〇·四八	二五·四	五、二八一	九二五	〇·〇二五
四日市	三六、六六一	九三四、〇〇〇	二、九六五	〇·三三	三九·二	一三、三六五	二、七四〇	〇·〇〇八
高岡	三六、六二四	一、四〇一、〇〇〇	六五、六二七	四·六八	二八·一	五五九	二、四六二	〇·〇七九
秋田	三六、二八一	一、三〇八、〇〇〇	七四、四五六	五·六九	二七·七	四八九	八九七	〇·〇二五
福島	三五、二八三	—	一五、三五四	—	—	二、二三四	一七五	〇·〇〇五
足利	三三、六三一	二、七〇八、〇〇〇	八、八二五	〇·三三	二·四	三、八一九	二、一二七	〇·〇六三
明石	三三、一〇七	三、一〇二、〇〇〇	三〇、〇〇〇	一·六六	一五·八	九四一	一、九一四	〇·〇五八
佐賀	三二、九〇四	—	八、五六五	—	—	三、八六五	—	—
宇和島	三二、二九四	—	三三、一三六	—	—	九九九	—	—
弘前	三二、〇〇〇	—	八六、六三四	—	—	三七九	二、八七三	〇·〇八九

小倉	三一、八〇〇	五、三一七、〇〇〇	八一三	〇·〇三	五·八	三八、八六九	—	—
千葉	三一、五〇九	—	二、五〇〇	—	—	三、六三一	—	—
大津	三一、一二六	—	二七、八七三	—	—	一、一一七	六四七	〇·〇一二
今治	三〇、二九六	一、九六一、〇〇〇	—	—	一五·七	—	—	—
福山	二九、七六八	—	二、八七六	—	—	七、六八三	—	—
鳥取	二九、一七三	一、四〇一、〇〇〇	二〇、六五五	〇·八八	—	一、四一四	—	—
大垣	二八、三一五	二、五二九、〇〇〇	三、三一五	〇·二四	二〇·三	八、六〇四	二、二七四	〇·〇七五
高田	二八、三八八	一、九六一、〇〇〇	—	—	八·三	—	—	—
一宮	二七、三八二	—	四、四八五	〇·三三	一三·九	五、〇七八	二、五三二	〇·〇九二
上田	二六、三七一	一、四四八、〇〇〇	一〇、四四〇	—	—	二、五一六	一五〇	〇·〇〇五
尾道	二六、一五三	三、〇三六、〇〇〇	一、三三七	〇·一一	一八·一	一、七〇七	七九四	〇·〇三一
丸龜	二五、三八四	七、〇九八、〇〇〇	七、六五六	〇·二五	八·四	三、三一六	二、〇一六	〇·〇七九

市政叢書
都市與公園論
此書有著作權翻印必究

中華民國十九年十二月初版
每册定價大洋柒角
外埠酌加運費匯費
編纂者　陳植
發行兼印刷者　商務印書館　上海寶山路
發行所　商務印書館　上海及各埠

Municipal Series
CITIES AND PARKS
By
CHEN CHIH
1st ed., Dec. 1930
Price: $0.70, postage extra
THE COMMERCIAL PRESS, LTD., SHANGHAI

A七〇〇毛

造園法

范肖岩 著

商務印書館
民國十九年

造園法

范肖岩著

農學小叢書

造園法

目錄

造園法

第一章　緒論

第一節　庭園與人生

庭園之意義，爲由人工設施審美而有自然風緻之園圃，以爲人類生活上所必須娛樂之地也。有時附設一部分之果園蔬圃，以經濟爲目的者副之。其與人生之關係，至爲密切。在今日人類思想競爭時代，及職業集中於城市之社會人生與庭園尤關緊要，其原因約有二端：

（一）關於健康方面的　吾人之職業，非勞心卽勞力。設終日操作而無適宜之休息與娛樂，必至精神疲乏，體力減削；尤於工商業發達空氣汚濁之都市，最爲有礙於衞生。最適宜休息與消遣之地，實莫善於庭園。有住宅者，若在其四周佈置一優美之庭園，工作之餘，與家人戚友，徘徊於紅花綠葉之中，其所享受，必爲人間眞正之樂趣。又文化進步之城市中每有建築公園廣場，栽植行道樹，以備公衆之遊散娛樂，及呼吸新鮮空氣，鍛煉體格，增進健康者，其爲功亦匪淺。

（二）關於陶冶思想性格方面的　庭園者，完全爲一優美之自然界。一草一木，無往不足以令人發生情感。寄情於山水，本最能陶情怡性。故吾人之生活，若與庭園爲伍，則有一種優美之環境。吾人早夕與自然界接觸，自能潛移默化，當易培養高尙純潔之思想，增進聰明之智力。對於兒童之陶冶，尤著成效。其他如因其間接之關係改造社會之風氣與生活者，不一而足。歐美各國，視庭園爲改造社會之中心物，誠匪虛言也。

第二節　庭園之分類

造園之先，不可不預知庭園之性質，然後按其規模內容而決定設計之計劃及材料之取給。庭園之種類，可依下列各方面情形而區別之：

(一)依其所有權而分者：

(甲)私園　爲私人住宅範圍以內之庭園，其目的僅供家庭之娛樂者。

(乙)公園　爲國立或市立於市內或市外之庭園，其目的爲民衆公共娛樂者。

(二)依其面積而分者：

(甲)廣場　在都市中繁密之區闢作廣場，佈置草地花木之類，以供行人之休息，廣場之四周卽爲通衢大道。

(乙)小庭園　其面積有限，普通在百畝之內。除娛樂的一部分外，常有經濟的蔬菜園，果樹園，苗圃等附設於園內。公衆之車馬，不能駛入於園中。

(丙)大庭園　其面積非常遼闊，大都爲國家或地方所經營。其中每有森林、獸獵場、跑馬場、溫泉等娛樂地。車馬可以自由駛入之。

(三)依其形式而分者：

(甲)擬古式　(classique)　其中又有法蘭西式意大利式等之別。

（乙）浪漫式（romanique）其中又有中國式日本式英國式等之别。

（丙）混合式(mixte)卽前之兩者兼取之。

（四）依其性質而分者：

（甲）純粹以遊覽爲目的及有一部分經濟爲目的之庭園。

（乙）植物園。

（丙）動物園。

（丁）學校園。

（戊）展覽會之風景園。

第三節　庭園之歷史

（一）西洋庭園史略

西洋庭園濫觴於古埃及時代。然有歷史記載之價値者，始於羅馬時代。自希臘共和國及小亞細亞兩次戰爭之後，東方文明逐漸流入於羅馬而古埃及與阿拉伯之庭園，同時傳布於意大利。於是西方對於庭園漸起注意。所謂古埃及與阿拉伯庭園之特色，爲各部之區劃完全爲整齊之形體。植樹成直線而有規則，樹木多利用橄欖安息香之屬。水池石級建築物等亦漸被利用爲庭園中之裝飾品。至紀元後一世紀哈特令（Hadrien）大帝建築偉大之泰柏（Tibur）御園，其形式一改前法。棄有規則之直線形而爲無規則之曲線形。可謂西洋有幽雅式庭園之嚆矢。至羅馬中世紀於是果樹蔬菜食用植物等亦栽培之於庭園中。小花壇之創作，亦始於此時代。

意大利之文藝復興，爲產生歐洲近代文明之一大關鍵。而造園藝術亦同時有偉大之進步。大規模之庭園次第建築，其特色與精神卽採取羅馬時代之精華。如千層級步之美麗噴水池，莊皇之長廊與建築物，其設計與規劃更稱精密整齊。處處爲幾何形體之方案，令人賞心悅目，如眞涅斯（Génes）地方之陀麗雅園（Jardin Daria）卽爲當時名園之一也。

文藝復興時之意大利庭園，因意法戰爭之結果，而北傳之於法蘭西。精密之刺紋花壇，日益改良，成爲當時庭園中風行之物。然自庭園建築家馬勒特（Charles Mollet）白梭（Boyceau）輩出，更加改造，配置以適宜之比例，描寫花果禽獸之形狀，始蔚然集其大成。今日巴黎之盧森堡公園(Jardin du Luxembourg)猶殘存其鴻爪者也。

至十七世紀乃有法蘭西式庭園見聞於世。法蘭西式庭園者，亦可謂西方造園泰斗羅諾脫(Le Notre)氏之創作品。在西方庭園史上開一新紀元。羅氏初爲畫家，後爲王家禁園之管理者。奉法王路易十四之命建築凡爾賽（Versailles）公園及楓登白露（Fontainebleau）王宮，先後凡四十年。其畢生最大之創作品，亦卽盡萃於此。

羅氏造園之原則，簡單分析之，卽前人之創作，雖不失於精密與雋美，然其缺點乃各部之不能互相連絡，羅氏則使之連絡而貫通之。又創造透視線之原理，收攬全園之風景達於主要之一點，而使主要之視線擴大於無窮遠處。

羅氏又能獨出心裁，創作彫刻物，花瓶，石像，噴水池，亭榭，垣柵等之類，爲園中次要之裝飾品。其位置形狀大小靡不講求適宜。至利用黃楊紫杉等等之修剪藝術，經羅氏之後，亦大有進步。

法蘭西式庭園之精神，自十七世紀迄於十九世紀初葉，宣揚於歐洲各國。英德意諸國幾均有羅氏手造之庭園，實爲西洋庭園史上最重要之一時期。

十九世紀初葉，社會之趨尙漸變，對於法蘭西式由人工琢造之幾何形庭園興趣日淡，英國造園家乃繼之提倡利用天然風景以創造庭園。當時更因文藝思潮之解放，民治運動之勃興，浪漫式庭園，乃突然而起，風行一時。浪漫式庭園者，完全以適合於自然爲原則。故庭園之地位，主張靠山傍水。造園之物質，充分利用草、石、花、木，欲以理想之一幅天然圖畫，而以實物表現出之。

自一八五〇年以來，英法德各國之造園理論及方法進步，一日千里。民衆對於庭園之興趣，亦日益濃厚。考其原因，不外有二：（１）物質文明之完備，慾望增高，美術的園藝目的，爲改造社會之中心物。（２）世界交通大啓，旅行家日多，新植物之發現層出不窮，造園之材料，更形豐富，此種造園事業進步之結果，乃產生今日幽雅式庭園。

幽雅式庭園，實由前之浪漫式庭園嬗蛻而出。其異別之點，卽後者徒知利用天然風景，前者則不僅利用而復以人工模仿與創造之也。然幽雅式庭園之創造與完備，實中國式庭園介紹於西方後之一種革新。蓋自英人張伯(William Chambers)氏旅行於我國之後，稱揚我國庭園結構與設計之完善，能巧用曲線及立體形之原理，爲西方造園家所不及。但純粹之中國式庭園又不適宜於西方民情。故張氏擷取其長，捨棄其短，與英國式庭園媾通以爲今日幽雅式庭園之始祖。

（二）中國庭園史略

我國庭園之歷史由來已古。周文王築園於長安，方七十里，有靈臺靈沼以及飼育禽獸魚介之屬，與民同樂。至戰國時，吳王夫差建築梧桐園會景園於會稽，穿沼，鑿池，構亭，營橋，稱爲古代王室之名園。當時栽植之花木類，多以茶、海棠爲最主要。

紀元前二百年秦始皇在咸陽渭水之南，經營上林園，築阿房宮，窮極奢靡。我國古代帝王禁園之富麗，未有逾此。又於馳道之上栽植樹木，爲我國行道樹之嚆矢。

漢高祖遷都於洛陽，於是洛陽歷漢一代名園頻興。如文帝之思賢園，武帝之重修上林園，設硯台栽植名花奇卉，飼育百獸異禽。又有甘泉園，周圍廣及五百里，園中有昆明池昆靈池西波池等勝景。

宣帝時又有樂遊園，茂陵園。然至後漢之末，實爲庭園極盛時代。如廣成園，西園，顯陽園，憲園，敬園，逍遙園，長利園，展望園，萬歲園，觀平園，梁園等，先後興造，固爲漢代名園中負有盛名者也。

降至六朝，我國與異邦交通大啓，與西域天竺大有氏安息諸國，頻有交涉，故招宴使節之苑囿，一時頗多。晉武帝有洛陽平樂園，六鹿園，靈芝園，瓊圃石祠芝蔬等。魏明帝有香林園。至齊王時，改爲華林園，專爲歌賦遊宴之所。又春王園以鄴蠲聞名。金谷園因谷通清流得名。中建清涼臺，廣植樹木，更培植果樹蔬菜藥草等植物，以供點綴。

宋武帝之新林園，魏公之南園，萬竹園，隱園等，均以善於利用自然山水勝景，推爲名園之勝者。

隋唐時代，名園亦多。尤以煬帝之大修園林爲最盛舉。凡前朝之廢園敗宮，悉加修葺以供一己之淫樂，花木之盛，宮殿之宏大，奇石珍巖，五湖三山羅列畢至，豪奢一時。其中如華林園，香林園，上林園，溥望園，婁湖園，桂林園等，均創作於煬帝時代。

唐之李淵東突厥聾嘗以能造名園，名聞當代。兼以唐之一代，文物昌盛，政治清平，賞覽上下，習爲雅韻之事。名園之可傳記者，如西苑，東苑，內苑，禁苑，濱臨渭水。設方形之魚藻池，宛如今日西洋形式園之設置。而長安城內外名園亦復不鮮。如永寧，奉誠，郭子儀，昆定諸園，皆極著名。

五胡亂華，中原之名園勝跡，摧殘殆半。至宋政治重經設施之後，各地名園，又復恢復。而宋代之賞宴園林之風，有更甚於往昔。讀李格非之洛陽名園記，可知洛陽名園之盛。洛陽名園中，尤推鄭公園，湖園，董氏園，西園，品文穆園，獨樂園等爲最著。帝王之禁園，則如太宗之芳林苑，徽宗之同樂苑等，由四方進以珍石奇木，造梅林，松林，築鷗方池，曲江池等，傳爲勝景。

仁宗時歐陽修於揚州踞蜀岡建平山堂，以能利用天然之山水，故風景幽絕。而西湖山水素號秀麗，自南宋建都杭州之後，益爲文人雅士遊隱歌詠之地。或以自然妙處加以發揮，或前人遺跡重經修葺，相沿至今，遂爲我國研究幽雅式庭園之模範。

至於明代，南方之文化甚爲發達，庭園亦頗有可記述者。如最樂苑，三愛苑，瀧苑，斑竹園，藏春苑，靈洞苑，南苑，淡園等，散見於江南各地。倪雲林之築獅子林於蘇州，尤爲造園上有名之創作。

有淸一代，亦可謂我國造園極盛之時。江南夙稱山水秀明，富庶又甲於全國，乾嘉之後，宦憲豪賈，擁廣廈巨園者，不可勝數。至今蘇揚猶存名園之遺址。北方因國都在彼，更有大規模王室之御園。在北京城內者，如南北中三海，在近郊者有頤和園，玉泉山，（靜明園）香山等，均壯皇瑰麗，莫可比埒，且能將我國造園之精神，竭力發揮之。

我國因四千年專制政治之原因，民治思想之不發達，故娛樂之組織，徒知一己之私，鮮有顧及公衆之幸福，故敍述庭園史者，僅能指數宦富之私園與帝王之禁苑而已。爲民衆共同娛樂之公園，絕未之聞。洎乎民國丕肇，國體更新，民治思想日益澎湃，通都大邑，始有籌辦公園之舉。現在規模粗具者，當推北京之中央公園，南京之第一公園，濟南廣州之市公園等。輓近數年，各地競知改良市政之重要，江浙諸省地方公園建設者，已屬不少。而滬津外人之租界，均早有完善之公園。其設計與形式，爲我國各地舉辦公園之模範者，亦有深切之關係焉。

第二章　庭園設計

第一節　最近造園形式之趨向

西洋庭園以其發達之經過而觀之，不外分爲兩派。稱法蘭西式者曰擬古派(classique)。稱英國之幽雅式者曰浪漫派(romanique)。就其發達之時期而言之，擬古派盛行於十九世紀之前，浪漫派風靡於十九世紀之後。惟此兩派之庭園，各有短長，因近代庭園之一味模倣浪漫派並非美善之道，故最近造園界之趨勢，主張攝取兩派之優點而熔合之，稱之曰混合派(mixte)。換言之，卽浪漫派之一部之復古運動也。其理由如下：

(一)純粹之浪漫式庭園不免過於素靜，應加入一部分較爲富麗之擬古派式以調和之。

(二)純粹之浪漫式庭園，非有廣泛之面積，不足以表示其特色，往往爲私人財力所不及。

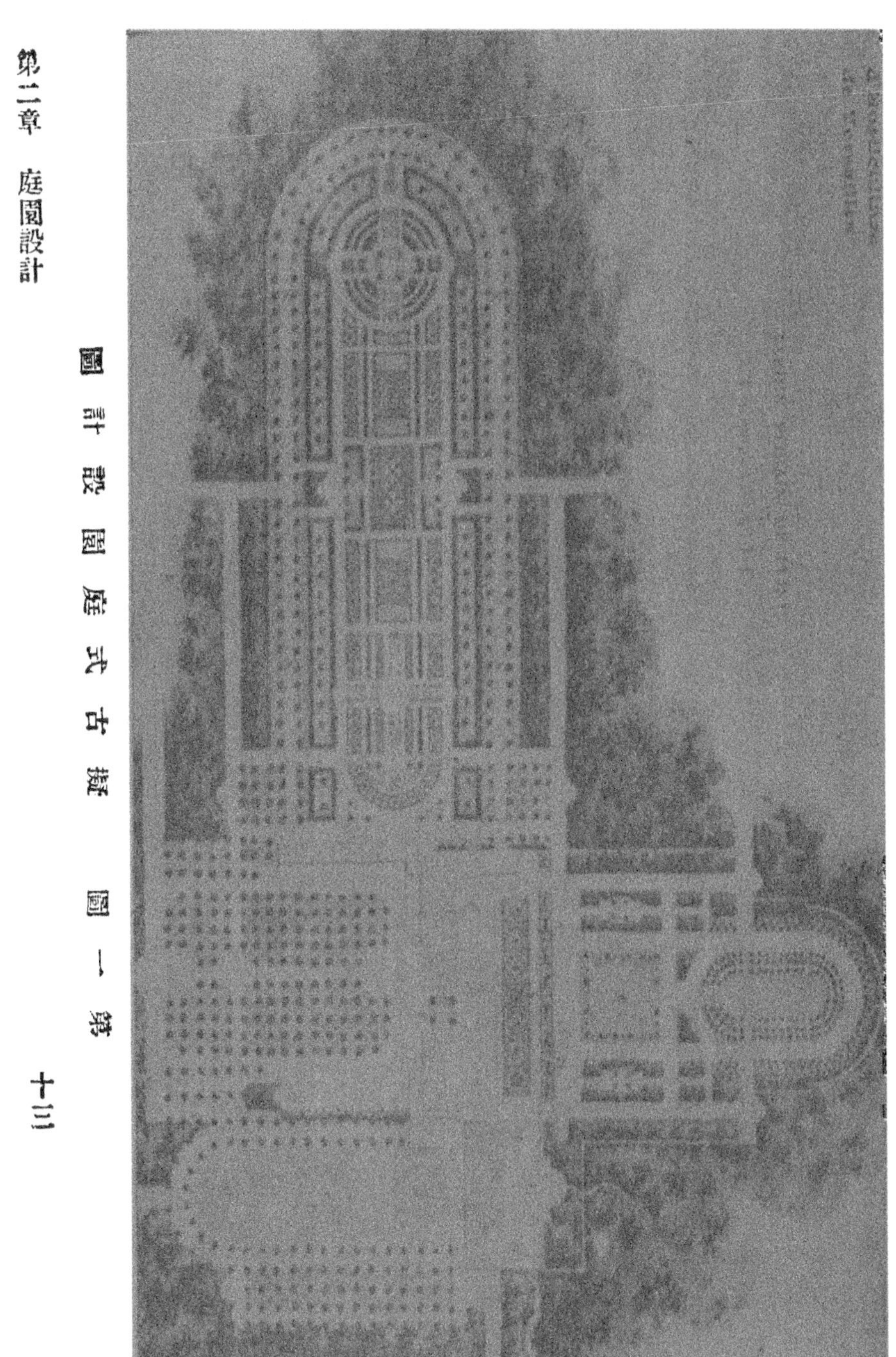

第一圖　擬古式庭園設計圖

第二圖 浪漫式庭園設計圖

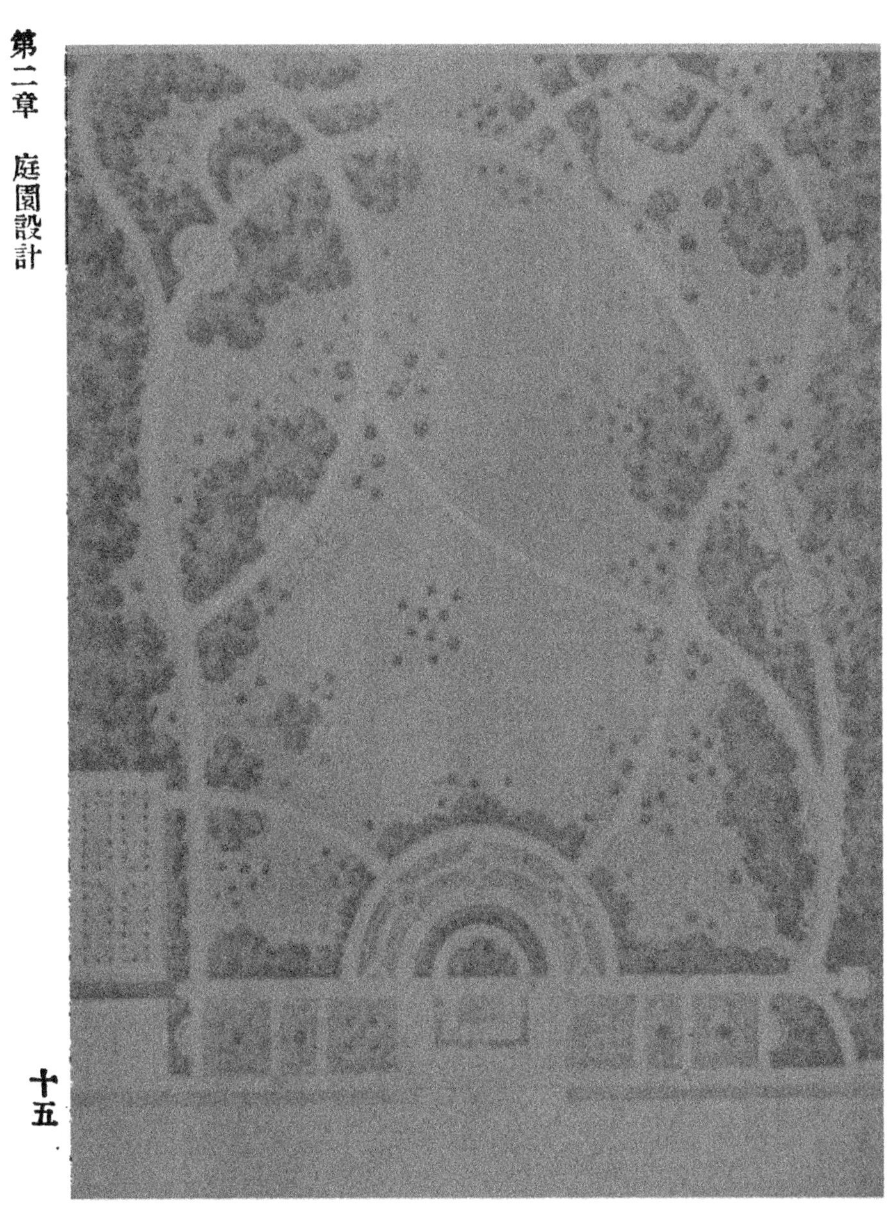

第三圖　混合式庭園設計圖

在地價高昂之處尤不經濟。故非採擇一部分之擬古派式以補救之不可。

中國式庭園之活動，亦至可注意。今日新創作之庭園，往往模倣一部分之中國式。因其結構注重於立體方面，其精神注重曲折幽雅。模倣自然而不失其眞，每於小面積之範圍內，構造許多妙處奇景，不失爲造園中最經濟者也。

第二節　造園家應取之步驟

（一）意志　造園爲一種混合之藝術。其結構設施之善美與否，卽爲造園家運用其意志之表示。如造園家富有優美之意像，偉大之邱壑，則其創作品必不失審美的價値。此種意像之由來，固憑諸各人之思想與天賦之智力，然一切應須之常識與經驗，則須從科學中求之。自然界之眞美善，尤貴乎隨時觀察與利用，文藝上之作品，亦往往有輔佐造園家開拓新境界之能力，殊有吸收之必要。

（二）設計　造園之初步，卽調查實地之情形，詳細測量，作一精密之計劃。計劃之時，對於園主或民衆之心理經濟狀況本地之風土氣候與一切材料取給之情形，均須注意及之。造園設計共分兩部分（１）計劃書說明布置之內容形式之選擇，施工之方法，與預算之審核等。（2）圖案用精密及美術的圖案表示理想計劃中之庭園。大規模之造園常先製造有一定比例之石膏或木材模型，爲實施工程之標準。

（三）施工　設計既竣，卽着手施工。施工爲造園運用技術之部分，造園最後之結果，與施工之精粗最有關係。且工程之範圍又至複雜，故主持工程者，對於土木建築，水利，園藝植物，造林美術等應具有充分之常識與經驗，方能從容應付。實地工作，尤不可不雇用熟練之工人擔任之。

第三節　庭園設計之概要

現代庭園之形式，爲擬古式與浪漫式之混合式，已如上述。茲各述其設計時之概要於下。至於佈置時應用材料之如何設計，另分章論之。

（一）擬古式庭園設計之概要　擬古式庭園爲完全由多數之幾何形體組成者。先由無數之小形體組成一大形體。故必有一中點居於全部之重要地位，或在住宅之前面，園之中央或在全園最高敞之部分。各個形體均互相對稱整齊而有規則。由大中點達於小中點，卽以道路連絡之。

花壇爲其重要之裝飾品。其他如人工的美術品，如彫刻物，噴水池，紀念碑，塔，石級，花棚，温室，垣棚，桌椅等，亦均爲利用最廣之一種特色。佈置之時，處處不可不注意其式樣與對稱之原則。園地全部之平面可分作高低數段，較爲美觀。不過每段之平面，必須爲一水平線，非如浪漫式之爲曲線形也。

（二）浪漫式庭園設計之概要　浪漫式庭園，貴乎模倣或利用天然景色，故其面積宜乎遼闊，視線宜乎開拓。自然界之一草一木一石一水，曲意利用之。由人工創造者，亦不可違背自然之情景。

全部之地面，最好有高低抑揚，有天然之湖水山谷在園內或附近者，就便修飾而利用之。樹木之利用，亦較前者爲多。道路之形狀，大半非作直線而爲弧形。其方向宜有可近而不可卽達之妙。其古傾之面積，不宜太多致礙雅觀。

其四周之背景或襯景如山水光線邨舍之類，左右園景之力甚大，同時應加注意。

在都市中之浪漫式庭園，對於兒童之遊戲場，公衆之娛樂地音樂室等，應有完全之設備。

（三）混合式庭園設計之概要　普通在住宅之四周，重要建築物（如博物館紀念碑像冬花園等）之前面，概用擬古式佈置之。其規模與形式，處處應與建築物互相配稱。距建築物較遠之部分，則佈置浪漫式園景，其面積之比例，較諸前者稍多，而園外四周之景色，要使攝取之直達於擬古式之部分。

第三章　造園上各要素之設計及實施法

第一節　土地

（一）造園地之選擇　一般住宅之庭園，卽在房屋之四周，無須乎何種選擇。至於創辦公園，對於園地之地位地址等，殊有選擇之必要。普通地位高燥，交通便利之地，均甚適宜。其地面原有之情形，不宜過於複雜，以免將經營時，需用巨大之工程。選擇造園之地，最好已有成長之樹木及自然之河川等要素。因前者栽植需時，後者則以人工闢造，爲費不貲也。

（二）土地之形狀　土地自然之形狀，非常複雜。然大別之不外分平坦，凹入，凸出，三種。造園之時，各就土地自然之形勢而謀利用之法。土地因凹凸之結果，其表面卽爲曲線形。曲線之勢

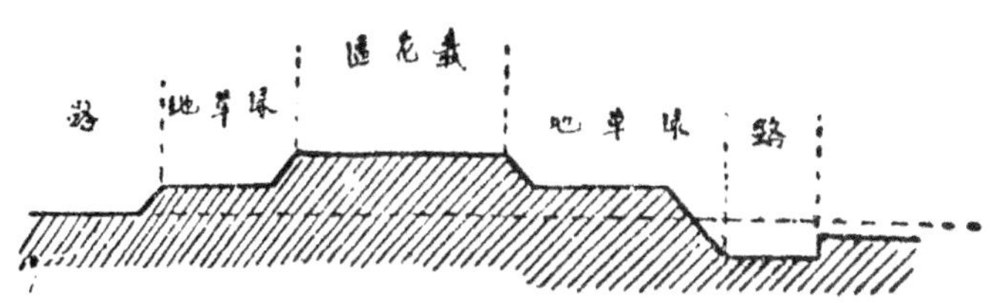

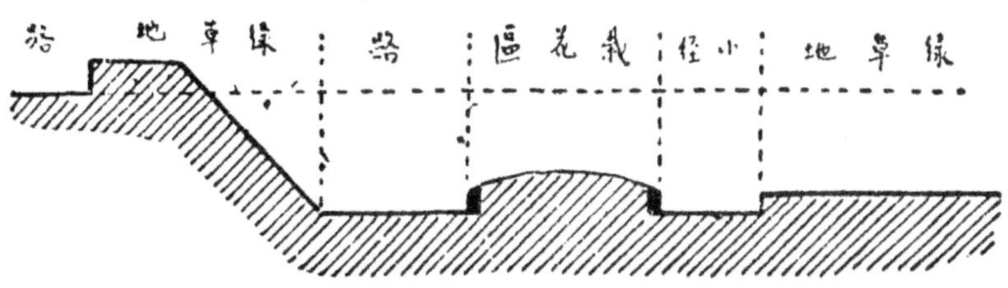

第四圖

急者高者爲崗坡，低者爲深谷。浪漫式庭園對於有坡谷之地，最爲適宜。不惟如是，用人工特意做造者有之。擬古式庭園則否，大概以水平形之地面爲宜。然其縱斷面得截作高低不同之數段，反稱美觀，如第四圖所示。

（三）地形之變更

實際之地形與計劃不符合時，勢必變更。如路線之上遇有起伏不平之處，則須削平。平汎無垠之平原，爲隱約視線起見，反有築高或掘深之必要。遇有此種變更情形，必須先經實地測量表示於圖上，再以計劃

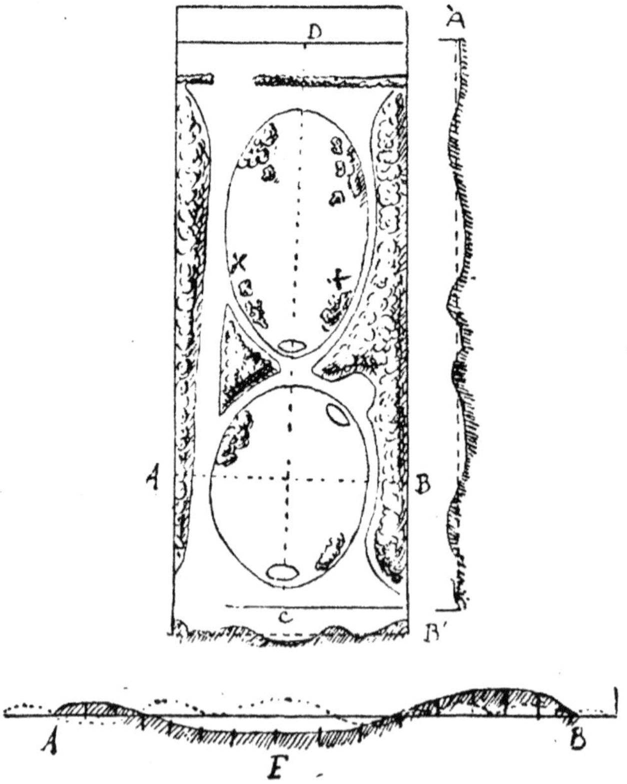

第五圖　有點線表示之處爲土地自然之形狀　有斜線表示之處爲土地變更後之狀況

中之地形，亦表示之於圖上。比較兩者相差之情形而作施工之標準。然變更土地，爲最不經濟之一端。如未經精密之預算，決不可草率從事。

（四）地形之表示法　表示地形之法，通用縱斷面測量圖。先於地面上定一縱軸，沿縱軸之上，每隔相當之距離，用水準測量法，測其高低差，以其結果用適宜之縮尺表示於圖上，連結各高低差而得一曲線，即土地縱斷面之形狀。於縱軸之各點上再各引橫軸同法測量之而得縱軸左右地面之形狀。總合縱軸與橫軸之縱斷面圖，即爲土地全部之形狀。如面積遼闊地形複雜者，不妨設立若干之縱軸，如第五圖。凡地面上一切之自然狀況如建築物樹木巖石河川等，均可表示之於圖上。爲便利識別計，每種物體，各用不同之色澤表示之。

第二節　房屋之位置

庭園中之房屋，無論爲住宅或公共之建築物，必爲全園中最主要之部分。其與園景之佈置，必須互相呼應，使不礙全體之計劃。故建築房屋，最好與造園同時設計，由園主與造園家考核之結果選擇一最適宜之地位。

選擇位置之要點，卽以園景衞生交通三項爲最要。建築物之地方，能以充分利用園景，不至令人發生不快之感想。凡光線，空氣，風向，地位，乾燥卑濕，離取水地之遠近，附近飲水之品質等均宜顧及。有礙衞生之環境，一概趨避之。房屋不可離要道太遠，致感出入不便，而又不可相距太近爲車馬之聲所喧擾。故普通在大道之左右，房屋至少縮入有五丈以上之距離。

第三節　築路法

庭園中之道路，爲引導遊人至其目的地；同時以爲草地植樹地之輪廓。其設計與建築之合理與否，影響於園景甚大。茲舉築路時重要諸點於下：

（一）路之種類　庭園中之路，大別爲三種：（1）主路　（2）支路　（3）小徑

（1）主路　常在主要之視線上，爲庭園全部路線之主幹。重要風景之各部分，卽由主路

以連絡之出入口至於建築物之道路，卽爲主路之一。因常有車馬通過，故其路身必須非常堅固。其路幅則視庭園之性質及其面積而不一。普通爲一丈八至二丈四尺。

栽植樹木之散步道，亦爲園外之一種主路。歐美各國大都市中多有偉大幽美之散步道。規模大者有五道並列，如第六圖中央A爲駛車道，左右之B爲跑馬道，C爲步行道，D爲附近住宅之出入道。路與路之間栽植一列或二列之行道樹，中央鋪設綠草地，佈置花壇，爲行人駐憩之所。此種道路之路幅，普通A爲四丈五至六丈B及C爲三丈至三丈六。

（2）支路　支路以連絡各主路爲目的，其位置在花壇之四周，環繞湖池之邊緣及一切主路以外之各路線上。其路幅亦各有差異，普通六尺至一丈二尺。

（3）小徑　小徑則凡支路不能通達之處，如巖石之間，迂迴之坡面，以及溪岸等處用之。其路幅通常甚狹窄，往往僅容一人來往。

（二）路之形狀　擬古式之道路普通爲直線形，故交叉角或分叉角均成直角。浪漫式庭園之道路則否，爲曲線形，交叉角或分叉角成銳角或鈍角。

（三）路幅　路面之寬狹視路之性質而不同。一般步行道自四尺至六尺車馬通行之道則自一丈八尺至二丈四尺。庭園之道路，不宜失之過寬，一則有損園景，再則足以減少綠草地及植樹地之面積。

（四）路面　步行之小徑其路面許爲水平面。主路則宜爲微緩之弧形，俾雨水容易排洩。道路兩側草地之地面，高出於路面之上，即道路爲左右兩側之鄰地所包藏是也。如第七圖所示。至於草地之邊緣，常爲弧形，與路面

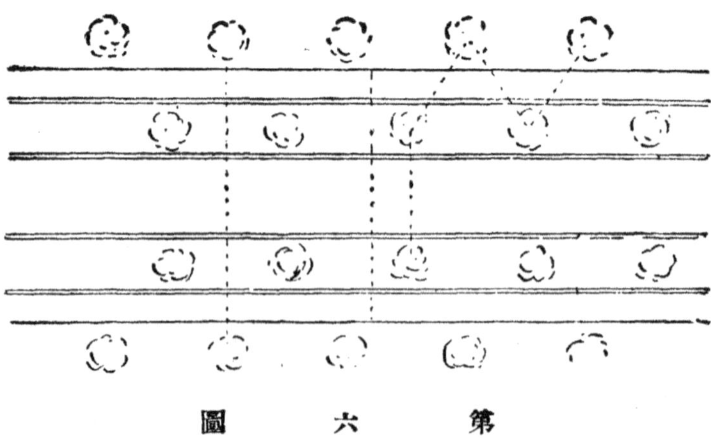

第六圖

所成之角度爲四五度。

（五）傾斜度　道路自始至終最好完全爲一水平面，然有時因地勢之關係，勢有不能，則不

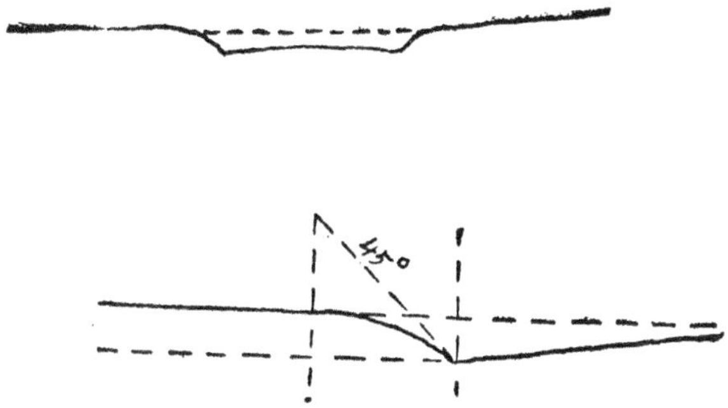

第七圖

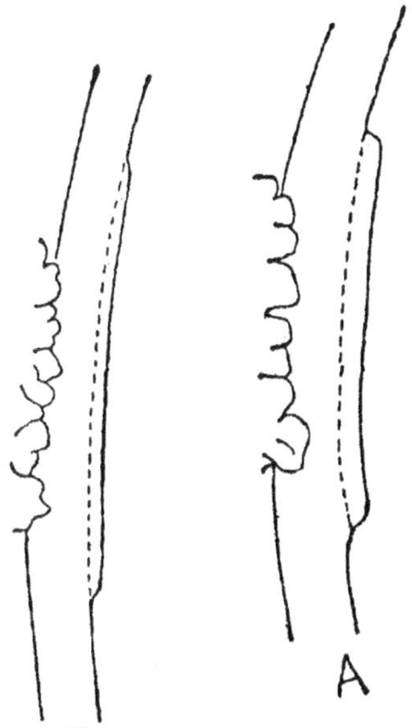

第八圖

得不有若干之傾斜度。如傾斜過急，殊與行人車馬往來甚感困難。故一般車馬道，每距一丈，其高低

差不得超過五寸，步行道則倍之。如周圍之情勢不能强之適合此種規定時，則側路小徑不妨略有變更，至於大道仍須遵守此原則。

（六）道路之邊緣　道路兩側之邊緣，必須完全平行。卽無論何部分之路幅，均彼此相等。偶

b
a
A
B

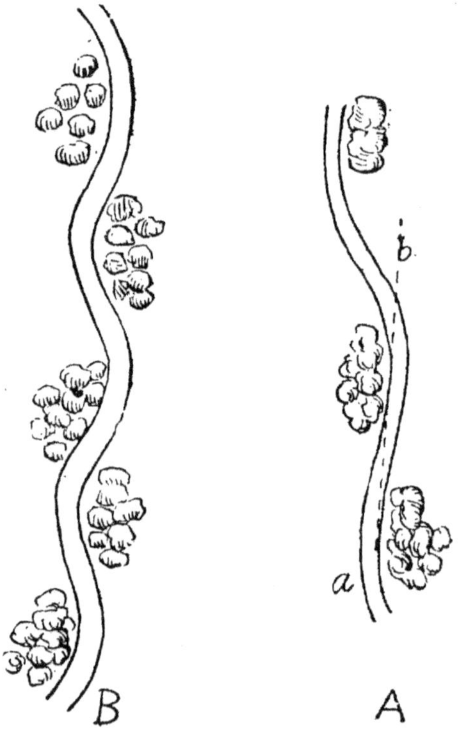

第九圖

第十圖

因一側有不可移動之障礙物，無法使前後之路幅相等時，則將對面一側之路幅，略加放寬。惟放寬之時，徐徐緩進，勿宜失之太急致礙雅觀。如第八圖之AB兩圖，爲合宜之放寬法。

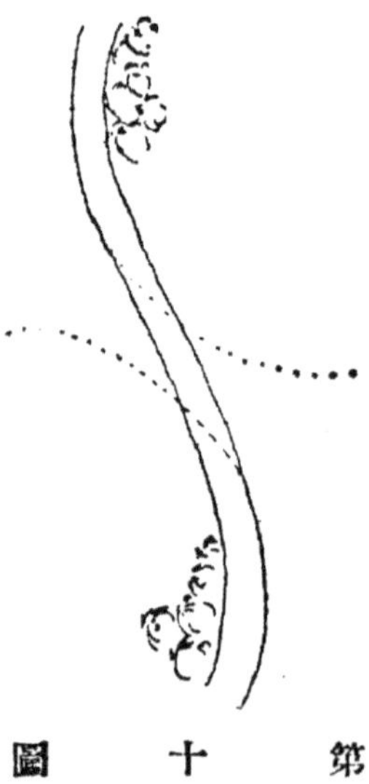

（七）道路之曲折　道路因地勢之關係，不能向前一直線進行，勢非曲折不可，或因增進園景起見，其路線故意作曲線形。然曲折之次數決不可太多，否則紆回盤繞不能速達其目的地。且道路兩旁之樹木，亦勢必隨之增加，足以障礙視線之通過。合理之曲折，如第九圖之A自a點透視b在視線上至多僅有兩個弧面。若B則爲不合理的曲折。

又曲線銜接之處，中間貫以一定長之直線，增大其曲折率，則車馬駛行調轉靈便。如第十圖所示。

（八）道路之分岐　由甲路分出乙路時，兩者或同屬主路，或分出之路爲次要之路；其方向或同趨一側或背道而馳；無論屬於何種情形，凡兩路接合之點，以圓形之銳角較鈍角爲雅觀。分叉點之中軸左右之角，宜求相等。

分路與主路大小不等，其方向又復相反者，分路之方法如第十一圖。先於主路之外緣上，取一點G令分路之內緣，在此處相切；再引一平行線令其切於主路外緣上之B點，即欲得分歧之路也。

設分出之支路，與主路在同一方向者，則如第十二圖所示之法。以支路之內緣與主路之內緣切於T，另引一平行線切於O點。兩路相交之角度，不可過大。

（九）道路之交叉　兩路交叉或爲直角，或爲銳角。前者交叉之四角，彼此相等，後者則兩銳

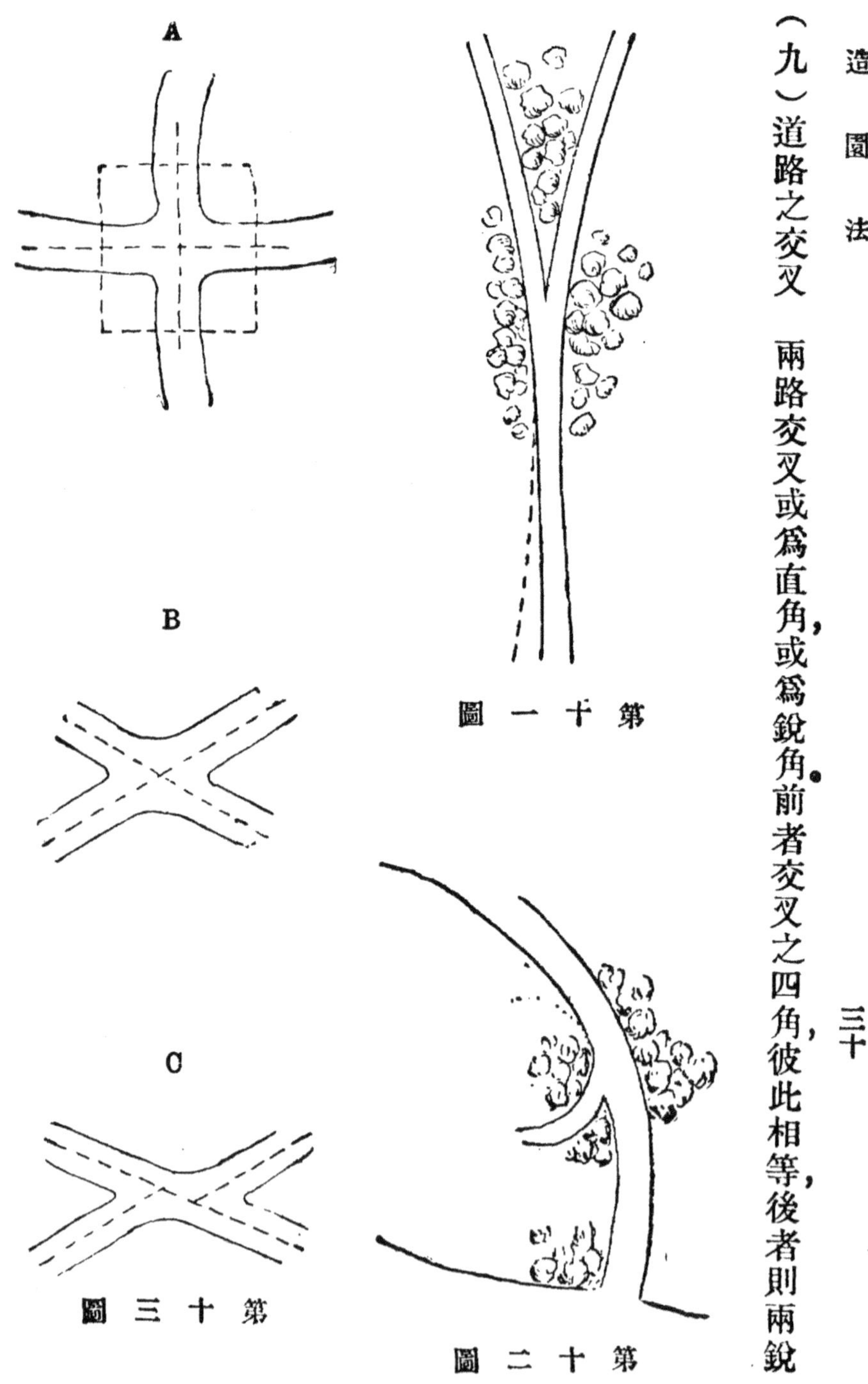

第十一圖

第十二圖

第十三圖

角不可不相等。交叉後前後兩路之路幅仍須一律，其方向亦宜在同一直線上，如第十三圖之C爲不合理之交叉法。

設有一路之終點適與他路垂直時終點之對方，宜有建築物，碑，塔，方場，花壇等與之對峙。叉路之終點相對於房屋之前者，路之中軸尤不可不與房屋之中軸同在一直線上，如第十四圖C爲合法的，D爲不合法的。

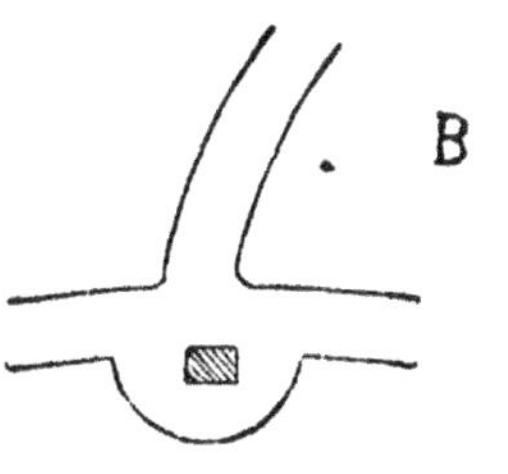

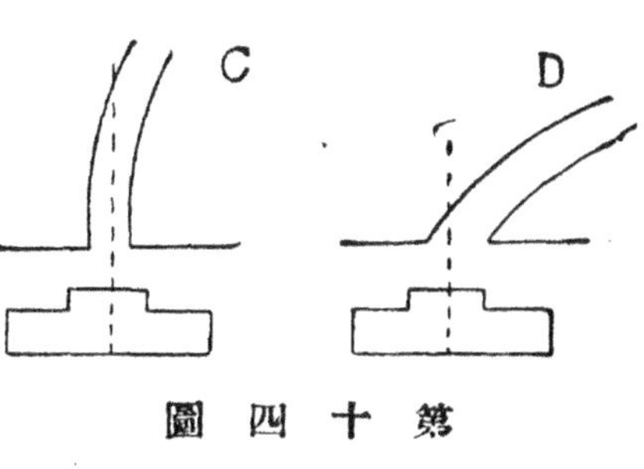

第十四圖

（一〇）路之交叉點　兩路交叉處之幅，一般仍與其路幅相等，不宜超過其路幅以上。但交叉點之中央有房屋樹木休息亭等，其面積得以擴大之。但建築物前後左右之路，其形狀大小均須相等。如第十五圖A爲交叉點與路幅相等者，B爲交叉點甚廣闊而對稱者。

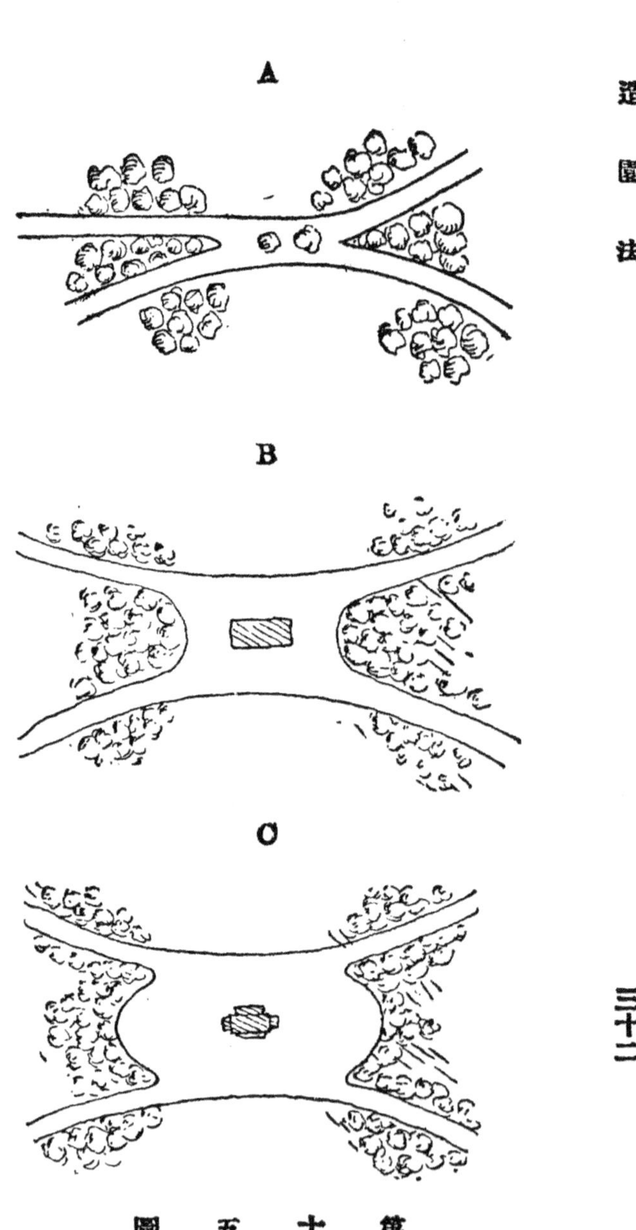

第十五圖

（一一）築路之材料　園中主要之道路，常有車馬來往故築路之材料，不可不耐久堅實始能負重。普通造主路之法，先用六糎直徑之石子爲底層厚約一〇至二〇糎。澆以泥漿，用轆轤充分鎮壓。再加以二糎徑之石子一層。最後以細砂及煤屑之類，鋪於表面。

如路面有重物經過者，必須於路兩側用水泥砌作邊緣，以防路面之破裂。如第十六圖所示之法。支路與小徑普通僅用黃砂或砂土鋪於路面，下層不必用石子砌作路基。在接近假山及水邊之路，用方石或石子如第十七圖所示鋪砌之法，頗爲雅觀。A爲較有規則之鋪法，所應用之石塊大小相等，中間之距離爲二〇糎。B則爲無規則之鋪法，應用之石塊亦大小不一。

房屋四周之道路及擬古式庭園花壇中間之路用水泥建築者頗整潔而美觀。

（十二）畫路線法　如第十八圖欲實地規劃路線時，先於圖上引一基線XY，將圖上之路線分爲若干等分，由各

第十六圖

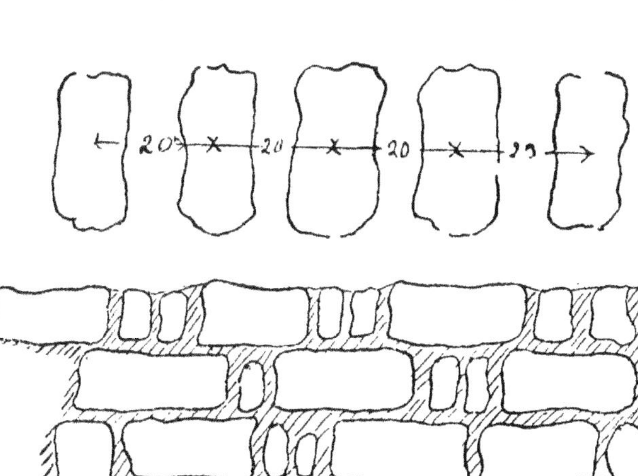

第十七圖

等分點引一垂線至於基線之上。實地工作之時，即依照圖上之比例，亦於地面上設一基線，與若干之垂直線，而於垂線之頂端樹立測桿，（如 m n o p 等處）以爲中間點，測量者即立於 a 點向 b 點透視（如第十九圖）而於透視線之外側取適宜之比例定 e 插一小木椿，又棄 a 至於 e，而向 b 透視，亦於視線之外側，取一點 b 亦插一小木椿，如是同法定 b 點用圓弧連結各點即得 ab 段之路線。依法而推至於 bc。但 a e d f b 等各點之距離，最好相等。既定 ac 路線之後以預定之路寬與之引一平行線

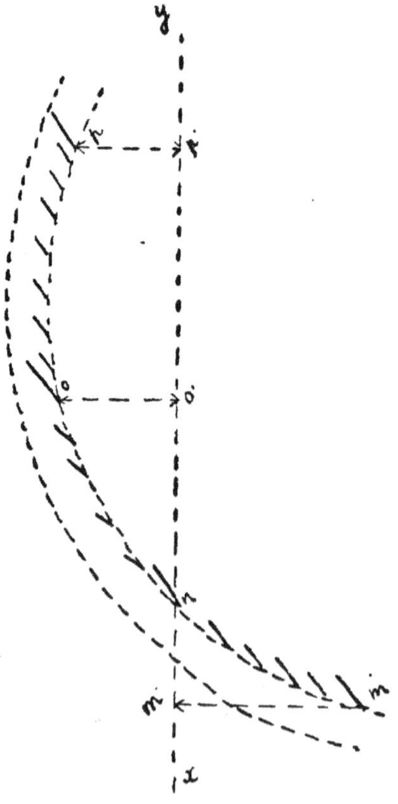

第十八圖

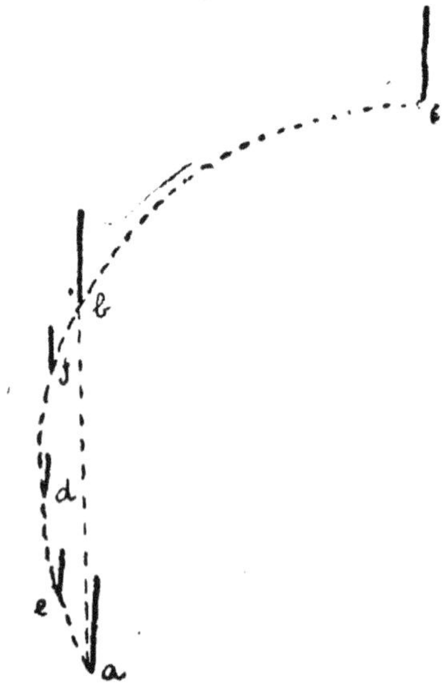

第十九圖

卽路線之形狀也。

（一三）出入口　園內外交通之處卽爲出入口。私人庭園之出入口不宜過多，以二處爲最適。大規模之公園，得設數個之出入口，其位置均接近於園外大道。傳達室閽舍等，卽居於出入口之兩側。

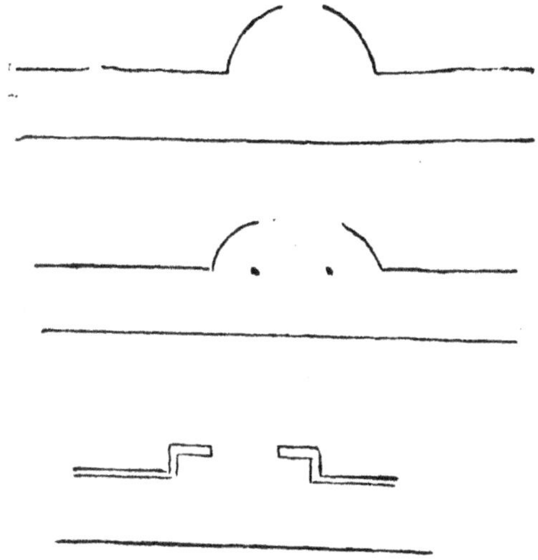

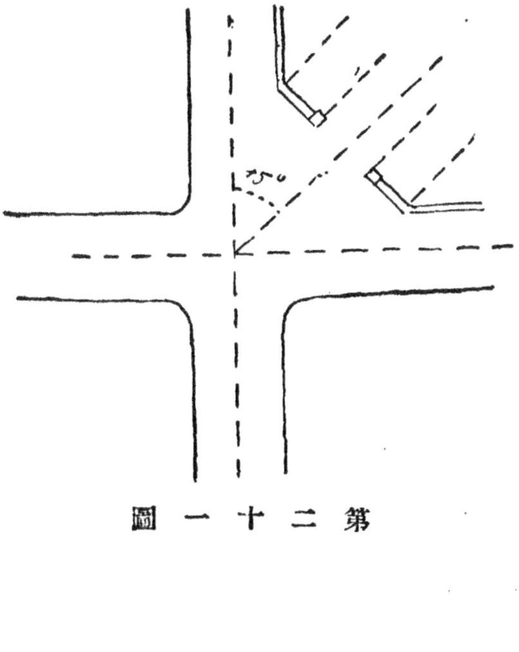

第二十圖

第二十一圖

私人庭園之出入口，不宜居於住宅之正面，而每偏於一側。此不特爲住宅內之謹慎，於園景上亦以此爲美觀。遇萬不得已有必須設出入口於住宅正面之時，則須用綠籬垣柵等爲屏障，使園外行人之視線，不至直達於室內。

遠景式庭園之出入口，亦不宜相對庭園之中央。

公園之出入口，必有一主要者。其前面須有廣場以停駐車馬。遊人出入地位寬暢，卽無礙於交通。故出入口之形式，多取半圓形，向道路之外縮進若干尺。如第二十圖之A，出入口之形狀，爲一個圓心之半圓形。B爲有二個圓心之半圓形。C爲方形之出入口。適在交叉路口時其位置最好斜對交叉路直角之二等分線，如第二十一圖所示。

第四節　綠草地之設計及經營法

庭園中除樹木花卉道路之外，要以綠草地佔領面積之大部分；故綠草地之計劃，經營合宜與否，直接影響於園景甚大。例如踏入一名園，因草地佈置得法，芳草如茵，則空氣愈現幽潔；羣芳佳木，互相對映，愈增其姣妍；徘徊其中，令人胸襟爲之一暢，反之草地佈置不得其法全部園景必大爲之減色也。

（一）面積及位置　草地之面積，必須與庭園之面積，互相對照。又應與樹木道路池沼假山等有適宜之比例。依一般造園之原則，其面積以擴大形狀以整個爲佳。至其位置則分布於主要之視線上如建築物之前面與四周等處，而在綠草地之中央，決不宜有叢密之樹木及有小徑橫貫之。

（二）綠草地之形狀　綠草地之形狀大別之爲四種：

（1）直線形　即綠草地之邊緣，均爲整齊之直線，四周有帶狀之花壇。花壇與草地之間，每有寬一尺五至三尺之小徑。花壇之表面，較草地略高，其廣自四

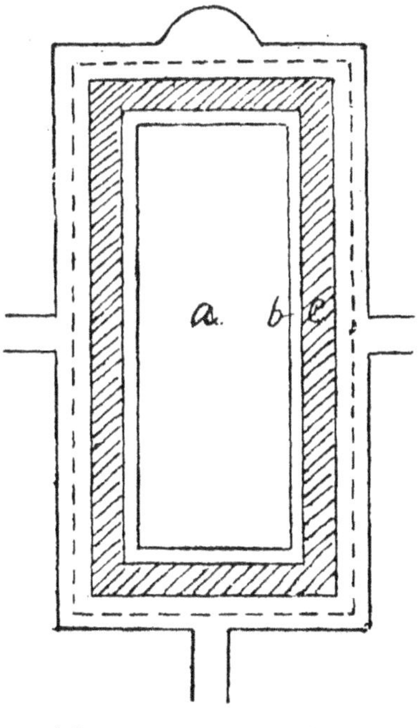

A綠草地　B道路　C花壇

第二十二圖

尺半至一丈二尺不等。花壇之邊緣，栽植小黃楊以示界限。綠草地之寬一般在三尺以上。此種形狀之綠草地，在擬古式庭園中用之最廣。（如第二二圖所示）

（2）盂形　爲一廣闊之綠草地，其中央較四周低下若干尺，四周則築高成坡面，其狀恰如水盂。坡面亦鋪種綠草，邊緣則栽植高大之喬木與美麗之觀花灌木，以供遊人之休憩。兩處平面之高低差，在面積小者，約爲一尺二寸，面積大者爲一尺八寸，其位置概在全園風景開擴之處。此種綠草地之形狀，創始於英國，至今法國式庭園中用之甚廣。（如第二十三圖）

（3）坡形　除前者盂形綠草地之四周外，如遇地勢傾斜及兩地平面之高低差甚大之處，卽佈置坡形綠草地，以增園景之特別風趣。其傾斜度爲百分之二〇至二五爲最適宜。於坡面砌作白石之階級，尤爲美觀。此種形狀之綠草地，無論浪漫式或擬古式，

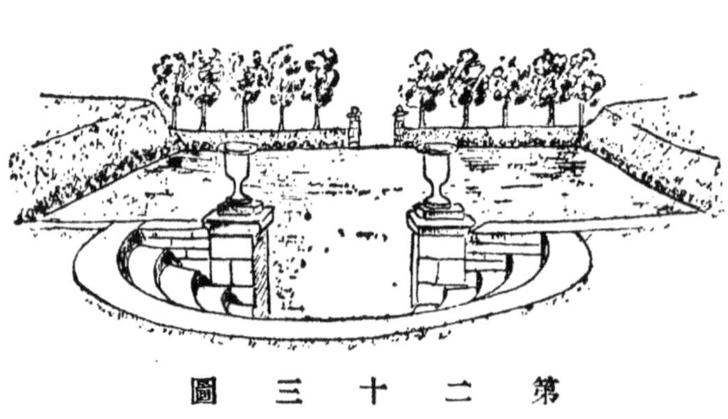

第二十三圖

均甚適用。

（4）曲線形　浪漫式庭園佈置綠草地最風行之。形狀爲草地之表面，模倣自然界山谷起伏之狀而作曲線之弧形，頗有特別之風趣，但設計時必須注意下列各點：

（1）草地之面積，必須廣大。

（2）曲線之形狀，力求簡單，其傾斜度不可過急。

（3）全部之傾斜面，不得向中央一處集中。

（4）綠草地之中央，勿宜有小徑或道路通過。

（5）草地與周圍之土地分界，不可有劃然之別。

綠草地之輪廓，往往爲道路所範圍，故路線之形狀，亦卽草地之形狀。一般草地之形狀，多取卵圓形及橢圓形爲最佳。至於凹形及多角形，既不便於管理，又不合於遊人之心理，故爲造園家所不取。

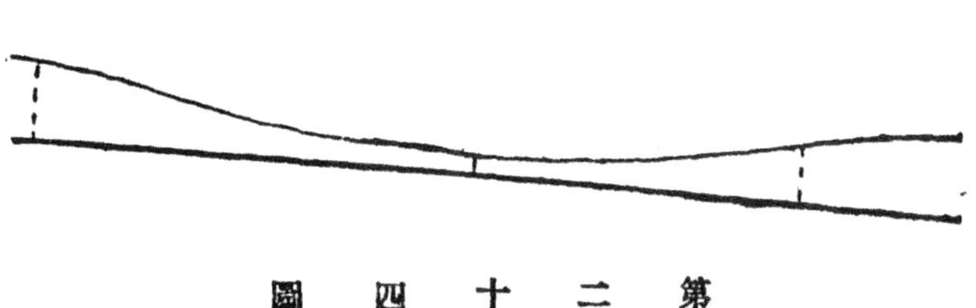

第二十四圖

擬古式庭園之綠草地，多用各種有規則之幾何形。

（三）綠草　綠草又稱芝草草地之優劣，與綠草種類之選擇頗關重要。適用於綠草地之植物，必須具有緻密柔軟易於萌芽及生長期長之特性。普通多用禾本科植物及混雜一部分之豆科植物。在商業上出售之綠草種子，概爲已經配合之混合種。而以(ray grass, lawn grass)兩種爲最優良。

我國造園家通常掘取田間郊外野生之草皮，鋪設於庭園，以代播種。如掘取之草地選擇得宜，細柔而少雜草，其結果有時反勝於用播種之不得其法者。

（四）草地之花　冬春之際，草色枯黄，園景殊感肅殺；若有三五小花，點綴草地中，臨風招展，實風雅可愛。適於栽培草地上之花，普通用早春開花之球根植物。其最著者如下：

番紅花(Crocus)地春花(Eranthis)雪合花類　(Galanthus)　蒼鈴類　(Scilla)　地水仙類(Narcissus)　鬱金香類(Tulipa)海仙花類(Hyacinthus)。

（五）草地之培植　培植草地之法有二：（1）用種子播種者，（2）掘取野生之草皮者。

用種子播種之法，最爲通用，其結果亦最完滿。不過必須注意之點，卽綠草種子之發芽力，甚易消失，貯藏之時期，達二年以上，卽不能發芽，故向國內外種子商店購買，不可不注意此層。播種之地，先期深耕，每畝加以六七百斤之廐肥，剔去各種雜草之宿根，粉碎土塊，匀平土面，然後預備播種。播種時期，自三月至五月，均無不可，而以春雨初霽之後，土面略帶濕潤，爲播種最好之時期。每畝地之播種量，約在十五斤至二十斤左右。惟爲預防一部分之種子不能發芽起見，以稍密爲宜。撒播種子，貴於匀一。於土面宜蓋以草木灰或河砂一層，以防止乾燥。如遇長期亢旱，則必須用細口噴霧器朝晚洒水一二次。鳥類之啄食種子，亦不可不預防之。

播種後七日至十日，卽發芽。生長達五六寸長時，用鐮刀齊地面割去。同時充分灌溉。並用轆轤充分鎮壓，使其地上之莖，橫臥地面，促其節間多生新葉。如是全部之草地不久卽可緻密。迨草根完全與泥土固着之後，始可用軋草機修剪之。

（六）草地之管理　管理草地有注意之點三，卽修剪，灌漑及剔除雜草是也。

綠草生長迅速，且易於結子，故春夏之季，每星期至少必須用軋草機修剪一次。如夏季欲保持綠草色澤之鮮綠，洒水濕潤爲必要之舉。洒水之時間，最好在早晚，用細眼之噴壺器充分洒之。次數每週一次或二次。

草地之中，往往有不良之雜草叢生，頗不美觀。遇有發生，卽隨時拔去，以防其繁衍。

草地之年代過久，卽漸次衰老，預防之法，於冬季施以粉狀之化學肥料於地面，以補充地力。

第五節　樹木之布置及栽植法

樹木爲造園上最重要之一要素。主要之風景，完全賴之以構成。故未有不植樹木之庭園，更未有樹木栽植不得其宜而得優美之園景者。其造園上之重要既如此，故設計庭園之時，不可不格外注意焉。茲舉其要點分述如次：

（一）樹木之觀賞價值　樹木之觀賞價值不外於形狀、色澤、花與果實四種：

（1）樹冠之形狀　樹冠因種之不同，其形狀亦大有差別。園景者，卽往往利用不同形狀之樹冠配合之，以創造之也。

最普通之樹冠，爲圓頭狀，如大部分之闊葉喬木及灌木。（如第二五圖A）其次卽爲圓錐形。樹幹之分枝接近於地面下部最長，愈趨頂端而愈短縮。一般之針葉樹均屬於此類。此（如第二五圖B）兩種樹冠，往往配合而利用之。

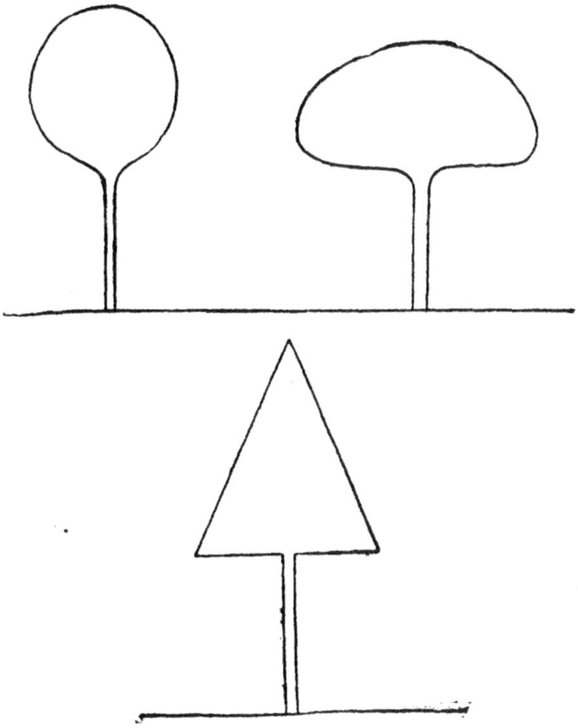

第二十五圖

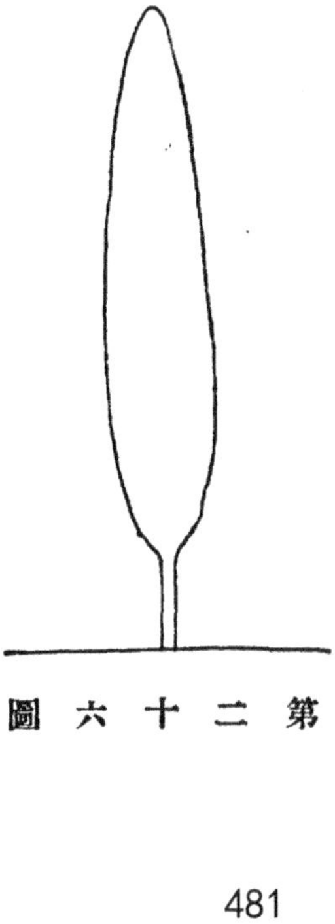

第二十六圖

除前之兩種之外，又有總束狀樹冠。其枝葉亦自樹冠之基部分出，但其生長之方向，與樹幹同在一平面，如白楊、榆、等之一種變種。（如第二十六圖）又有倒垂形者，其枝椏向地心下懸，如蟠槐，垂楊之類。亦各有特別之風趣。

由人工修剪之形狀，更爲繁夥。如各種形體之意像，在擬古式庭園中，利用最多。又有幕簾狀杯狀等，行道樹多用之。如第二十七圖所示。

樹葉之形狀，亦種種不一。故

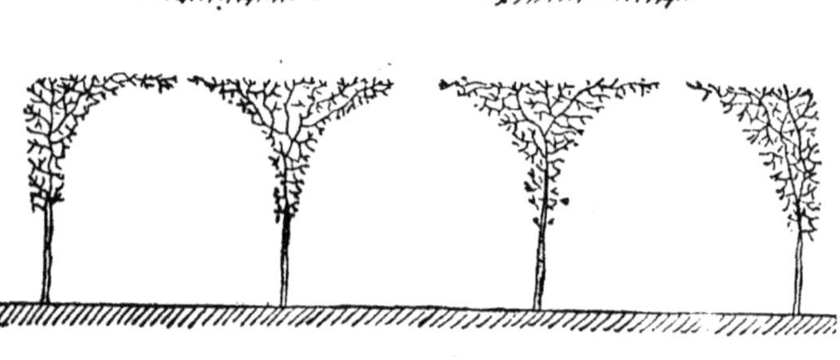

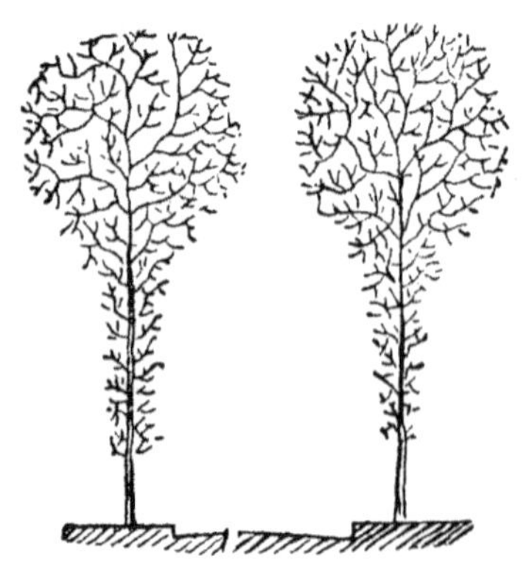

第二十七圖

往往樹冠之形狀，亦隨之而變異。有偉大者，有纖小者，造園家不可不取其特殊之點，善爲利用以創造特殊之風景。

（2）樹冠之色澤　樹冠之色澤，雖廣泛的以綠色爲主，然細辨之，其中頗有差異。如針葉樹概爲暗綠色，但其中之 Cedrus, Abies, Picea 等又有白粉狀之暗綠色。闊葉樹中之柳，四照花等則爲淺綠色。因之其觀賞價值，亦各有不同。樹冠中有紫色者，如紅葉櫪(Fagus sylvatica purpurea)比氏李(Prunus pisardi)等甚爲珍異。紅葉之樹冠，亦頗不少。大致爲秋冬落葉之前，樹葉因生理作用變異之結果而爲紅色。最著名紅葉樹種，爲楓，美國櫟，漆樹類及葡萄屬之植物。最稀少之色澤，則爲黃色。如樺木(Betula)之一種變種。

（3）花與果實　大部分之樹木，其觀賞之目的，在其美麗之花與果實。其在庭園上之價值，非常重要。缺少此種要素，庭園中卽無活潑富麗之氣象。觀花之樹木，種類繁多。花之形狀，色澤亦異常複雜。開花時，四季不同。各種觀花樹木之特性，隨吾人之目的而利用之。

觀賞果實之樹木亦至多，其色澤以紅黃居多，藍白紫等次之。觀賞之時期，大半在秋冬兩季。故於萬物凋零枯寂之時，園中以此爲唯一之觀賞品。

（二）樹種之選擇　樹木各有不同之觀賞價値既如上述，吾人選擇時自亦有種種不同之標準。主要者有以下數項：

（1）栽植於綠草地者　（2）栽植於水邊者　（3）栽植於岩石間者　（4）爲綠籬之用者　（5）爲行道樹者　（6）點綴墻壁及棚架者。

樹木對於風土氣候之性狀，亦未必一律，故選擇樹種之時，對於本地之氣候地質地勢，等亦應加注意。例如適能生長於酸性土壤之樹木，未必能生長於鹼性之土壤也。

對於觀花之樹木，同時須注意開花之時期。將花期不同之樹木善爲支配，使每月之內，均有開花之樹木，則園中之花，可四季綿續不絕。

重要觀賞樹木之種類，附表於篇末。

（三）植樹之形式　庭園中植樹之形式，大概分爲二類：一倣模自然界中樹木生長之狀態，散亂而無規則。二由人爲之意像，取各種有規則整齊之形狀。茲將各種植樹形式分別述之：

（1）森林　天然之森林，爲樹木生長最自然之形狀。近日利用天然森林開闢爲公園或私園者，已屢見不鮮。如遇有此種情形，必選擇森林中日光空氣比較流通暢達之處，建築房屋。復以此爲中心左右前後開築道路以與園外之道路連絡。森林中道路之區劃，宜求對稱，處處有規則俾遊人容易識辨方向而無迷路之苦。在建築物之主要視線上，有林木密閉，每感苦悶，則斫伐一部分之樹木，使視線通過於林外。如第二六圖所示。

（2）樹叢　亦爲模倣一種樹木生長於自然界中之狀況。較前者則更爲幽密。但其面積不及森林之廣大，普通在道路之曲折處，草地之邊緣，廣

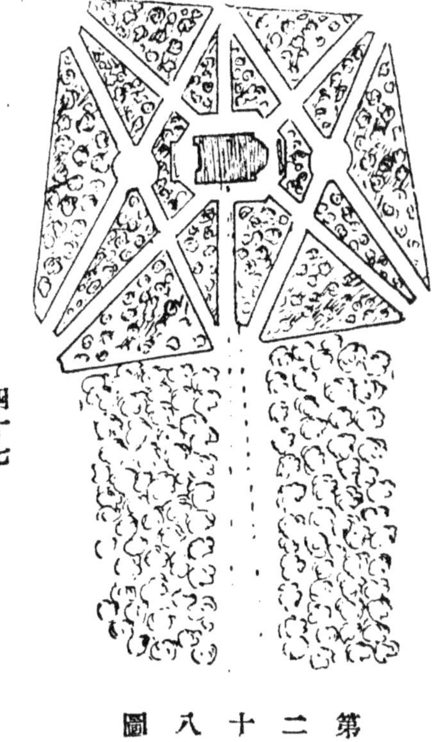

第二十八圖

第二十九圖

場與球場之外圍。利用此種植樹形狀，佈置園景，其目的爲障蔽園中不雅觀之部分，及增進園

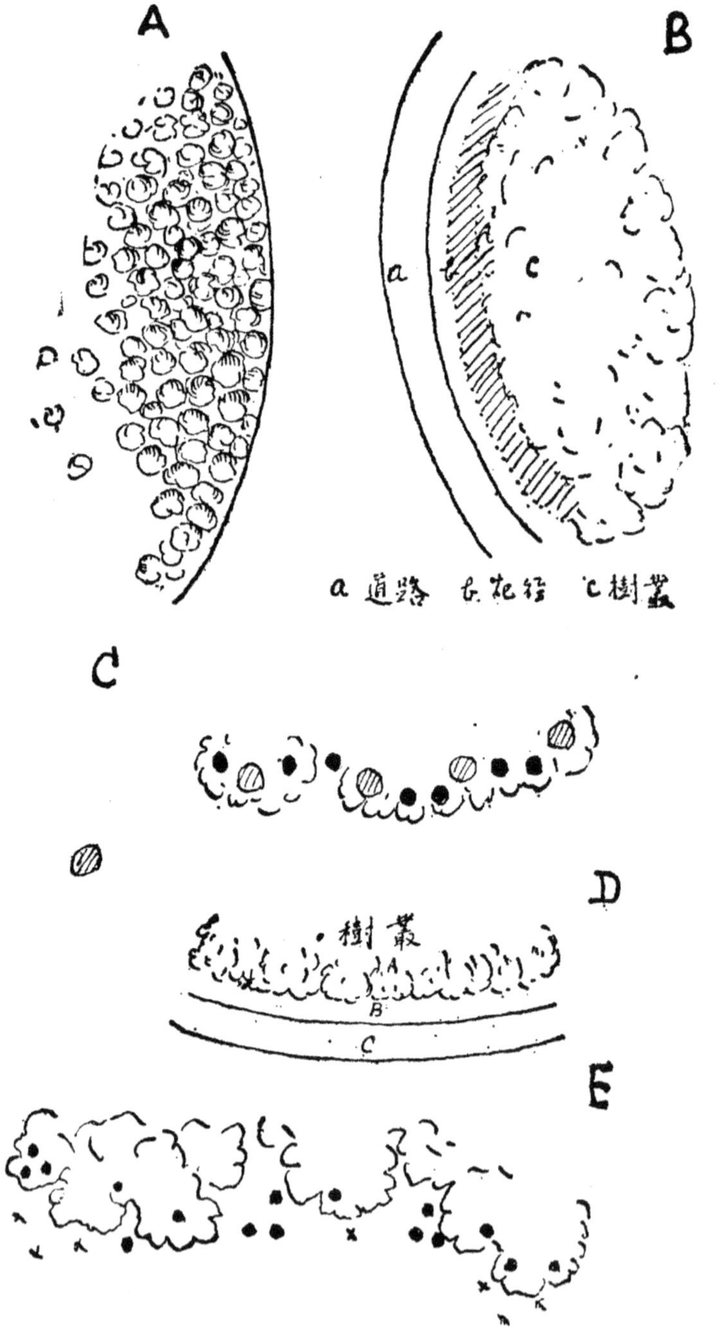

景之幽遠，使全部園景不卽顯露於外也。

樹叢之樹木，普通用許多不同種類者混植一處，以其中之一種爲主要樹，株數較他種略多。在邊緣者取樹冠色澤淺淡之樹木，中央者宜深綠色樹冠之樹木。樹叢中主體樹一般用闊葉樹，但在冬季互長之地，則以常綠樹及針葉樹爲佳。接近住宅之樹叢，尤宜多用觀花之樹種。大面積之樹叢，其邊緣多取不規則形狀，如第二九圖C，於邊緣栽植常綠及闊葉之灌木，其株數兩者常爲一與二或一與三之比。如E則於邊緣栽植觀花樹與觀葉樹木。小面積之樹叢，邊緣多取有規則之植樹法，且於其外緣每年栽一二年生或多年生之草花，作爲花徑。如B圖。否則如D圖之舖設帶狀草地於樹叢與道路之間，亦饒奇趣。

（3）樹羣　爲少數之樹木同種或異種羣生於一處，株間有相當之距離，不若前者之毫無規則也。其目的爲點綴綠草地與隱約視線。在小面積之庭園，往往卽以此代樹叢。其地位則在近水之旁，道路之兩側，與交义點綠草地之邊緣，及透視線之左右，以其爲範圍物。樹羣有孤立者，有與樹叢毗連者。

布置樹羣不可不知其襯色法。例如欲園景輕遠者，則以樹葉淺色者列於後，深者列於前。反之則使園景趨於沈肅。

樹羣之株數以三至五爲常。其排列之方法，須合於自然。一般植樹之法，如三十圖所示，在一視線之上不得有三株之樹木。

擬古式園中之樹羣，適與前者相反。處處整齊左右對稱。如三角形四方形五角形菱形等之形狀。

（4）孤植　植樹之目的，爲完全觀賞其美麗之樹冠或其色澤起見，宜一株孤植於目的地，

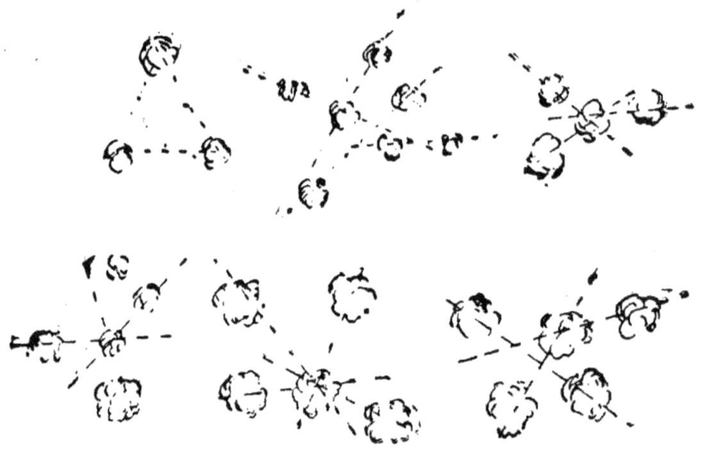

第三十圖

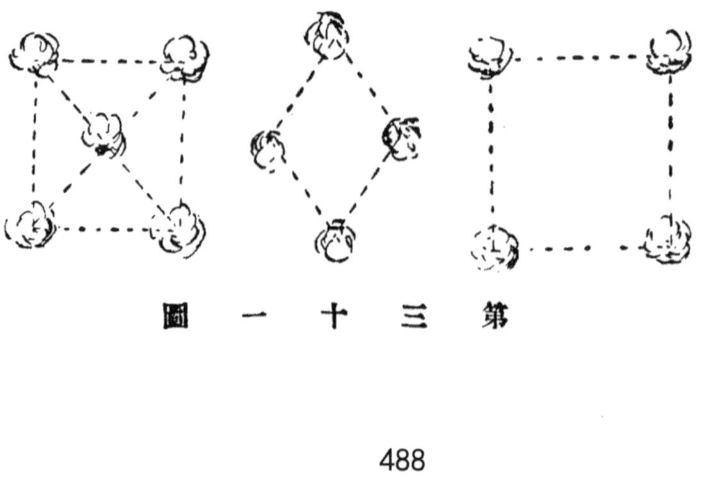

第三十一圖

較易表顯其姿態。若於平曠之綠草地上，以及兩路相交之點，若有一株綠蔭滿天枝幹古雅之大樹，在四周背景襯托之中，必愈增其晦明曲突之妙。

孤植之樹木，宜離附近有樹叢樹羣之處稍遠。而同一形態色澤之樹木，更不宜相距太近，以免重複。其栽植地之位置，在道路之邊緣或交义角上者，相距道路不宜在七八尺以上。

（5）直線形　庭園中之行道樹及擬古式庭園中之樹叢，概用直線形植樹法。而其株間與行間相對，有一定之距離。

視道路之寬狹與植樹地面積之大小，樹之行數自一列以至數列。植樹之形狀，亦如樹羣，爲四角形或三角形。株間與行間之距離，視樹之種類而不同，普通自一丈至一丈五尺。

（四）植樹法（1）植樹之時期　在樹木生長停止期內，自十月底以迄三月間隨時均可栽植。惟各季長久冰凍酷烈之地，以春季植樹較爲妥善。如常綠樹其根部之吸收作用，即在冬季並不完全停止者，尤以三四月栽植爲宜。（2）移植　樹苗由苗圃中掘出時，根部之面積宜大。掘取大樹時，更宜於一年之前，離根部數尺之四周，掘一深溝，切斷其根，不使其蔓延之面積甚大。至栽植時，始掘出之。栽植之苗木，途中搬運時，根部必須附帶泥土，用蒲包或草稈縛束於外部，以防泥土之脫落。對於大樹之搬運非用特製運樹車不可。（3）栽樹　栽樹之地預先掘好植樹穴。穴之直徑，樹小者六寸至一尺樹大者，三尺至五尺。深度則以栽植後覆土適至根與莖相接之莖部爲止。植樹之土須用肥沃之園土。於土質瘠薄之地，每穴加以十斤至二十五斤之腐熟馬糞栽植之。栽植之前有病弱及形狀不整齊之枝根，適宜修剪。凡晚植及嬌細之樹種，須浸根部於泥漿及牛糞尿中若干小時，此手續有促進活着之效。栽植時，根部不可屈曲。覆土宜用足踏實，使土

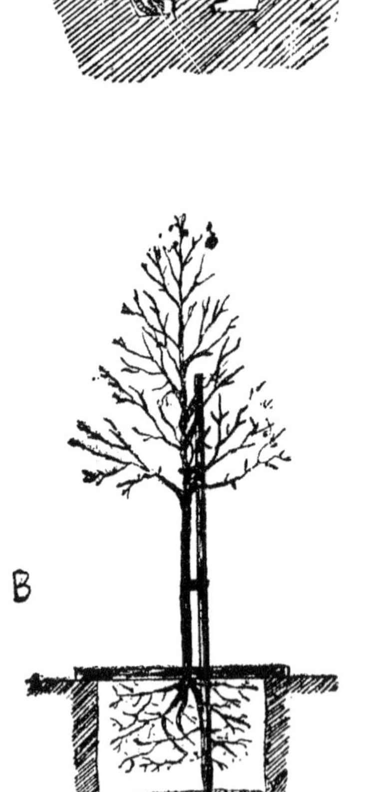

第三十二圖
A 掘取樹木法　B 栽植樹木法

壤與根部完全密着。在土地抵濕之處築土不可不高出地面。（4）栽植後之管理　植樹之後，每日必須充分灌漑一二次，至樹勢完全恢復後爲止。至於移植大樹，最好用稻稈或麥稈包着樹幹之全部，減少其表面之蒸發，以防其乾燥。施用支柱亦甚重要。栽種大樹及多風之地，尤不可缺。未植樹之前，先埋支柱於穴中，則不易搖動。支柱之材料，普通用二寸左右之木梢，其長短視樹木之高低而定。縛束之繩索，以草繩爲最佳。縛於樹幹之頂部中央及基部三處。

（五）樹木之修剪　觀花之樹木，每年冬季及早春，未着葉之前，有修枝之必要。剪去老弱徒生無用之枝以保持其整潔之狀態。

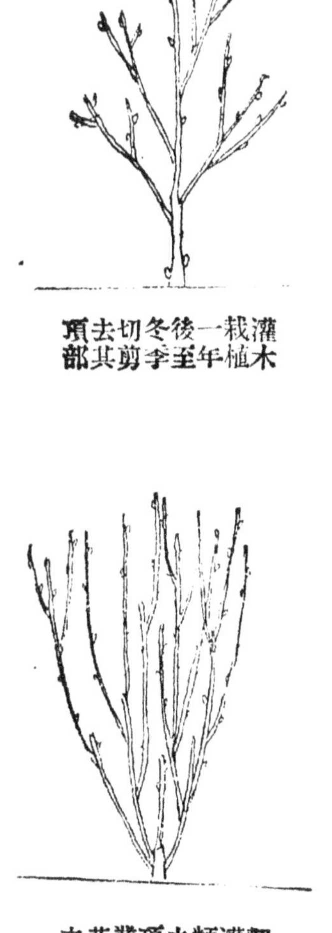

灌木栽植一年後至冬季切剪去其頂部

觀賞灌木類剪去其頂部叢生花枝之狀

第三十三圖

觀花之灌木，欲其開花繁茂，又非每年加以修剪不可。灌木着花、普通有兩種情形：一着生於當年之新枝上者。二着生於二年生之老枝上者。前者則在冬季或未發芽之前爲修剪之時期。後者則於開花之後，爲修剪之時期。修剪之長短約在梢部三分之一。

一般之灌木類，多在栽植後之第一年齊根部剪去主幹，以促其發生無數之枝椏，以成叢藪狀，則開花之枝更多。如第三三圖。

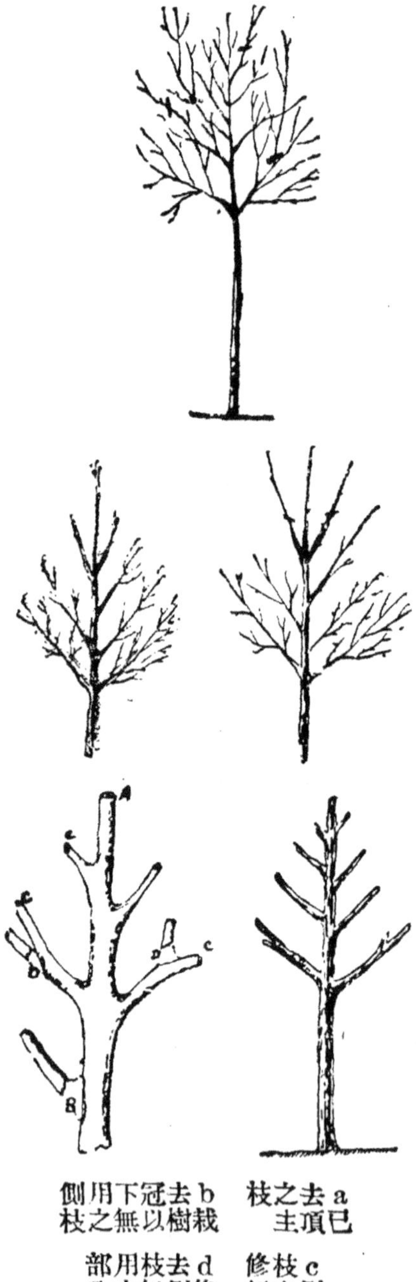

a 已去頂之主枝
b 栽去樹冠以下無用之側枝
c 側枝之修短
d 修去側枝無用之部分

第三十四圖

行道樹亦有剪枝之必要。除剪去樹幹一定高以下之徒生枝及有蟲害病害等無用之枝外，樹冠之主枝及旁生之側枝，爲整形起見亦非修剪不可。如圓錐形之樹冠，其側枝與主枝長度相等。如三四圖。

第六節　花壇及花徑之布置

在室外利用叢生草花與觀葉植物，依其色澤作種種之配合以爲園景上重要之點綴品者，是爲花壇。今日園庭間，用之最廣。

（一）花壇之種類　花壇之種類可大別爲二，卽刺紋花壇與配色花壇。

（1）刺紋花壇　用小黄楊邊線，描畫種種動物形象，幾何形體，爲極精密之刺紋。於黄楊之間栽植草花，亦就其色澤大小而配合之。此種刺紋花壇，在古代之法蘭西式庭園中，用之最多，實爲庭園中最富麗之裝飾品。

（2）配色花壇　爲普通庭園中布置最廣之花壇，其結構不若前者之複雜，僅築土高出地面爲圓形或橢圓形之小墩，以帶狀之草地或鐵環爲邊緣，栽植一二年生或多年生之草及美麗之觀葉植物，依其色澤生長之高低大小，配置爲種種之圖案。

（二）花壇之位置　布置花壇以能爲主要視線所及與遊人常可臨前觀摩爲主，其位置多在建築物之前面主要道路之交义點及兩側，或紀念碑塔彫刻物之下方等之綠草地上，其離道路之邊緣不可太遠，約相距三尺至五尺左右。

花壇之形狀，如爲橢圓形，卵圓形，長方形者，以其長軸與道路之邊緣平行，兩端至於道路之距離必須彼此相等。如第三五圖。

又道路之邊緣弧形者，花壇之邊緣亦以作同方向之弧形，較爲美觀。如第三六圖A。花壇在道路之交义角上者，必須花壇之長軸，須在交义角之二等分線上，使花壇適居於交义角之中央，如第三六圖B。

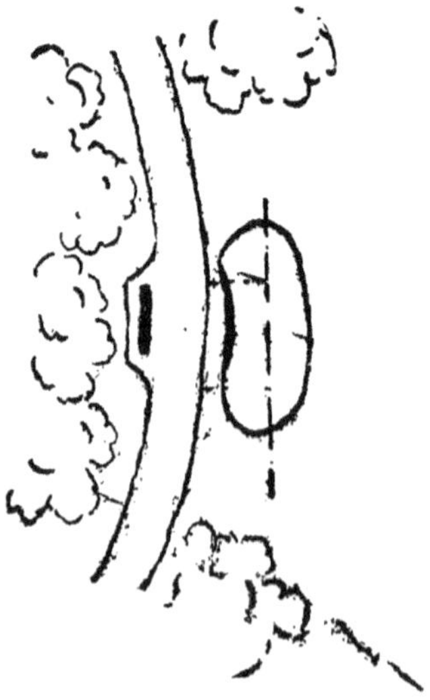

第三十五圖

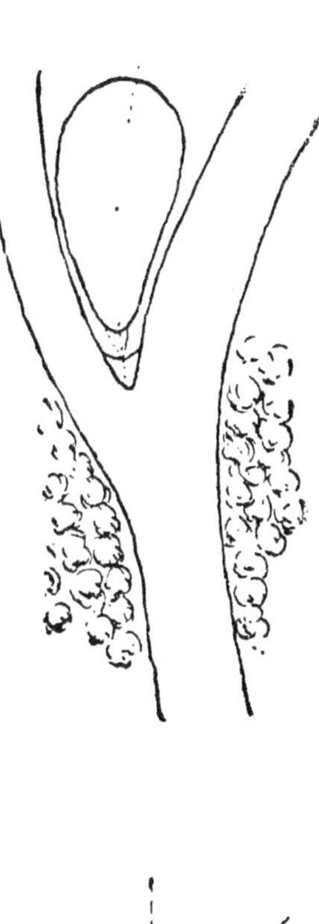

第三十六圖

花壇之位置，常在綠草地最高最低之點，使人易於注目，地面之傾斜度不甚急烈，則花壇之土面不妨保持其水平狀況。否則花壇之表面，不可不與土面作同方向之傾斜。

（三）花壇之形狀　花壇之形狀，普通爲圓形，長方形，橢圓形，卵圓形四種。圓形及長方形花壇如第三七圖所示，其作法有一定之半徑，長短兩邊之後，非常簡單。茲將實地作橢圓形卵圓形之方法述之如左：

（1）作卵圓法　如第三三圖已預定短軸AB之長，於其中央引一垂直線CD，而延長至於E；以C爲圓心作ADB半圓形，同時延長其弧至於DE垂直線上之F點；連結A與B

而作AF，BF兩直線，復延長至於HG兩點，次以A與B爲圓心，AB爲半徑，各作BG，AH兩圓弧；繼以F爲圓心，FH或FG爲半徑作，GH弧；於是連結A，D，B，G，H各點，卽得一卵圓形。

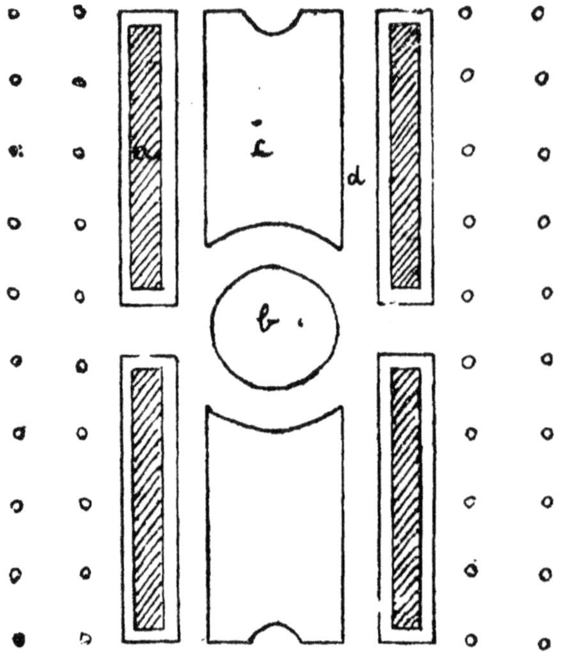

a 長形花壇　b 圓形花壇
c 綠草地　d 樹木

第三十七圖

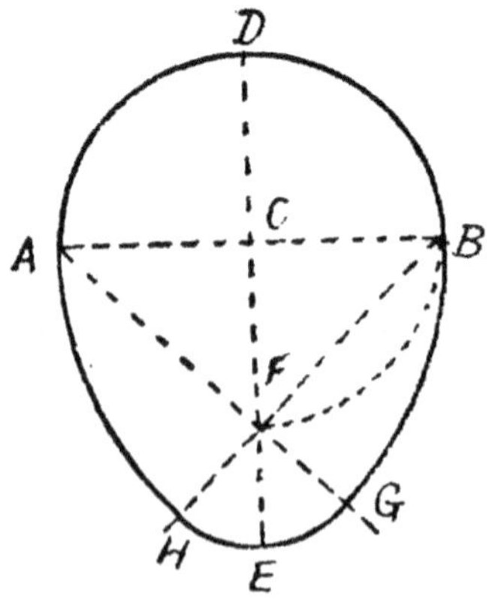

第三十八圖

（2）橢圓形已知其大軸之作法　如第三九圖，已知橢圓形之大軸AB；將AB三等

分之爲 AC, CD, DB;以C爲圓心AC爲半徑作一圓;次以D爲圓心,DB爲半徑,又作一圓;兩圓相切於E,F兩點;於是又以E,F各爲圓心,AD爲半徑,上下各作一弧,而適與前之兩圓相切於S,K,L,M諸點連結之卽得一橢圓形。

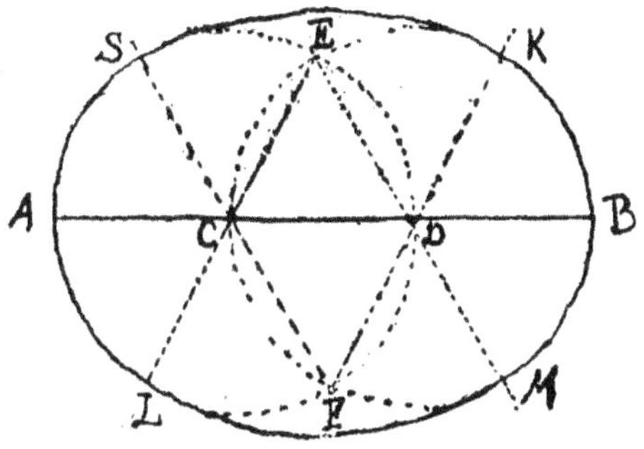

第三十九圖

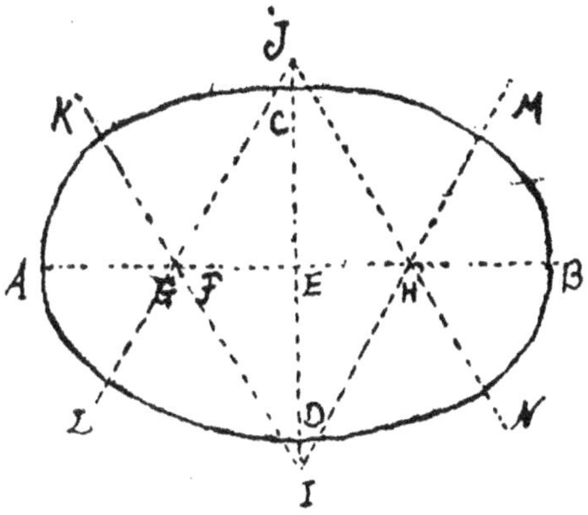

第四十圖

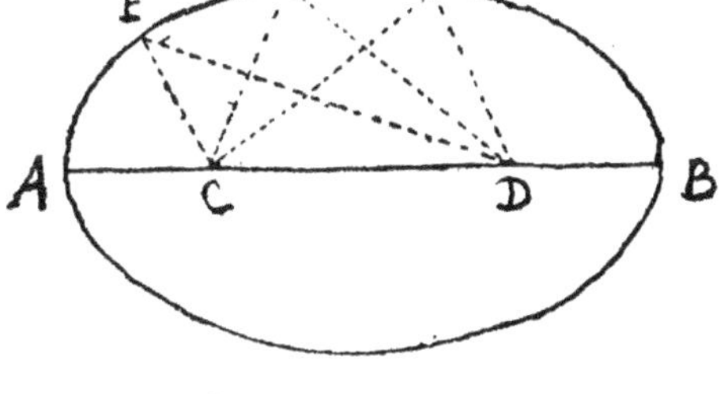

第四十一圖

（3）橢圓形已知其大小兩軸之作法　如第四圖,已知大軸AB及小軸CD,直交於E點;取CE之長由A點在AE上定一點F;將EF之間區劃三等分,而以每一等分之長由

F向A之方向取G點；同法在BE線上取H點以GH爲底邊，上下各作兩個等邊三角形GJH，GIH，而將其各邊延長之；次乃以G爲圓心，AG爲半徑作一圓弧與GI之延長線相交於K點，與GJ之延長線相交於L；同樣以H爲圓心BH爲半徑作MBN圓弧；繼以IJ各爲圓心I,J爲半徑，上下各作一弧；而與前者相切，即爲一橢圓形。

（4）橢圓形之簡易作法　如第四一圖，先決定一長軸AB，於兩端各立一木樁；於AB線上取CD兩點（大約AB之三等分點）亦各立一木樁；自A至D連結一雙褶之麻繩，於是以D爲圓心緊張A端而用一尖銳之小木片，在A之左右兩方劃一弧，直至繩與C點之木樁相遇不能進行時爲止；次乃棄A點仍以D爲圓心，緊張麻繩於C點木樁之上，如前法繼前弧之末向B端畫一弧，如是循環一周，再至於A，乃得一橢圓形。

（四）花壇之圖案　花壇之圖案，普通爲整齊之幾何形體。其筆畫貴乎簡單，然後有充分之面積，以供花卉之生長，將來形成之圖案，始能明晰。

花壇之中央，嵌以文字及形體含有紀念之意義者，亦屢見不鮮。復用幾何形之邊緣與之配置，頗爲美觀。今舉最通用與最簡單之圖案若干種於左，以供參考。

1 花葵(Lavatera)
2 龜葉老少年 (Iresine wallisi)
3 香水花草(Heliotropium)及六倍利(Lobelia)
4 龜葉老少年 (Iresine wallisi)
5 四季花酢漿 (Oxalis floribunda)
6 冰花 (Mesembryanthemum)
7 雪瓦塔 (Sempervivum)

1 翠葉草 (Coleus verchaffelti)
2 黄葉菊 (Pyrethrum parthenium)
3 五色莧 (Alternanthera versicolor)
4 龜葉老少年 (Iresine wallisi)
5 百合佛甲草 (Sedum carneum)
6 朱蕉 (Cordyline)
7 六倍利 (Lobelia erinus)

第四十二圖（甲）

製作圖案，必須用繩索、木樁、兩足規、三齒規等用具，以利工作。區劃之方法，在圖案簡單者僅少許應用幾何之原理，非常使捷。複雜者，將全部區爲若干等分，先製作一區內之圖案，然後順次推及於全部。又過於精密之圖案，則先畫一區分於堅韌之紙上而鏤空之，以紙貼着花壇之土面，紙上塗以石灰粉，迨揭開畫紙，圖案卽覆印於土面。

A 紅花美人蕉
（用紅黃草作邊）
B及D 四季紅花海棠
C及E 四季白花海棠
F及H 玫瑰色矮牽牛
G及I 藍花矮本勝紅薊
K及M 紅花洋繡球
L及N 白花洋繡球

1 紅花洋繡球
2 斑葉洋繡球
3 四季海棠
4 藍花矮本勝紅薊
5 黃葉菊

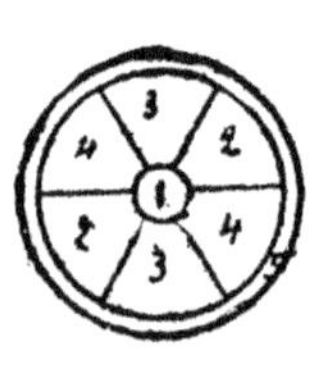

1 紅黃草
2 矢車菊
3 球根海棠
4 藍花矮性勝紅薊
5 五彩莧

第四十二圖（乙）

（五）花壇之面積　花壇之面積，常隨各人之嗜好與庭園之面積而不同。然失之過大與過小，俱有損美觀。其直徑一般以一丈五至二丈四尺爲最適宜。如橢圓形之花壇，其長軸勿宜超過短軸之兩倍以上。最有經驗之標準，爲二〇與一一或二〇與一二之比。

（六）花徑　花徑爲利用道路兩旁之空地，草地之邊緣，或樹叢之前方，建築物牆壁之四周，栽植各種種類色澤不同之草花，以增進園景之一種特別風趣。花卉之排列，或有規則或無規則，大抵在前列者用矮小及一二年生之植物，在後列者用高大及多年生之植物。色澤之配合至爲重要，凡同一色彩之花，不可聚列一處。花期不同之花宜充分利用分配於花徑之全部，使花徑之上終年好花不絕。如花期不能彼此連續者，而以葉有觀賞價值之植物間植於中央，以爲調和。

（七）色之配合　配合花色至爲重要，因每種色澤於人類心理上發生之感覺每有不同也。設有許多色澤不同之花卉，栽植一處，配合得宜，則觀賞時令人倍覺可愛。反之配合失宜，則觀賞時令人格外掃興，故花壇花徑落英繽紛之所在，宜特別注意花色之配合。茲舉英國造園家魯濱孫(W. Robinson)花色配合之原理於下：

熱色中之深紅，玫瑰，橙黃，及灰白諸色，可配合一處。

紫色及青紫色，最忌與鮮明之紅色玫瑰色等配合一處。而以生白色配或灰白色居其中，最爲得宜。

利用白色時，欲求其全部愈增光輝，必須以乳白色或暗白色襯其周圍。藍色及淡藍色之左右，最好用蒼白色薔薇色配合之。黃色與各種深淡之薔薇色或任何之色澤配合，咸稱相宜。

（八）花種之選擇　選擇花種，因造園地之土壤、氣候、觀賞之目的、利用之方法等而異。應用於庭園中最廣與最重要之種類，有表於篇末，分別述其花色用途開花期等。

第七節　透視線

透視線者，爲立於園中主要之一點，（如住宅重要之建築物等處）其視線通過一狹長之範圍內，直達於其欲透視之目的物（如建築物碑塔假山天然風景等。）以之一一吸收之於眼簾之謂也。因之景色之遠者，可以移之近，幽閉者使之暢達，處於斗方之內，不難將園內外之風景飽覽無餘。故其在園景上之重要，猶之吾人之有耳目焉。如第四三圖。

透視線由下列之三部分而組成之：卽視界、中間之空隙、及左右之範圍物是也。

（一）透視線與範圍物　吾人之視線，逕達於彼方之目的物，經過中間之空隙，如過於開擴，既乏意興，而左右一切諸物非爲視線之目的者，反映入於眼簾，勢必使眼簾易於疲乏；故視線之左右，必須有物以範圍之，令其集中之於一點；此種範圍物，一般卽爲樹木，視線卽於樹木之中間通過。

（二）目的物之位置　目的物之位置，或在園內，或在園外，均無不可。普通小面積之庭園，其目的物均限制於園內。至於偉大之庭園，更宜攝取園外之天然景色，一一利用之，使園景愈趨優美。例如園外有崇嶺、平湖、海水、朝霞、暮煙、邨舍等，種種景色，爲最有價值之目的物。

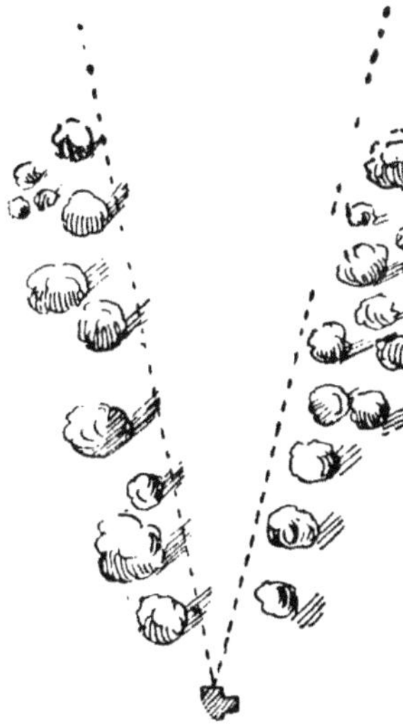

第四十三圖

利用天然風景爲目的物時，透視線之範圍物，離視點愈近，宜取高大，愈遠宜取低小，蓋有園景放遠之效也。

（三）透視線設立法　目的物決定之後，卽在視線之左右逐漸向視點之方向栽植樹木以爲範圍物。範圍物不必在視線之全部，僅取最開擴之一部分易使視線集中於其目的物者便可。

範圍物之他側，如又有別一透視線之範圍物，則設法連絡之。惟透視線必須取一直線，爲不可不注意者。

栽植樹木，其形式有規則或無規則，常視園景之其他要素而定之。

（四）透視線之起點　透視線之起點，普通卽爲重要之建築物（如住宅。）大面積之庭園，常有多數之透視線。其中之一爲主要，其餘則爲次要。主要透視線之起點，卽爲園主之住宅或重要之建築物，次要透視線之起點，則爲亭榭假山花棚等。

第八節　水之利用及布置

（一）水與園景　水爲構成自然界風景之一重要原素，大者如湖海，小者如河渠，無往不有天然之景色足以令人流連欣賞。如徘徊於綠蔭碧水之間，坐聽幽谷瀑布之淸聲；或泛一葉扁舟於荷池平湖，觀蟲魚浮游清泉；無論爲聲爲色，爲靜爲動，在自然美景之中，必有使人心曠神逸者。故我國自古論風景者，必曰山水。有山而無水，似不足言其勝。在造園上言之，其理亦同。布蘭克(Charles Blane) 氏有言「園中有水，猶如華廈之有琉璃」誠匪過言也。

（二）庭園中利用水之種類及布置法　園景上利用之水有天然與人工刱造者兩種。一般園境內或其附近有天然之水源存在，則爲最好利用之機會。否則就庭園之地勢，經濟之情形，於可能範圍之內，由人工刱造之。

就水動靜之性質共分河川，湖，池沼，瀑布，四種。今各就其設計與佈置上之概要述之。

（1）河川　天然之河川，形狀有種種不一，盤繞曲折在所不免。故河川通過庭園之中，亦以迂曲者最合自然。惟曲折不宜過多。曲折之角度，不宜過小。曲口部分，必須有寬大之面積，導水向下緩流。如第四十四圖之A爲合理的，B爲不合理的。

河岸兩側因土地之位置及地勢之關係，其傾斜面及土面之形狀，可以彼此不同，以求適合於其自然之狀態。然其平面不同者，必須預防河水有泛溢於堤外之患。

水勢不急，於水位之變化不大時，河川兩側之地面，最好與水面略趨一致，比較的美觀而自然。如第四五圖。然一般均有高出之堤岸防護之，如第四六圖。

堤岸之傾斜度急烈時，則樹立木椿防其崩潰。美觀之堤岸，如第四七圖，用巖石砌築之河岸之傾斜度，以四五度爲最適宜。

住宅靠近於河川而其間又平曠毫無隱約之物者，則河川之位置，最忌横列於住宅之前，致全部之河景在同一平面之上。似宜使河川

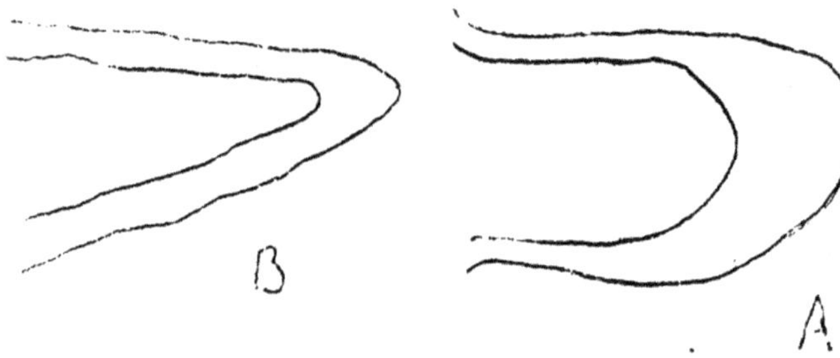

第四十四圖

第四十五圖

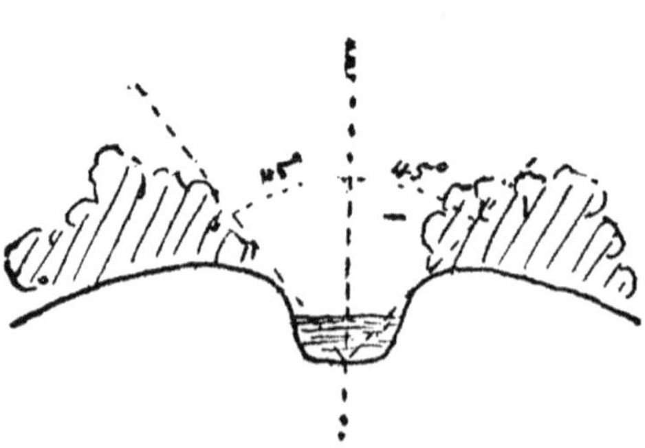

第四十六圖

與住宅之位置，由近趨遠，由大趨小，終至河川遠去，宛如天涯相接。其四周之天然背景，如樹木花草巖石光線之類，充分利用之，以增加其美色。

有時園中主要部分之視線，與河川一部分成直交，有不可避免之勢，如第四八圖之AB，

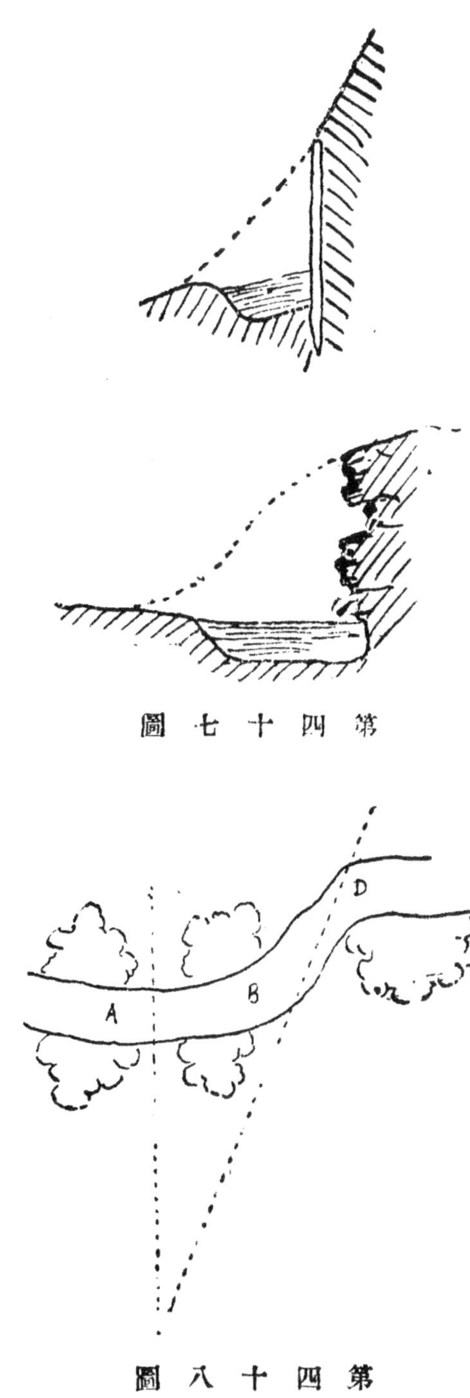

第四十七圖

第四十八圖

則於兩岸栽植樹木，使其隱約；而僅於BD之部分，於狹長之空隙中，使視線通過，俾知河之方向之所趨。

（2）湖　園中有湖，大抵就天然存在者而利用之。以人工構成者，非有自然之地勢與豐富之水源不可。其位置之最佳者在山谷或高堤之中央，其形狀與輪廓，則保持其原有之狀況。

湖之面積，不可過於廣泛，致吾人之視線，不能及於全部。且浩廣一色之湖面，亦乏深遠之意與。倘遇有此種情形，則於遠處冗突之點，栽植樹木或建立顯著之建築物，以改良之。湖中若有島嶼，大足使湖光生色。其位置不必居於湖之中央，而於視線不美觀之部分爲最適宜。或孤島危立，或羣島星布，均無不可。其面積大小，依庭園之規模與湖之面積而定之。

（三）池　池大抵就地勢低窪之處以人工開闢之，其位置在西式庭園中，每居於園之中央或建築

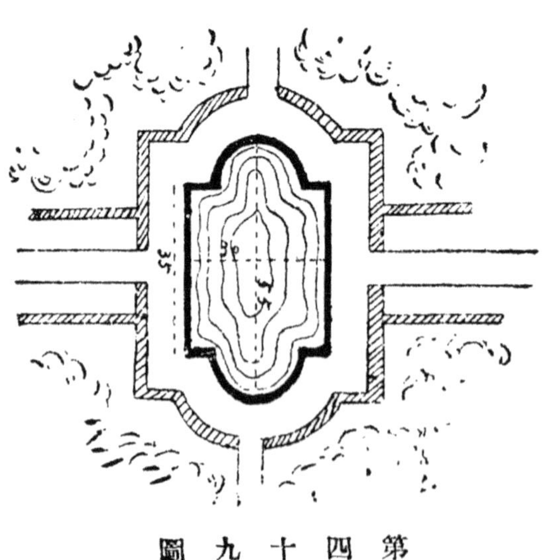

第四十九圖

物之前面，為主要視線上之一種重要點綴物。其形狀常為有規則之幾何形。中央更有噴水池彫刻物等點綴之。如第四九圖。

在浪漫式庭園，池之位置，完全就天然地勢適宜者而布置之。其形狀則多為曲線形，有時於其一端與河川連接，以活水源。有時伸出長堤於池心，截作兩部。然其輪廓曲線過於複雜，亦所不取。

池之四周往往布置綠草地地面，略向池之一側傾斜，非常美觀。如第五〇圖。其

第五十圖

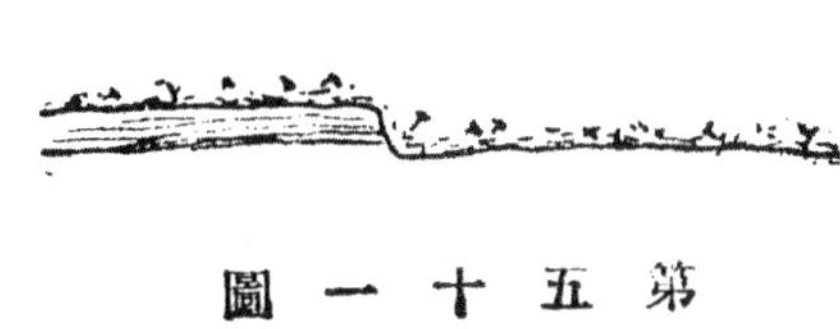

第五十一圖

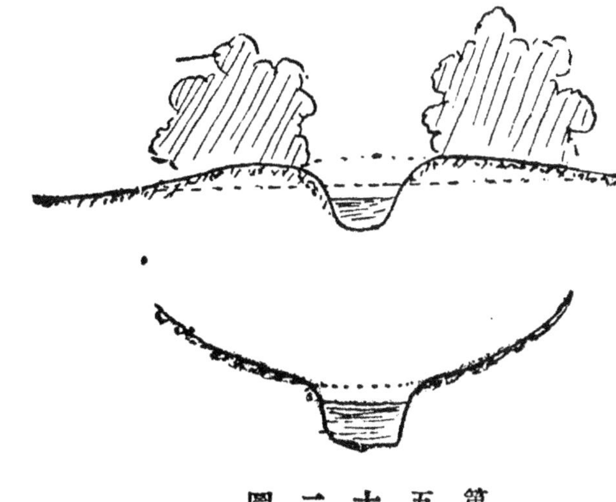

第五十二圖

平面則有時如五一圖之較諸池面高出少許，有時則四周聳起爲拳狀之堤圍，將池水包藏於中央，如第五二圖。

池之壁有垂直形及坡形兩種。如第五三圖之AB。普通天然之池及土壤輕鬆易於崩潰之地，任其爲自然之坡形，人工建築之地，大概爲垂直形。取垂直形之優點，卽池水昇落之後，不至淤積泥土於池濱，無用之下等水生植物，卽無從寄生而生不潔之物也。

垂直形之池壁，不可不用磚石或水泥築之使其堅固。尤以後者爲最佳。建築之法，先用三寸至一尺厚之三合土爲底層，再用三寸厚之水泥爲面層，其邊緣與堤岸之草地毗連之處，用巖石堆砌，否則用水泥砌作脊形之邊緣，高出於草地之平面，如第五四圖。

池床之土壤，富於滲透性而不易保蓄池水者，亦須用三合土築成堅固之底部。

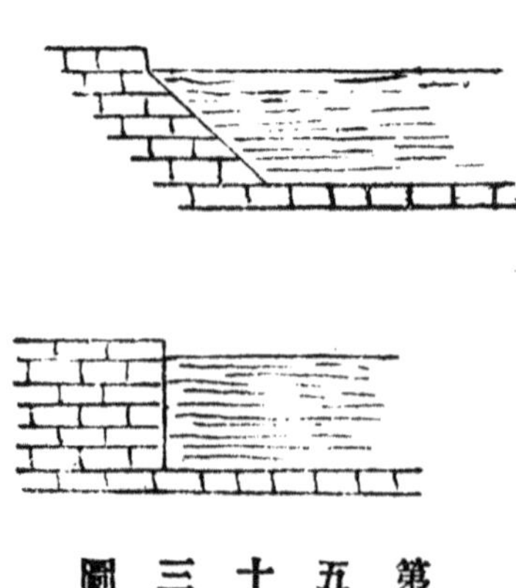

第五十三圖

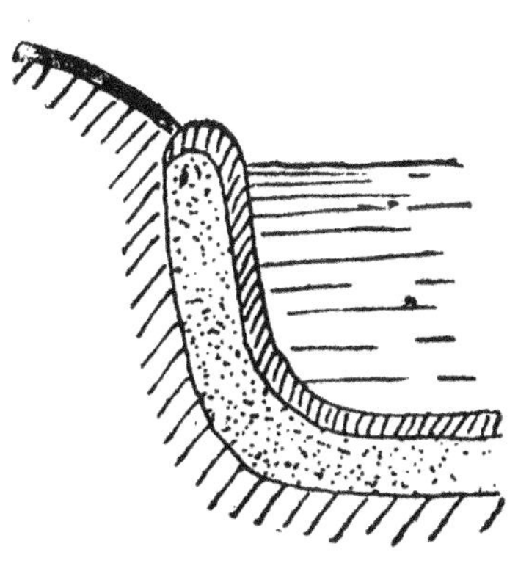

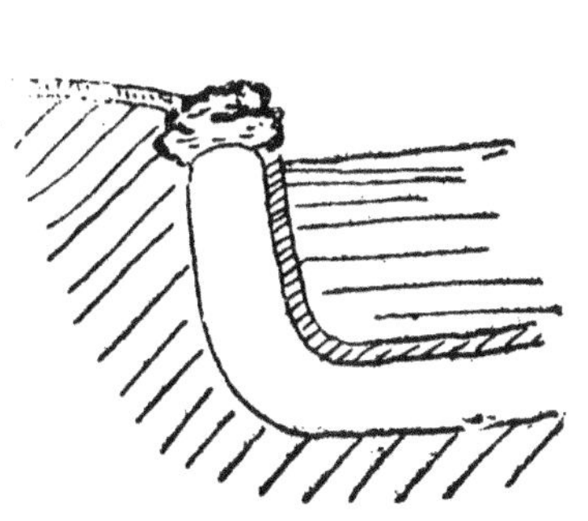

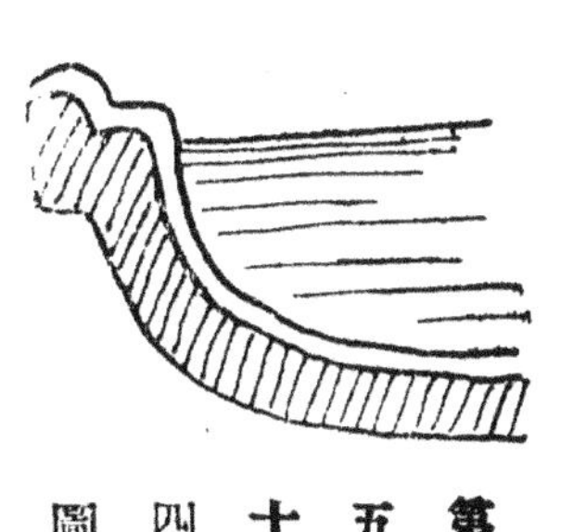

第五十四圖

（四）激水與瀑布　流水經過傾斜激急之巖石挾有極大之速度者，謂之激流，至於某地遇有巉壁斷巖急瀉直下落於空谷巖石之上，乃爲瀑布。兩者皆可謂爲自然界中之奇觀，故在浪漫式庭園中每倣造之，以爲園中之一種美景。然擬造人工之瀑布，必須俱備下列數種要素：（1）有險巉壁立之巖石，（2）有充分高位之水源，（3）巖石之最下層有一蓄水池，或有水道能引導流下之水至於附近之湖或河川之中。

天然之瀑布，其形狀有種種不同。有整個者，有分裂爲數條帶狀者；或甚偉大或至狹小；或來自巖石極高處，或自巉崖之半途衝出；造園家隨時可以依自然之情景，賞覽者之意志，以定取捨。

瀑布之大小，完全隨巖石之高低，水源之多寡而異。水源不多，則巖石之位置，不宜過高。水源豐盛，巖石之位置不妨聳高，終宜造成偉大有力之瀑布，較爲可觀。

又於庭園之中將河水湖水池水等用巖石築成堰閘，故意造成高低不同之水位，流水由上下流至水位相差之處，急轉直瀉變爲激水，亦頗有自然風趣，如第五五圖。

（五）水與植物　水在自然界中所以處處表現其美者，實因有植物爲其背景。如一旦水邊無樹木花草與之陪襯，即立見減色不少。故庭園中設計水之時，不可不同時注意植物之栽植。

第五十五圖

且水因植物之種類不同，其景色亦隨時而異。例如池塘邊上有三五垂柳，間植濃蔭點點之樹，較之白楊參天古木老柯枝椏縱橫，其景色之濃淡新舊，逈然大異也。

水邊植樹之種類，與水之動靜池塘溪川之規模，頗有關係。大都小面積及靜水之處，以多植濃蔭之闊葉樹與觀花之灌木爲宜。動水及面積廣汎者，宜多植淺蔭之喬木爲主，濃蔭者爲副。樹木之種類，不宜單純，須多取適宜之種類配合之。

生長於水邊濕地之野花，最有自然之風趣，不可不知利用之法。

水生植物中之菱、荷、蓮、蘆、蒲之類，於靜水之池塘小川中，爲最重要之點綴品，不可不栽培之。如品種並非珍貴者，即可直接栽培之於水中。若爲貴重之品種，冬季又不能在水中越冬者，則先栽培於缸潭之內，連缸置之於水中。至室外氣候寒冰時，取出貯藏於温室中保護之。

第九節　巖石之布置及利用

巖石爲布置園景垂直面之主要材料，其在園景上之運用，有表現凹凸曲折奇偉之妙。對於人類之心理作用，則能激動偉大好奇之觀念，或足令人回溯自然界未經人力時代之原始情景。往往小面積之庭園，一用巖石點綴之後，宛如使人莫知其終境，故亦爲幽雅式庭園布置上一種要素。

第五十六圖

（一）巖石之形狀　自然界存在之巖石，未經地質上之變遷者，其形狀大抵有規則。其巖層共分橫層、斜層、直層三種，如第五六圖。一旦經火山洪水等地質上之變遷，其位置層次均經顚亂，於是生成無規則之巖石。今日俗稱之玲瓏嵌巧鬼斧神鋮之太湖石者，卽屬於此類。在庭園上利用者卽以有規則中之橫巖與後者之塊巖爲最多。

（二）佈置巖石之位置　佈置巖石之地，路線必曲折，視線必不開朗，故不宜與住宅相距太近。最適宜之位置，在視線上不美觀之部分，與土地有突出聳高之形勢。水邊亭榭之側面，亦可利用巖石以資點綴。最不適宜佈置巖石之地，爲主要道路與綠草地之中央。

（三）巖石之利用法　利用巖石以搬造特種園景者，其法至多，今舉其要者如左：

、堆築假山。

倣模懸崖邃洞。

爲高山植物園。

於湖池之中建築人工之島嶼。

於流水之中央，堆以三五成羣之亂石，造成急水，使擊石發聲及起濺花。

坡面之道路，用巖石爲階級。同時於道路之兩側，堆築不規則之塊石，作猛獸蹲伏之狀。

構造櫈椅棋臺等之裝飾品。

（四）巖石之排列　因巖石之種類不同而利用之法亦異。凡建築品之基礎，均用橫層巖爲之。頂部之裝飾，則用直層巖爲之。佈置於水中及假山中段之巖石，宜用不規則之塊巖。

堆砌假山之時，先需建築鞏固之基礎，然後依據巖石自然之形狀，造園家之意志，順次堆列。堆列既竣，經以評斷，如某處宜如何進退，某處宜如何增削，隨時修改之，然後使之固定。固定粘着之材料，卽爲水泥，但構造大規模之假山，結構異常複雜，則非有預製之小模型以爲實施工程之標準不可。

排列巖石之時，必須注意兩點：（1）排列之形狀，不可違背自然法則原理，（2）排列之位置及工程，宜安全穩固，雖有時模倣自然界巖石險峻之形狀，實際上則要有完全無危險之安全。

巖石之石，預備栽植物者，必須預留相當之空隙，以容土壤蓄水分，俾根有生存之可能。其排列之法，可參照第五七圖所示之形狀。

（五）巖石植物　巖石欲增進其審美之價值，亦非注意栽植植物不可。惟巖石之上，大抵土層不深，土壤乾燥，栽培生長於平原之植物，卽不適宜。故不可不選擇淺根不畏乾燥之高山植物栽培之。在巖石之頂部泥土尤易崩落，故栽培之植物，亦宜用根最淺之種類。

因降雨之結果，巖石上部之泥土，逐漸流失，每至植物不能生長。或卽能生長而情形不良，宜於每年植物生長停止期內，運土增補之。

重要之巖石植物，詳見後表。

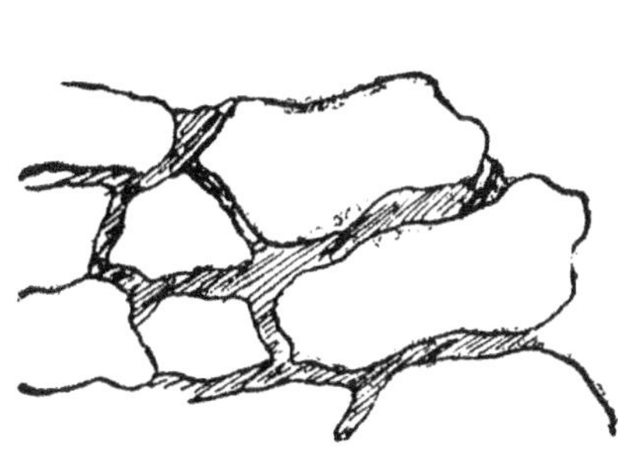

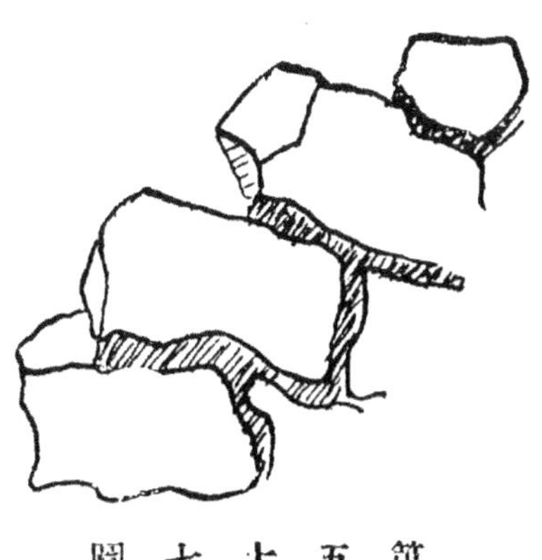

第五十七圖

第十節　橋

橋在庭園中，除便利河流兩岸之交通外，復爲風景上一種點綴品。其形狀可分爲平橋、懸橋、洞橋三種。平橋卽用長形之木板，架置兩岸，以通過行人。大抵在水面不寬之小流狹溪上用之。懸橋爲用粗強之鐵練緊張兩端固定於左右兩岸之支柱物上，下懸鐵條，鋪設木板，以爲道路。普通遇有斷巖巉崖，無從建造橋基之時而用之。洞橋卽建築有鞏固之橋基而其形狀爲弧形或半圓形者，在庭園中以此爲最廣。

造橋之材料，有磚，木，鐵骨，水泥四種。木材之中，又有刨光帶皮之分，與磚石同爲造橋上應用最廣之材料。有鄉野之風趣者，亦以此爲勝。有重物經過之橋梁，必須用水泥築之，始能堅固，故城市中之橋梁，多用水泥築之。

橋中最美觀玲巧者，當推以鐵骨營造之橋。惟其位置，置於普通道路之列者，不若置於巖石之間之美觀。橋之方向，必須與河岸成直交，如第五八圖之A。若B圖之斜立河面者，除有特別情形之外，不宜採用。橋之形式種類繁

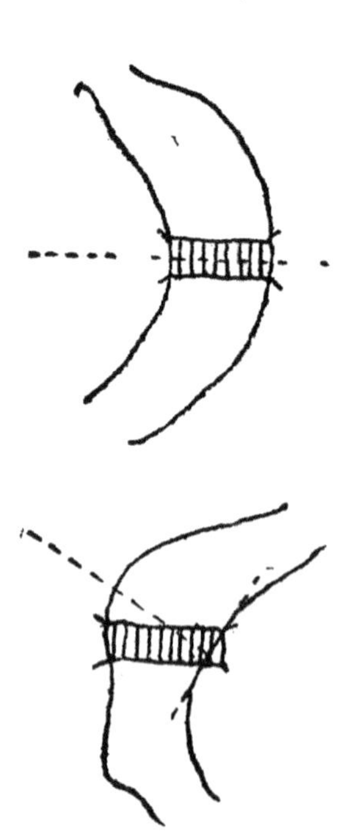

第五十八圖

多，美術家建築家多有專門之研究。今舉庭園中應用最廣之式樣若干種以供參考。（第五九圖）

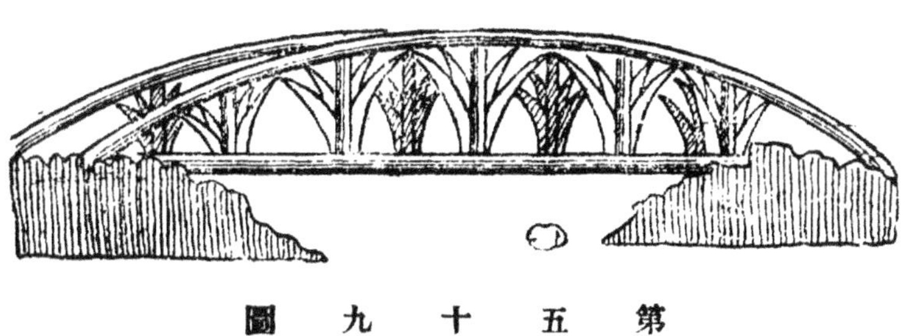

第五十九圖

第十一節　垣柵及綠籬

在野外之公衆庭園，普通周圍多不用垣柵以限制遊人。園內一部分之風景，旣可爲四周鄰居自由觀賞，而園外之天然風景，亦可吸收之於園內。且面積遼闊之公園，建築垣柵，所費更屬不貲。惟城市中之公園，接近大道，遊人還雜，如無垣柵限制，難於管理及保護。私人之庭園，則四周之垣柵爲最不可少者。

垣柵之材料與形式，完全依造園之經濟情形而有精美簡單之不同。平常應用者，不外爲鐵柵木柵磚牆三種。（如第六〇圖）惟最美觀與堅實者莫如半節牆。上部爲鐵柵或木柵，下部則爲磚牆。如第六〇圖C。於牆內栽植攀緣性植物，纏繞於木柵鐵柵之上，更爲美麗。

用綠籬以代垣柵，實爲最美觀最經濟之一法。然亦有於垣柵之內側，再栽植綠籬列者，當更爲周密。

用作綠籬之樹種，在我國以女貞，扁柏，枸橘，木槿，三角楓等之類爲常。凡常綠樹，枝葉繁密，發芽

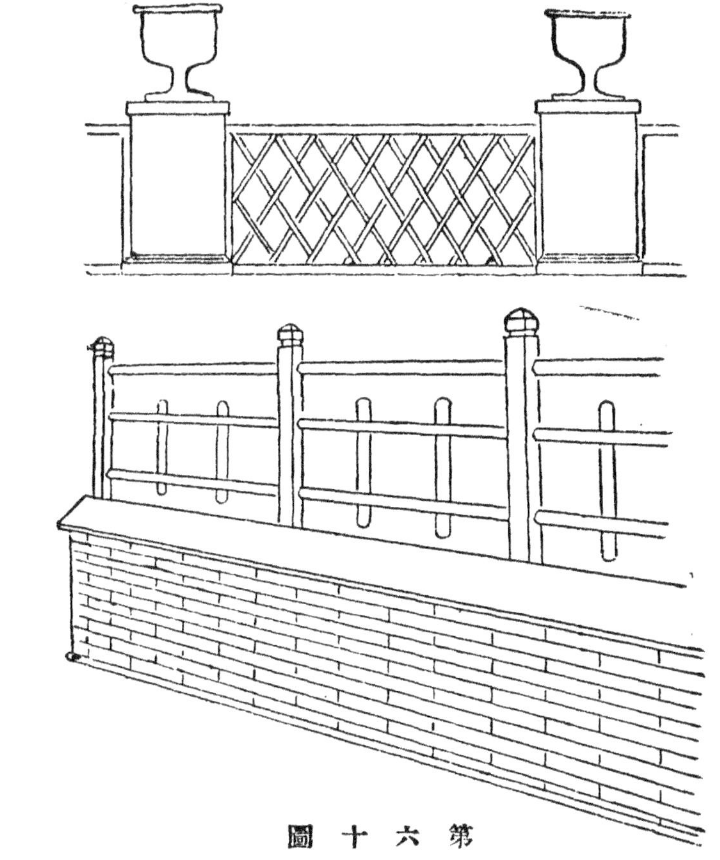

第六十圖

力強及適於修剪等特性之樹木，均可適用之。

綠籬亦可用兩種不同之樹種，前後栽植兩列，以利用其枝葉之形狀，生長之高低等特點。栽植之距離，約一尺至一尺二三寸。

綠籬之生長，大抵異常迅速，宜於時時修剪，促其分枝之易於繁密，形狀之保持整齊，每年冬季尤宜施肥一次，助其營養。

第十二節　温室

温室爲庭園中必須之建築，一大部分裝飾之花卉及觀賞植物，完全賴温室繁殖供給之。其建築結構多有美術的觀念，故同時亦爲庭園中之一種裝飾品。

（一）温室之種類　温室因其性質及用途，得分別爲下列各種：

低温室　室温平均在攝氏八度左右者。

中温室　室温平均在一五度者。

高温室　室温平均在一五度以上者。

柑橘温室　室內不用人加温，在冬季其室温保持在三度左右，以貯藏較易畏寒之植物。

繁殖温室　室內之温度濕度容易調節，專供播種，接木，插條等繁殖之用。

冬花園　室温平均在一五度左右。規模宏大，內容佈置一小園景，有假山，噴水池，花壇，完全以觀賞爲目的。

（二）温室之形式　温室之形式甚多，各國之温室建築家，雖各有特異之創造，然大抵不外乎下列四種。

（1）單屋頂式　如第六一圖，其屋頂僅於南面有之。北面則築之以牆，其方向朝南，故終日所得日光甚多，室內非常温暖，有時且可省去人工加温。爲私人庭園中應用最經濟之温室。惟因其光線來自一面，植物之生長，不能平均，必須不時更換其位置，爲其缺點。

（2）四分之三屋頂式　有南北兩側不平均之屋頂，在南側者占四分之三，在北側者占四分之一，故名。兩者之傾斜度，向北者較向南大。此種温室，有矯正前者植物生長不平均之缺點。但在庭園中用之不廣。

（3）兩屋頂式　如第六二圖，一名荷蘭式。兩面有屋頂，室內全部均得相當之光線，故可以利用之面積甚大。植物生長亦甚平均，爲最合理與應用最廣之温室。

（4）圓頂式　其屋頂爲圓形，其目的完全爲有美術性質之裝飾品，普通各花園常用之。

第六十一圖

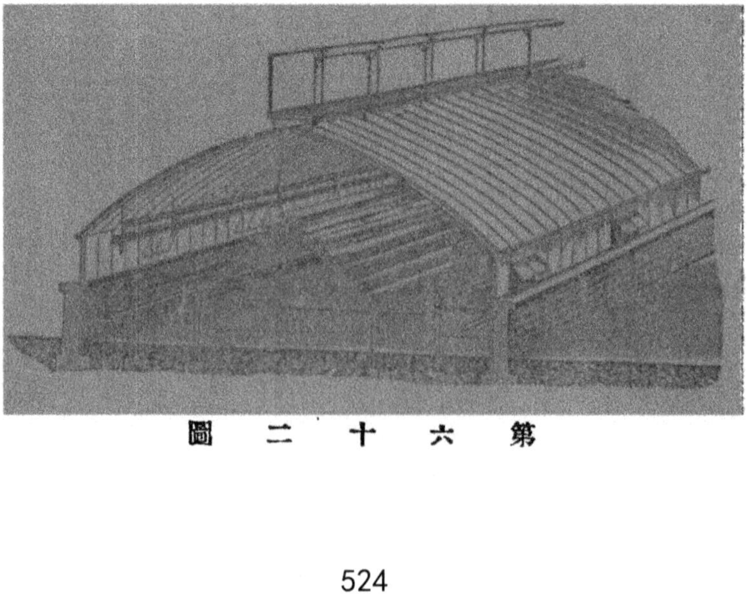

第六十二圖

（三）温室建築概要　（1）位置　建築温室之地，須高燥清潔，西北有樹木障屏等物以防禦寒風。冬花園因爲園景上之一種裝飾品，故必須居於庭園中重要之部分。其餘如培養及繁殖花木之温室，不妨偏居一隅與接近管理者之住宅，以便於管理。（2）方向　兩屋頂之温室，其屋脊之長軸爲應南北向，如是室內各部所得之光線完全相等。單屋頂式則否，僅利用一面之光線，故屋頂之長軸向東西，即屋面向南是也。（3）傾斜度　屋頂有適宜之傾斜度，則日光直射於屋面，室內始能得最多之熱量。依理論上而言，屋頂之傾斜度與當地之緯度完全相同，故在長江下游諸省，約以三二至三五度爲最適，北方可以增至四〇至四五度。（4）材料

温室之骨骼，有木製鐵製兩種。鐵製者耐久而美觀，然易於傳熱，室內之温度易起變化，價值亦高昂。木製者以花旗松木材爲最佳，雖不及鐵製者之耐久美觀，然價格低廉，室温容易保持，在我國園藝界上以木材者較爲普遍。温室之地基，必須堅固平滑，普通用水泥築之，至少應有五寸厚之三合土作底層。温室之下部有磚砌之牆，其厚須有一尺左右，中央再充填木屑以防室內温度之擴散。玻璃亦占材料之大部分，以雙料無色不易破碎者最上。（5）尺寸　温室之大小高低，因需要之面積及傾斜度而不一，一般壁高爲三尺，自地面至屋脊爲九尺至一丈二尺。室內花

壇之幅爲三尺，路幅爲二尺至二尺五。玻窗之活動者，其幅亦以三尺爲宜。（6）其他室內之設備　有平花臺，及階形花架，温床，蓄水池，通風窗，暖簾，蔭簾等。（7）加温器　有火爐，熱水鍋，蒸汽鍋三種。火爐爲對於小面積與不需高温之温室用之。因其分布之温度，不能平均，有害於植物之發育，故爲不良之加温法。近代新式完善之加温器，多以熱水或蒸汽爲水源。

（四）温室之管理概要　（1）加温　因室內自然温度之不足，而必須加温。加温之量，視温室之性質而異。但需保持室温不降至於其最低限度之下。一般夜間之温度，得較日中稍低，有三—五度之差。（2）灌水　温室植物在生育期間，大抵需要多量之水分，故灌水一項，不可不勤。高温室中，空氣尤須飽和濕度，故除灌溉之外，常宜灑水於花臺道路熱水管之上，以增室內之濕度。灌溉之時間，自上午十時，至於下午四時。（3）通風　通風亦爲温室管理上應注意之一。天氣晴朗之時，每日上午十時至下午四時，開啟窗戶，交換室內之空氣，使之新鮮。（4）覆暖簾　十一月以後至春季晚霜停止之時，每晚屋頂及四周必須覆蓋麥稈或稻稈之草簾以禦寒風及霜雪。（5）覆蔭簾　夏季日光過烈，室温太高，對於植物之生育亦甚不利，故有覆

蓋蘆稈或編製之蔭簾之必要。或於玻璃面塗以石灰水，亦有蔭簾之功。（6）驅除病蟲害
溫室中因溫濕度增高之故，病蟲害每易滋生。蟲害之烈者，可用青酸氣薰除之。病之烈者，燒去被害之母株，同時用硫磺粉及硫酸銅及石灰水之混合液消毒。

第十三節　花棚

花棚爲栽培纏繞性植物之一種極美觀之建築物。其位置多在房屋之附近，網球場之西北方。彫刻物，噴水池，綠草地等四周，亦常建花棚，以爲休憩品茗之所。

花棚之形式種類至多。最普通者用支柱四枚至六枚，頂端裝釘四方之橫桁；復以小木條或細竹編成花方格；旁倚木柱或在木柱之間，栽種植物，枝葉蔓延於小方格之上，易得豐盛之蔭影；花棚之下部，裝小木板或石板，可作座位。

支柱之材料用木材者居多，其形狀或方形或六角形或圓形。外部或連表皮或粉飾油漆，依園景之情形而選擇一種形式。用磚石及水泥爲支柱者亦頗多，較前者似更雄偉壯麗。

在華麗之庭園中，每用彫鏤玲瓏水泥柱之花棚，以代長廊，蜿蜒至數十丈。中央則建築一大圓頂之花亭，遍植攀籐之花木，頗饒偉觀。

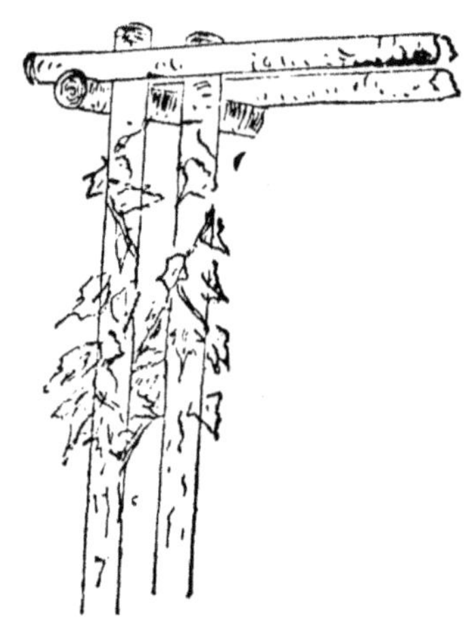

支柱之高普通自九尺至十五尺。

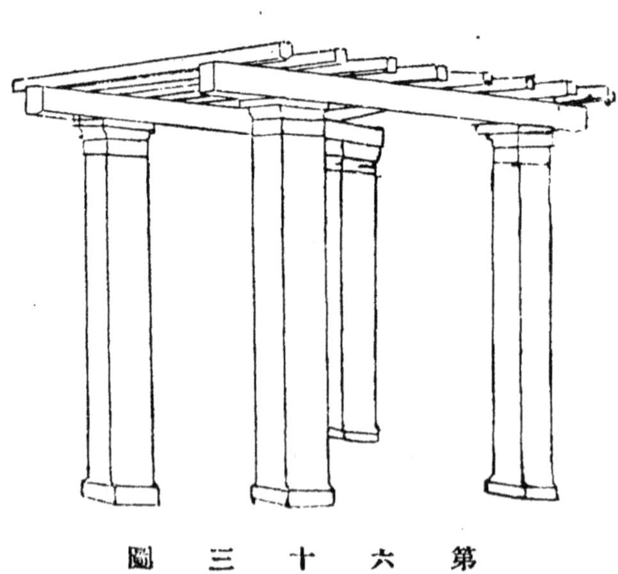

第六十三圖

第六三圖所示者爲花棚最普通之構造法。

第十四節　薔薇架

薔薇架與花棚之別，即花棚所占之地位甚小，其位置在道路之外；薔薇架則擇園中道路之沿路之兩側，完全樹立支架，栽植之植物，主要者爲蔓性薔薇類，故名之薔薇架。其他如紫藤，凌霄，金銀花等亦栽培之。

薔薇架之支柱或用鐵柱或用木柱。用鐵柱者既美觀且堅實，以一寸至一寸五分之角鐵爲之。樹立於厚達一尺以上之水泥基脚上，使之穩固，不能搖動。鐵柱之高以一二尺至一五尺爲最適。兩柱之距離，約八尺至一〇尺左右。互相對稱。每對左右支柱之頂端，用弓形或平直之橫鐵條貫

第六十四圖

之。各弓形鐵條之上，每隔一尺左右，復編以木片或細竹，作方格形，俾植物之枝幹容易蔓延。如第六四圖所示。對於狹窄之路徑，可以不用木片細竹編置較爲暢朗。

第十五節　彫刻物

彫刻物爲擬古式園中之一種特殊之裝飾品。其位置多在草地之中央道路之交角點，或左右

第六十五圖

對稱排列於刺紋花壇之兩側，音樂亭與休憩室之廣場上，亦常用彫刻物以點綴之。

彫刻物之材料，以花岡石大理石爲主，銅質者次之。

彫刻物之種類，分人像，動物及器皿三種。其用意最好有歷史紀念及美術的價値者。

偉大之彫刻物之下，常佈置優美之花壇，以爲配景。杯狀之器皿中，更蒔植花草，藉以點綴。

第十六節　坐椅

園中必須多備坐椅，以供遊人之休息。設置坐椅之地點，宜在地位最優越，風景最佳麗之處。如樹蔭下，池水邊，花壇前面，假山頂端等處，爲最適宜。

坐椅之材料，有木料石料鐵料三種。木料者最爲適用美觀而合於衛生，價格亦低廉。所用之材料以櫸、栗、檜等爲耐久堅實。石料之坐椅，形狀簡單，能耐久用，並有自然之風趣。近今更有用水泥爲園中之坐椅，頗稱風行。鐵製之坐椅多於公衆之庭園中用之。因其耐久而不易損壞之故，形狀亦較木料石料者玲巧，惟其價値較昂，故不若前者之普遍耳。

庭園中坐椅之種類，可分爲下列三種：

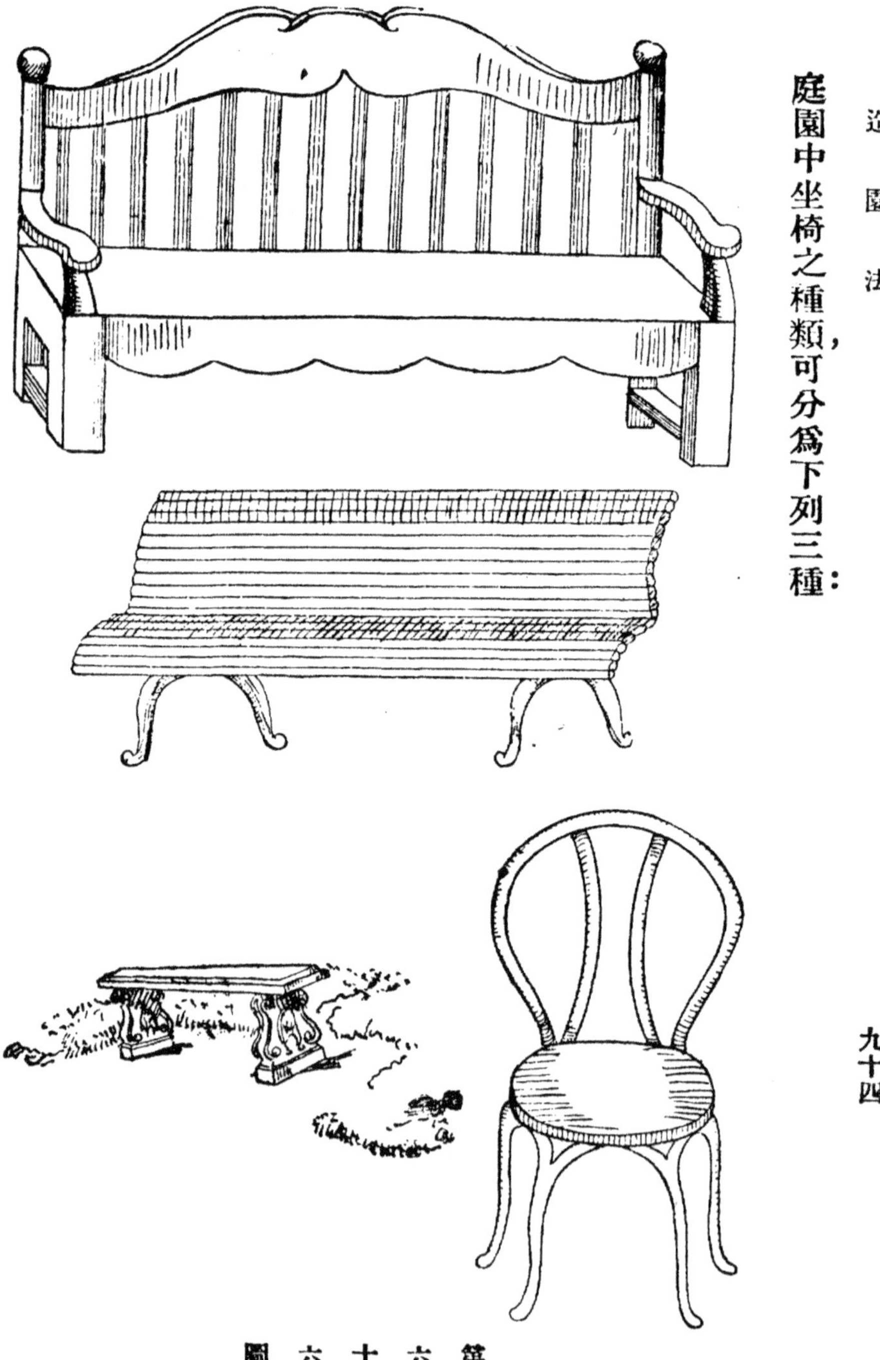

第六十六圖

（一）四角椅　即普通之小椅子，高約一尺四寸，背倚之高約一尺五寸，前幅之寬爲一尺二三寸，後幅之寬約短二寸。

（二）長椅或臥式椅　長普通六尺至九尺，座高約一尺三四寸，背倚之高約二尺，其形狀有直線形半月形弧形者。其位置在公園中常固定於一處，不能任意移動。

（三）褶椅　其形狀似四角椅而其座面可以褶合者，故移動時甚爲方便。

除上述之外，又有龍岩石之平坦者，略加削平以爲石磴，或取岩石兩塊架以木板亦爲簡單之坐椅。又圍繞大樹之下，構造環狀之木櫈，備人坐憩，均爲簡單粗陋而有自然之風味者。

第十七節　園亭

園亭之位置，多在視線能眺望之處，以背面有樹木爲之障蔽，前面有花壇噴水池等之裝飾物，遠景亦能瞭望者爲最佳。其左右或用綠廊花棚等爲之接續。

園亭之地基宜高出地面五寸至一尺，用水泥，花磚，白石等鋪爲地面。屋頂之材料，於富麗堂皇之園庭，常用紅瓦銅板亞鉛板等構造之。普通園亭則以檜皮、棕櫚皮、杉皮、茅草等類。

屋頂之傾斜度不宜過急，有五六寸者已足。柱櫟之材料以杉、櫟、栗、松、落葉松、竹等爲最雅緻。規模較大之庭園，則以白石混合土爲柱。柱之形狀亦有圓形六角形八角形等之別，隨園亭之性質地位與觀賞者之嗜好而定之。柱之高以十二尺至十五尺爲適度。

第六十七圖（甲）

又有綠亭者，用粗糙未經去皮之木材爲柱，栽植纏繞性之植物盤繞於屋頂。佈置於風緻園中之水邊或假山上，甚爲幽雅。

第十八節　運動場及球場

無論公園或私園運動場及球場之設備，均不可少。對於兒童娛樂之地點，尤須注意。運動場之面積，不必十分廣大，但須地面平坦空曠，排水優良，四周有優美之樹木，以防烈日強風，其形狀以長方形爲最宜。運動場之附近，應有休息室，器械儲藏室等之設備。如爲兒童之運動場，則有益於兒童衞生之

第六十七圖（乙）

運動器械設備，不可不量力購置。在都市中之公園，因家庭大抵缺乏兒童之運動場，故更應注意及之。球戲之中，以網球爲最通俗之運動，家庭運動中亦以網球爲最有益。網球場之位置，選擇園中空曠平坦之地而無礙於全部園景者建築之。普通則在綠草地之中央，住宅之前面，坡地之最低位等處。西北兩方有烈日強風者，則栽植多蔭影之樹木，殊爲必要。休息亭亦宜預備於球場之附近。

球場之表面須完全平坦堅實，降雨之後，無停積雨水之患。築場之法，普通較爲經濟者，以六寸至八寸厚之碎石爲底層，再鋪以三寸至五寸厚之細煤屑，表面則撒以河沙，厚約數分，用重大之轆轤充分鎮壓之。

球場之面積，多以英國式爲標準。其長爲七八尺，寬爲三六尺。單人網球場，則寬減去九尺，其區劃之法，如第六八圖所示。

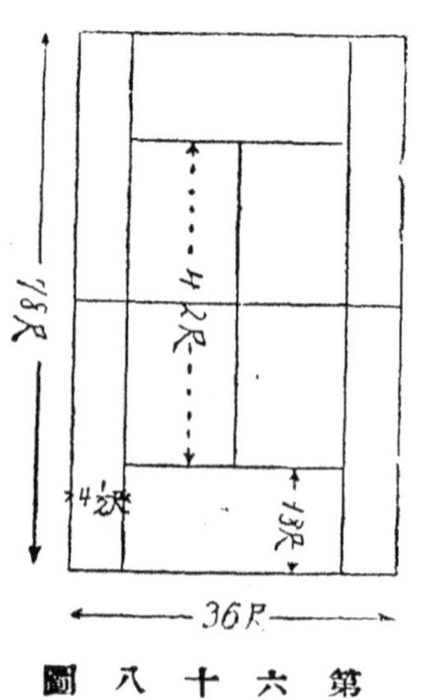

第六十八圖

第十九節　施工預算書

造園時既有計劃及圖案之後，必須根據計劃作一詳細之預算書，以爲籌措經費之標準。預算書之內容，以施工之性質情形，分門別類，詳細審核估計各項之用費，作一表格爲園主之參考。費用之種類依其性質共分爲下列八項：

（一）土工費　指掘土、築土、搬運、平地等一切工程而言。

（二）築路費　包括築路之材料工程兩項。

（三）水利費　包括排水灌溉兩項。

（四）種植費　包括耕地、整地、掘穴、施肥、種子費、苗木費、種子苗木之裝運費、播種費、植樹費、植樹後之灌水支柱費等一切。

（五）鑿池築河費　包括一切營造池湖河瀑布等之工程，及材料費用。

（六）建築費　如住宅、門房、温室、廁所、亭榭、花棚、花架、橋梁、垣柵、門牆等項。

（七）美術裝飾品建築費　如彫刻物、紀念碑、塔、桌椅等項。

（八）其他如電燈自來水等之裝置費。

計算各項費用之方法，不外將工程費用分爲工資及材料費兩種。估計工資大抵就工程艱易緩急之情形，每日每工之效能若何，預計共須若干工，若干時日，每日每工之工價須若干，總計之即爲工價之預算。

造園上所費工資之總數，往往居造園全部經費之最大部分，然視土地自然情形如何，需要工程之艱易而不一。故設計庭園，必須注意土地之自然情形；因地而制宜，能以免避巨大之工程者爲佳。

估計材料之價值，則先預算需要之材料共若干，材料單位之價值爲若何，然後總計之。惟包裝運輸等費用，亦往往包括在此預算之中。

材料之單位，因材料之種類而不同。有論個數者，如樹木之類。有論若干體積而以立方尺計算者，如對於土壤肥料之類。有論重量而以公斤計算者，如對於油漆、鉛絲等之類。有論面積而以平方尺計算者，如對於草皮、塊玻璃等之類。

第四章　特種庭園之設計概要

第一節　花卉栽培園

花卉栽培園者，爲庭園中完全栽培一二生多年生及球根類之草花，其目的爲供給室內一年各季陳設之瓶花、插花、花籃、花球等之材料。於私人之庭園，即劃出一部分之花徑花壇，培植所需要之花卉。如需要花卉之數量甚多，則非另闢園地栽培之不可。其地位必須優良，日光之透射充足，接近房屋之一端，以便於管理。其形狀多取有規則之幾何形，而處處合於審美的性質。花徑花壇等亦一一俱備，有時亦有花瓶彫刻物等點綴於園中。

第二節　薔薇園

薔薇園者，即栽培之觀賞植物，完全以薔薇為主，其目的或純粹為觀賞的，或為供研究的，其形

薔薇園設計圖

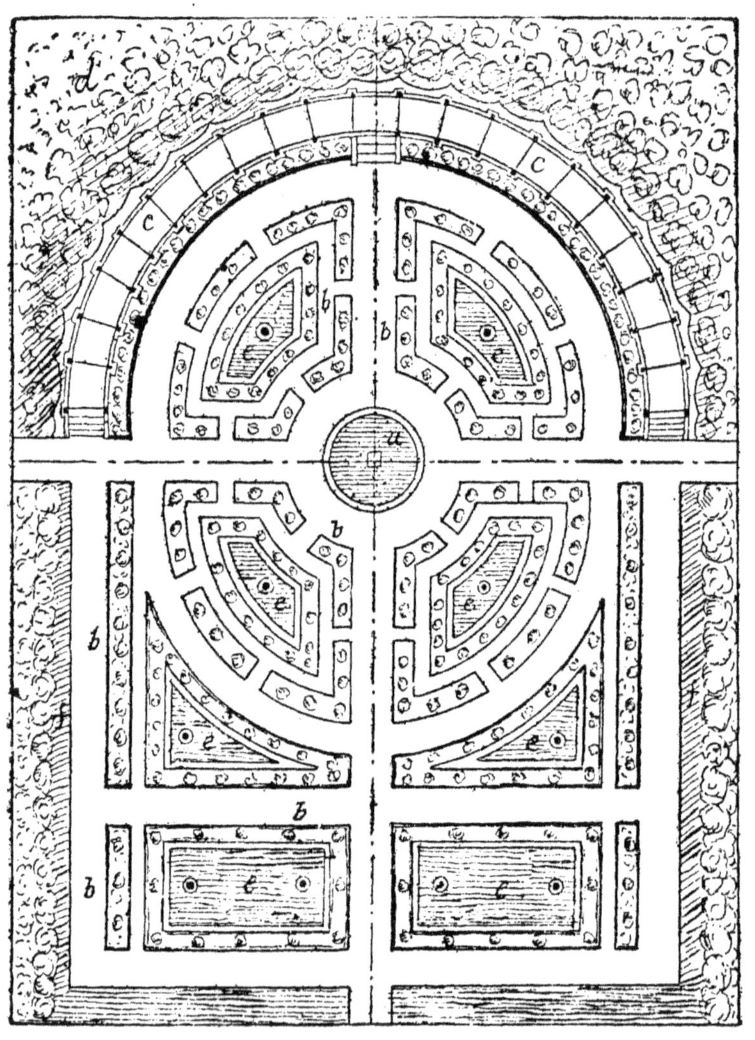

a. 噴水池　　b. 薔薇花壇

c. 薔薇架　　d. 樹叢

e. 綠草地　　f. 觀花樹木區

第六十九圖

式多取法於擬古式庭園。花壇花徑之區劃，形狀處處爲整齊之直線形、幾何形、左右互相對稱。綠草地、噴水池、彫刻物同時爲重要之配景。

薔薇類之種類品種甚多，利用之方法，觀賞之價値，亦各不同。花壇花徑及道路之兩旁，宜用滿天星薔薇類爲邊緣。園之正面入口與中央重要之部分，以主要之茶花薔薇擇其生長强盛品種優美者栽培之。在前方者，用矮小之種類，在後方者用高大之種類。綠草地上普通爲直線形，植樹之地位則以接於高幹之樹狀薔薇代之。園之後方四周用攀緣性薔薇整枝爲幕帘形，以代垣柵。於道路之兩旁，用美麗之攀緣性薔薇，多作薔薇架。至於植物學上徵集之品種，栽植地點，宜在觀賞者之後。花壇左右對稱者，栽培之薔薇，其生長勢力色澤種類亦以相同爲宜。

第三節　高山植物園

高山植物園，爲利用天然之巖石山地，或利用人工建築之假山，栽培生長於高山及巖石上之植物，以爲近代幽雅式庭園中甚重要之一部。其目的供植物學上之硏究者亦有之。在普通庭園中，大抵卽就地勢之情形，建築人工的假山，以爲高山植物園。

假山之位置與形狀，不可不切合自然。其方向以南北及西南爲最宜。但在各種方向之上，均宜有相當適宜之地位，足以栽培適應於各方向之植物者。

巖石之間必須有相當之空隙容積，充分之土壤，俾植物能以生存。且土壤應有逐漸流入巖石中央之機會，以後植物之根，卽隨土壤所至之地而伸長之。故巖石之罅隙，以垂直者最佳，斜面者次之，橫列者最劣。而於垂直罅隙之處，栽培以生長旺盛與深耕之植物。有罅隙橫列者，栽培淺根之植物。

巖石有因天氣冱冷凍冰之結果而易生變化者，決不可用。蓋往往因巖石發生變化爲害於植物甚大也。

巖石之化學性質，亦影響於植物之生長甚大，選擇巖石之時，不可不注意巖石含有之成分與植物適應之關係。

第四節　果樹園

本節所述者，僅對於經營果樹園之位置形狀及土壤而言，至其栽培管理之方法，略不俱論。

庭園中之果樹園每與菜園毗連，以便管理。與住宅之距離，亦不宜過近。在大面積之庭園，於綠草地中央，經營整齊而有規則之果林，於風景上亦甚美觀。

果園之地位，宜乎高燥，四周開曠，日光空氣之透射流通非常優良；土質以砂質而耕層甚深者爲最宜；附近有樹木繁茂多蔭之地，最不相宜。

庭園之面積甚有限制，則不妨將果園與菜園混合爲一，即於果樹之株間栽培蔬菜，或於蔬菜之中央，栽培棚式整枝之果樹。果樹之植樹形狀，有三角形四方形五點形之別，而以五點形爲最有利。株間之距離依種類而各異，今舉各種果樹自然形整枝之栽植距離如左：

苹果、梨、　一丈五至二丈。

葡萄（棚式）　一丈五至二丈五

桃李梅一丈二至一丈五

栗一丈八至三丈

石榴一丈二至一丈五

枇杷一丈五至二丈

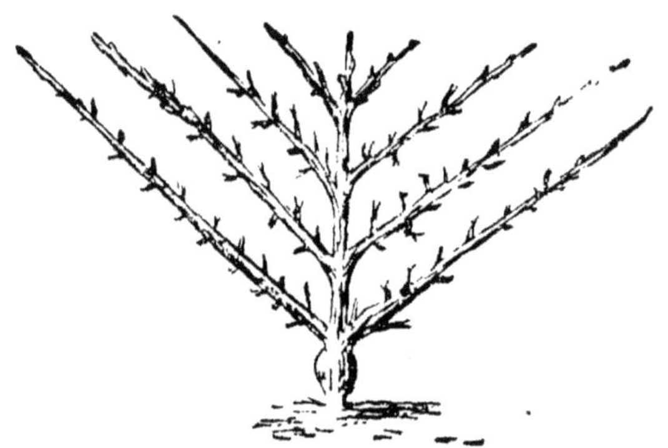

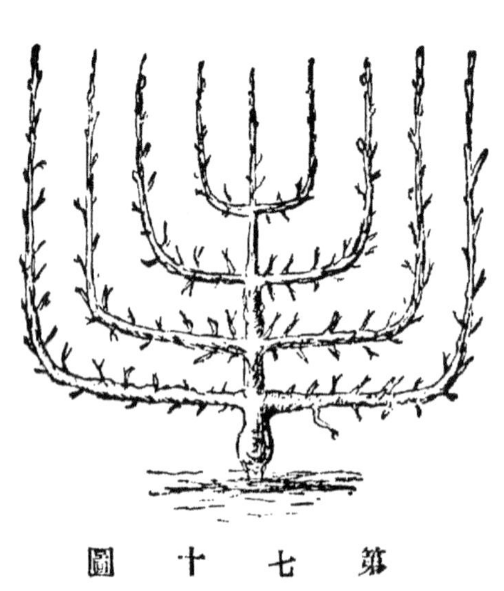

第七十圖

無花果一丈二至一丈五

果樹在開花期，本在庭園中有重大之觀賞價值，而其各整枝之形狀，以裝飾牆垣道路，尤極美麗。在牆垣道路之兩旁，以棚式之U字形，雙U字形，燭臺形等最宜。如第七〇及七一圖。於綠草地上可用圓錐形整枝之果樹以代其他之樹木。

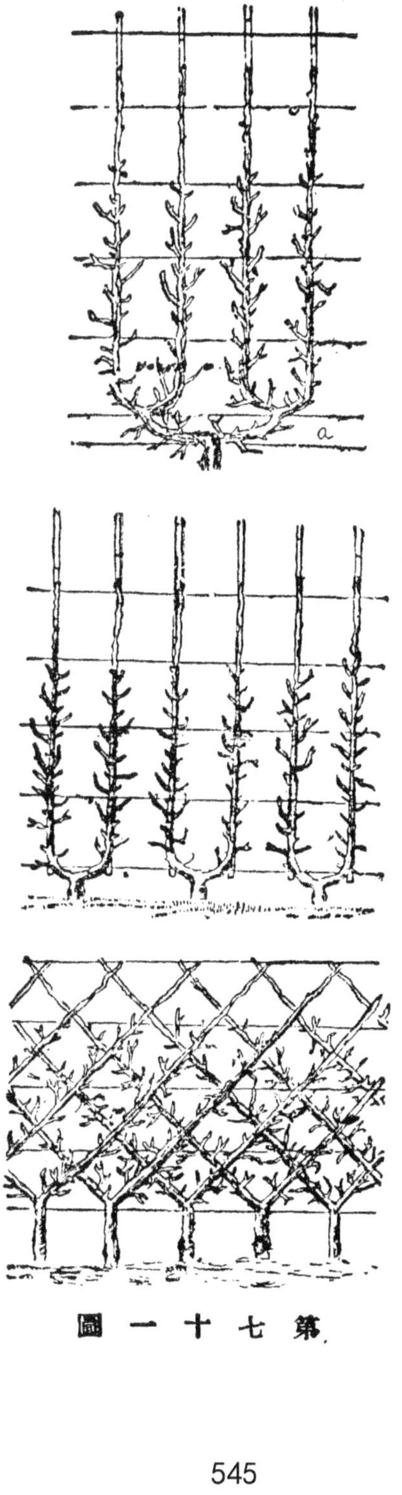

第七十一圖

第五節　菜園

菜園與園景之關係較少，但種菜種瓜，爲家庭中一種高尚之消遣。利用空閒時間藝植家庭日用必須之蔬菜，不特可怡情養志，卽對於家庭經濟，亦不無稍補。故庭園中每預備相當之地，以爲菜園。

菜園之地施用肥料最多，每有臭氣發生，故其地位不宜相距房屋太近。其土地以平坦爲最要。工作、轉運、灌溉等始毫無困難。日光爲蔬菜生長上最需要之要素，故有樹木多

理想之蔬菜園

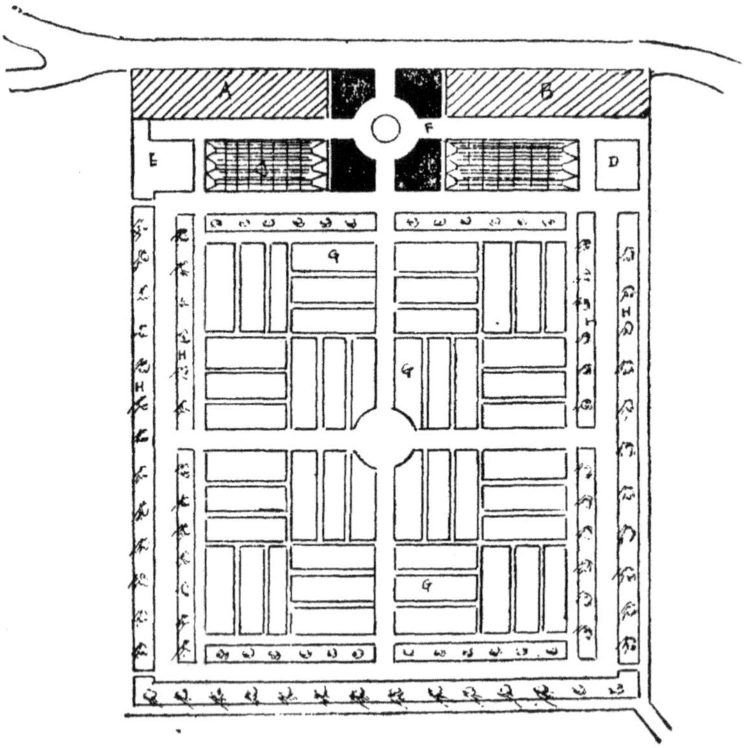

A貯藏室　D雞舍　G菜畦
B管理室　E堆肥室　H果樹畦
C溫床　F花壇

第七十二圖

之地不宜闢作菜園。

菜園之中央須有十字形之主道，以通行輸運肥料生產品之車馬。主道之間，有支道。支道之間，卽區劃爲畦，卽栽培蔬菜之地。畦與畦之間有溝以排洩雨水，及爲作業者之轉動畦幅普通爲三尺。第七二圖爲理想之菜園佈置法。

第六節　植物園

植物園之目的，爲搜羅各地之植物栽培之，以供植物學上之研究及參考。其中常包含樹木園，溫室，藥用植物園，試驗地，苗圃，標本室等各部分。

植物園之圖案，因研究者或植物學教授之意思志趣而不一。但其目的以純粹研究科學爲主，而非觀賞娛樂者之可比。故其設計之時，不可不處處合於科學的原理。凡植物布置之情形，不可不整齊而有規則，各科各屬之排列有一定之次序，然後研究及觀察者，按圖索驥，瞭然如指，毫無困難不便之苦。故道路與栽植地，均取有規則之幾何形體，而大體之園景，又不失有審美的價値。無論道路之行道樹、花壇之花卉，均宜整飭優美。利用園景以招徠遊者，同時引起其對於植物學上之興趣。

大規模之植物園，其佈置之圖案，則取浪漫式爲宜，而以樹木園爲尤然。

植物園之性質，各有不同，有以完全研究分類爲主則，故植物之栽植，即依科屬而排列之。有以研究植物地理爲主者，則依高山植物、平原植物、水生植物等而排列之。又有以研究用途爲主者，則分別食用植物，工藝用植物，藥用植物，觀賞植物等而羅列之。孰取孰捨，隨主持植物園者之意見而定之。

第七節　動物園

動物園與植物園之性質大致相似，完全以研究學術爲主，惟令以陳列動物爲主耳。故其園之設計，一則須注意於科學的原理，一則不可不注意風景之優美，俾遊覽者有愉快之心理，惟豢養動物最不易於保持清潔，故園中之清潔與公共衛生之處，尤宜特別注意。

第八節　學校園

設立學校園之目的，爲使學生於學校時代，常與植物界接觸，以增進其自然科學之智識，引起其對於自然科學之興趣，同時處優美環境之下，培養其活潑之性格，審美之觀念，高尚之思想，故有裨益於教育者至巨。

學校園之形式，以取法擬古式爲宜。

學校園中之材料，能以就地取給者最佳。對於本國，本省，本地特產而有重大之研究或經濟價值者，宜多事栽培。外國之特用植物，吾國有獎勵栽培之必要者，亦不妨栽植，作爲標本，以引起學生企慕之心理。

附錄

一 重要觀賞樹木一覽表

一 觀葉之落葉喬木類

俗名	學名	土性	俗名	學名	土性
白樺	Betula alba	乾燥	法國梧桐	Platanus orientalis	肥潤
皂莢	Gleditsehia japonica	乾燥	楓楊	Pterocarya stenoptera	濕潤
欒樹	Kœlreuteria paniculata	乾燥	垂楊	Salix babylonica	濕潤
刺槐	Robinia pseudacacia	乾燥	菩提樹	Tilia argentea	肥潤
梓	Catalpa kämpferi	肥潤	槐	Sophora japonica	砂質
楸	Catalpa bignonioides	肥潤	榆類	Ulmus	砂質

楓	Liquidambar formosana	肥潤	櫸	Zelkova serrata	砂質
鬱金香樹	Liriodendron tulipifera	肥潤	胡桃	Juglans regia	石灰質
白楊類	Populus	濕潤	臭椿	Ailauthus glandulosa	砂質
中國七葉樹	Æsculus chinensis		合歡	Albizzia julibrissin	
空桐樹	Davidia involucrata		櫟類	Quercus	

二　針葉樹類

俗名	學名	土性	俗名	學名	土性
喜馬拉亞山杉	Cedrus deodara			Taxodium	
華樅	Picea excelsa		銀杏	Ginkgo bioloba	
赤松	Pinus densiflora		落葉松類	Larix	
白松	Pinus Bangeana		扁柏類	Chamæcyparis	
側柏	Thuya		香檜類	Cupressus	

柳杉 Cryptomeria japonica　紫杉類 Taxus

刺柏 Juniperus chinensis

三　觀賞各種不同葉色之喬木

a　闊葉樹類

紅色

掌形槭 Acer palmatum　紫葉花苹果 Malus floribunda atropurpurea

紫葉山毛櫸 Fagus sylvatica　紫葉長柄櫟 Quercus pedunculata atropurpurea

奓葉樹 Alkornea Davidi

黄色

梣葉槭 Acer negundo aureum　黄葉桑 Morus alba aurea

黄葉楸 Catalpa bignonioides aurea

白色

尖葉胡頹子	Elægnus augustifolia	白楊	Populus alba
銀葉胡頹子	Elægnus argentea		

b　針葉樹類

黃色

側柏	Thuya orientalis	黃葉黑松	Pinus thunbergii aurea
柳杉	Cryptomeria japonica		

白色

喜馬拉亞山杉	Cedrus deodara	華山松	Pinus armandi
四川白葉雲杉	Picea sitcheusis glauca	海松	Pinus koraiensis

四　觀賞秋季葉色或黃或紅之樹木

掌形槭	Acer palmatum	銀杏	Ginkago bioloba
韃韃槭	Acer tataricum	皂莢	Gleidtschia

楓香樹	Liquidambar formosana	鵝掌楸	Liriodendron
赭櫟	Quercus coccinea	白楊	Populus
欅	Zelkova serrata		

五　觀花之喬木類

梓	Catalpa kämpferi	林檎類	Malus
中國七葉樹	Æsculus sinensis	梅杏類	Prunus
紫荊	Cercis chinensis	泡桐	Paulownia imperialis
櫻花	Cerasus	柿	Diospyros kaki
玉蘭	Magnolia conspicus		

六　最適用之行道樹木

俗名	學名	栽植距離	俗名	學名	栽植距離
梣葉槭	Acer negundo	六·〇〇	胡桃	Juglans nigra	七·〇〇

七葉樹	Æsculus hippocastanum	七·〇〇	法國梧桐	Platanus orientalis	八·〇〇
中國七葉樹	Æsculus sinensis	六·〇〇	白楊	Populus alba	七·〇〇
臭椿	Ailanthus glandulosa	六·〇〇	楓楊	Pterocarya stenoptera	八·〇〇
刺槐	Robinia pseudacacia	五·〇〇	槐	Sophora japonica	六·〇〇
合歡	Albizzia julibrissin	四·〇〇			

七　觀花之灌木類

a　春季開花者

躑躅	Azalea indica	連翹	Forsythia suspensa
山茶	Camelia japonica	棣棠花	Kerria japonica
木瓜類	Cydonia	玉蘭	Magnolia conspicua
櫻花類	Cerassus	木筆	Magnolia kobus
溲疏類	Dentzia	木蘭	Magnolia obovata

桃	Prunus pessica	苹果	Malus
梅	Prunus mume	李	Prunus communis
梨	Pirus	杏	Prunus armeniaca
杜鵑類	Rhododendron	珍珠梅類	Spiræa
木香	Rosa banksiana	紫丁香	Syringa vulgaris
薔薇類	Rosa indica	繡球樹	Viburnm
光葉野薔薇	Rosa wichuraiana	紫荊	Cercis chinensis
十姊妹	Rosa multiflora platyphylla	迎春	Jasminum nudiflorum
牡丹	Pæonia moutan	紫藤	Wistaria chinensis

b 夏季開花者

醉魚草類	Buddleia	西番蓮	Passiflora cœrulea
木本鐵線蓮類	Clematis	薔薇類	Rosa indica

木槿	Hibisus syriacus	珍珠梅類	Spiræa
八仙花	Hydrangea hortensia	檉柳	Tamlix chinensis
梔子花	Gardenia florida	紫薇	Lagerstrœmia indica
金絲桃	Hypericum chinense	絲蘭	Yucca filamentosa
金銀花	Lonicera japonica		

c 秋季開花者

阿倍利類	Abelia	常春籐	Hedera helix
仙陽花	Ceanothus	桂花	Osmanthus
木本鐵綫蓮類	Clematis	絲蘭	Yucca filamentosa
象牙紅樹	Erythrina		

d 冬季開花者

臘梅	Chimonanthus fragraus	山桃	Persica Davidiana

木本鐵線蓮類	Clematis	刺角葉	Mahonia Japonica
瑞香	Daphne odora	茵芋	Skimmia japonica
迎春	Jasminum undiflorum	旌節花	Stachyurus præcox
金縷梅	Hamamelis japonica		

八　常綠之灌木類

四季竹	Arundinaria hindsii	枸骨	Ilex aquilifolium
桃葉珊瑚	Aucuba japonica	女貞	Ligustrum lucidum
山白竹類	Bambusa	洋玉蘭	Magnolia grandiflora
十大功勞	Berberis hepalensis	南天竹	Nandina domestica
黃楊	Buxus sempervirens	胡頹子	Elægnus pungens
闊葉黃楊	Evonymus japonicus	木犀	Osmanthus fragrans
常春籐	Hedera helix	石楠	Photinia serrulata

九　裝飾花棚牆垣之攀緣性木本植物

地錦	Parthenocissus	忍冬	Lonicera japonica
凌霄	Tecoma grandiflora	通草	Akebia quinata
阿氏鐵線蓮	Clematis armandi	光葉野薔薇	Rosa wichuraiana
山供果	Cotoneaster	木香	Rosa banksiana
常春籐	Hedera helix	十姊妹	Rosa multiflora **platyphylla**
黃馨	Jasminum odoratissimum	葡萄	Vitis vinifera
火珠梅	Pyracantha	紫籐	Wistaria chinensis

一〇　觀賞果實之樹木

桃葉珊瑚	Aucuba	火珠梅	Pyracantha
小蘗類	Berberis	薔薇類	Rosa
山供果	Cotoneaster	茵芋	Skimmia

枸榾	Ilex aquifolium	絲果樹	Stranvæsia
紫果衞矛	Evonymus atropurpurea	珊瑚木	Viburnum tomentosum
南天竹	Nandina domestica	碧眼山葡萄	Vitis brevipedunculata
石楠	Photinia serrulata		

一一　木本巖石植物（下列表中大部植物之中名因尚未確實審定強爲附會反覺不妥故仍空置之待諸後日再行增補）

a　適宜於巖石之東北向者

常綠類	落葉類
Abies nigra pumila	Coriaria myrtifolia
Cotoneaster buxifolia	Lonicera alberti
Elægnus reflexa	Rhamnus alpinus
Mahonia repens	Salix purpurea
Phyllirea angustifolia	Salix rosmarinifolia

Rhododenkron hirsutum

Sambuscus nigra laciniata

b　適宜於巖石之西南者

常綠類

Berberis stenophylla

Chænomeles manlei

Cytisus schipkænsis

Juniperus sabina

Ligustrum regelianum

Pinus uncinata

Taxus baccata

落葉類

Abelia rupestris

Amygdalus nana

Buddleia curviflora

Buddleia variabilis

Cytisus purpurens

Desmodium penduliflorum

Genista sloparia andreana

Rosa alpina

Rosa rugosa

c 適宜於近水之地者

Cotoneaster horizontalis　Salix retusa

Evonymus radicans　Vaccinium vitis-idœa

Oxycoccus palustris macrocarpus　Viburnum tinus

一二 多年生草本巖石植物

a 適宜於巖石上者

Ægopodium podagraria　Geranium eudressi

Arabis alpina　Saxifraga crassifolia

Campanula glomerata　Saxifraga hypmoides

Filices　Sedum acre

b 適宜於近水之巖石地者

Aster alpinus　Geranium arnenum

Athyrius

Geum rivale

Campanula rhomboidalis

Campanula glomerata

Epimedium

Scolopendrium

Geranium pratense

Polygonum cuspidatum

Saxifraga rotundifolia

Saxifraga muscoides

Spiræa aruncus

一三　水生植物

a　莖葉生長於水面之上者

Butomus umbellatus

Caltha palustris

Irix preudacorus

Typha latifolia

Pontederia cordata

Sagittaria sagittifelia latifolia

Sagittaria sinensis

Phragmites communis longivalvis

b　浮沈於水中者

Aponogeton distachyon	
Nelumbo nucifera var	Nymphæa tetragona var
Nelumbo speciosum	Nymphæa sulfurea
Nuphar japonicum	Polygonum amphibium
Nuphar luteum	

二　重要草花一覽表

一　一二年生草花

俗名	學名	花期	花色
老鎗穀	Amaranthus caudatus	六月至八月	紅、黃、白
鳳仙	Impatiens balsamina	六月至九月	紅、白、粉紅、玫瑰
四季海棠	Begonia semperflorens	四月至九月	紅、白、粉黃

金蓮花	Tropæolum majus	五月至十月	紅、橘、黃、絳
鷄冠花	Celosia cristata	六月至八月	紅、黃
藍芙蓉	Centaurea cyanus	五月至六月	藍、粉紅
雪葉草	Cineraria maritima	四季觀葉	白
繡衣花	Clarkia elegans	五月至六月	紅、白、粉紅
金鷄菊	Coreopsis drummondii	四月至七月	黃
蛇目菊	Coreopsis tinctoria	四月至七月	黃、白
大波斯菊	Cosmos bipinnatus	八月至十月	紅、白、粉紅
毛地黃	Digitalis purpurea	五月至六月	白、粉紅
月見草	Œnothera biennis	五月至十月	淡黃
花菱草	Eschscholtzia californica	五月至六月	黃
冰花	Mesembryanthemum tricolor	四月至五月	白、粉紅

麝香豌豆	Lathyrus odoratus	五月至六月	各色
桂竹香	Cheiranthus cheiri	四月至六月	黄
牽牛花	Ipomœa hederaceo	六月至十一月	紅、紫、藍各色
花亞麻	Linum grandiflorum	五月至六月	紅
林那花	Linaria	五月至六月	紅、黄、白各色
麗賓花	Lupinus	五月至六月	藍、白、粉紅各色
六倍利	Lobelia erinus	五月至十月	藍、紫
金魚草	Anturhinum majus	十月至十一月	紅、黄、白各色
粉蝶花	Nemophila	四月至五月	藍、白
四季花酢槳	Oxalis floribunda	六月至九月	紅、白、粉紅
罌粟花	Papaver somnifera	五月至六月	紅、白、粉紅
虞美人	Papaver rhœs	五月至六月	紅、粉紅

矮牽牛	Petunia violacea	五月至十月	紅、白、粉紅
福祿考	Phlox drummondii	五月至七月八月至十一月	各色
半支蓮	Portulaca grandiflora	六月至十月	黃、白、紅各色
翠菊	Callistephes chinensis	九月至十一月	各色
蜀葵	Althæa rosea	五月至七月	紅、白、黃各色
紅花撒亞維亞	Salvia splendens	六月至十一月	紅
蜂窩花	Scabiosa atropurpurea	六月至十月	粉紅、紫
矮雪輪	Silene pendula	五月至六月	粉紅、白
金盞花	Calendula officinalis	五至六月 七至九月	黃、絳
煙草花	Nicotiana tabacum	五月至九月	紅、白
紅黃草	Tagetes patula	五月至十一月	黃
美女櫻	Verbena hybrida	五月至十一月	紅、白、粉紅

三色菫	Viola tricolor	四月至七月	各色
百日草	Zinnia elegans	六月至十一月	各色
鳥蘿	Quamoclit vulgaris	七月至十一月	紅、白
飛燕草	Delphinium ajacis	五月至九月	各色
勿忘草類	Myosotis	三月至五月	藍
草紫羅蘭	Cheiranthus annus	五月至六月	各色

二　多年生草花

盔形花	Aconitum napellus	六月至八月	紅、白、紫各色
秋牡丹	Anemone coronaria	四月至五月	各色
阿拉比花	Arabis alpina	四月至五月	白、粉紅
泡盛草	Astilbe japonica	六月至七月	粉紅
塔形草	Aubretia deltoidea	四月至五月	淡紫、白

宿根吊鐘花	Campanula	五月至六月	藍、紫、白、紅各色
菊類	Chrysanthemum	五月至十一月	各色
洋繡球	Pelargonium zonale	五月至十一月	各色
萱草	Hemerocallis flava	六月至七月	黃
宿根麗賓花	Lupinus	五月至六月	黃、白、藍
多年生石竹類	Dianthus	五月至七月	各色
魚頭花	Penistemon speciosus	五月至七月	藍、粉粉
多年生福祿考	Phlox hybridæ	五月至六月	各色
芍藥	Pæonia albiflora	五月至六月	各色
宿根櫻草類	Primula hortensis	四季	各色
大黃	Rheum officinale	四月至十一月	觀葉
虎耳草類	Saxifraga	四月至六月	白粉紅

景天類 Sedum 六月至七月 黄
匙葉草 Statice japonicca 六月至七月 白
伏龍花 Veronia 五月至七月 粉紅
雛菊 Bellis biennis 三月至五月 各色
鈴蘭 Convallaria majalis 五月至六月 白

三 球根花卉

秋牡丹 Anemone japoniea 四月至五月 各色
球根海棠類 Begonia 六月至八月 各色
美人蕉 Canna indica 五月至十一月 紅、黄、粉紅
大麗花 Dahlia variabilis 六月至十一月 各色
大菖蘭 Gladiolus gaudevansis 六月至七月 各色
蝴蝶花 Iris germanica 四月至五月 各色

風信子	**Hyacinthus orientalis**	五月至六月	各色
孟百利	Montbretia crocosmaeflora	五月至六月	紅、黃
陸水仙	Narcissus pseudo-narcissus	三月至五月	黃、淡黃
陸蓮花	Ranonculus asiaticus	四月至五月	紅、粉紅
夏水仙	Lycoris	七月至八月	紫、黃、粉紅
鬱金香類	Tulipa gesueriana	五月至六月	各色
百合類	Lilium	四月至六月	白、紅
泊扶蘭	Crocus	二月至四月	紫、黃

王雲五主編

萬有文庫

第一集一千種

造園法

范肖岩著

發行兼印刷者 上海寶山路 商務印書館

發行所 上海及各埠 商務印書館

中華民國十九年四月初版

The Complete Library
Edited by
Y. W. WONG

GARDEN MAKING

By
FAN SIAO YEN

THE COMMERCIAL PRESS, LTD.
Shanghai, China
1930